新 さかなの経済学

漁業のアポリア

山下東子
Haruko Yamashita

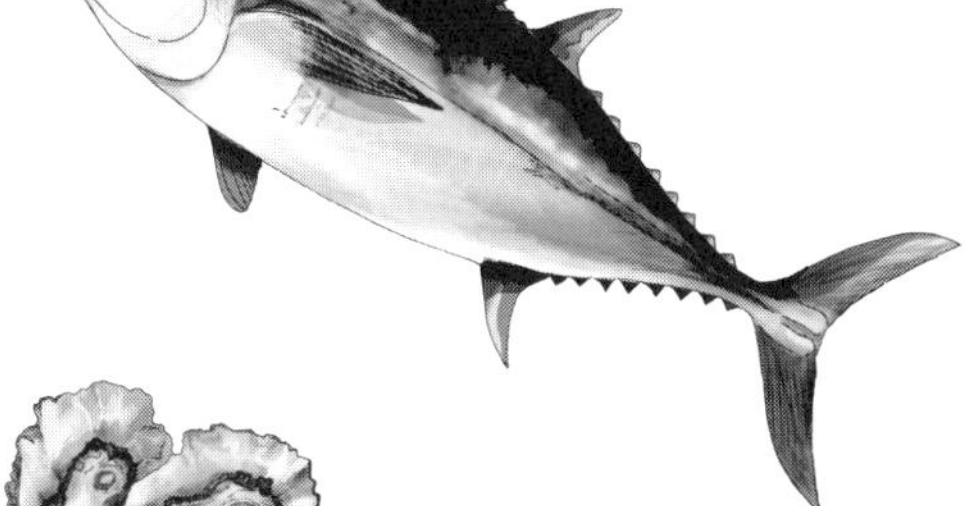

日本評論社

まえがき

はじめに――漁業も魚食もオワコンか?

漁業はこの30年というもの、生産量・生産額も就業者数も右肩下がりだ。漁業者や漁船が高齢化・高船齢化しており、輸入量や消費量もこの20年低下し続け「買い負け」とか「魚離れ」に直面している。漁業も魚食も、もはやオワコン（終わったコンテンツ）なのだろうか。

そんななか、農林水産省が「農林水産業の成長産業化」方針を打ち出し、さらに２０２０年末には70年ぶりに大幅改正された新漁業法が施行され、資源管理秩序や養殖場の利用ルールが刷新されることとなった。加えてＩＴ、ＩＣＴ技術の波がついに漁業にも到達し、３Ｋ（きつい、きたない、きけん）と揶揄されてきた漁業労働の働き方改革、生産性向上につながる期待もある。実現できれば、オワコンから脱して再び他産業と並走していける。

漁業を１つの産業という視点から研究してきた筆者にとって、「いよいよ、長いトンネルから抜け出すときが来た」という思いと、「いやいや、また掛け声倒れに終わるのではないか」という思いが交錯する。というのは、自然を相手にする産業、もっといえば野生生物を採捕するところから出発する産業であるため、まだわれわれにわかっていない現象が多々あり、その漁獲物を運んで、加工した先には、消費者というこれまた気まぐれな存在が待ち構えており、そしてこの途上に数々の難問――アポリア――が点在して、合理的な解決策を阻んでいるからである。

筆者は２００９年に『魚の経済学』を上梓した。おかげさまで多くの方に読んでいただき、データを更新した第2版へ続けることができた。その時のスタンスは、序章を引用すると、

日本経済には閉塞感が漂い、世界の水産資源には危機が迫っている。本書では読者の皆さんにそうした現状を開示していく。（中略）タイトルには魚の「経済学」とつけたが、「生物学ではない」というほどの意味である。魚事情に詳しい方には、経済学ではこう考えるという整理のしかたを楽しんでいただけると思う。経済学を少しかじった方には、他産業をとらえる場合とのギャップを楽しんでいただけると思う。（山下　２００９、２０１２、８頁）

というものである。このスタンスは今回も変わらないが、内容は前書と重複していない。本書の特徴は、前半において漁業法等の法改正を取り上げ、これを批判的に解説していること、後半ではグローバルな社会・経済問題を取り上げ、これを漁業と絡めて議論していることである。筆者が漁業のアポリアだと思うことを読者の皆様に共有していただけたら、そこから脱するきっかけも見つかるのではないかと期待している。

各章は一話完結方式で組み立てているので、以下に説明する本書の全体像をご覧いただいたうえ

図0-1　水産業の課題と本書の位置づけ

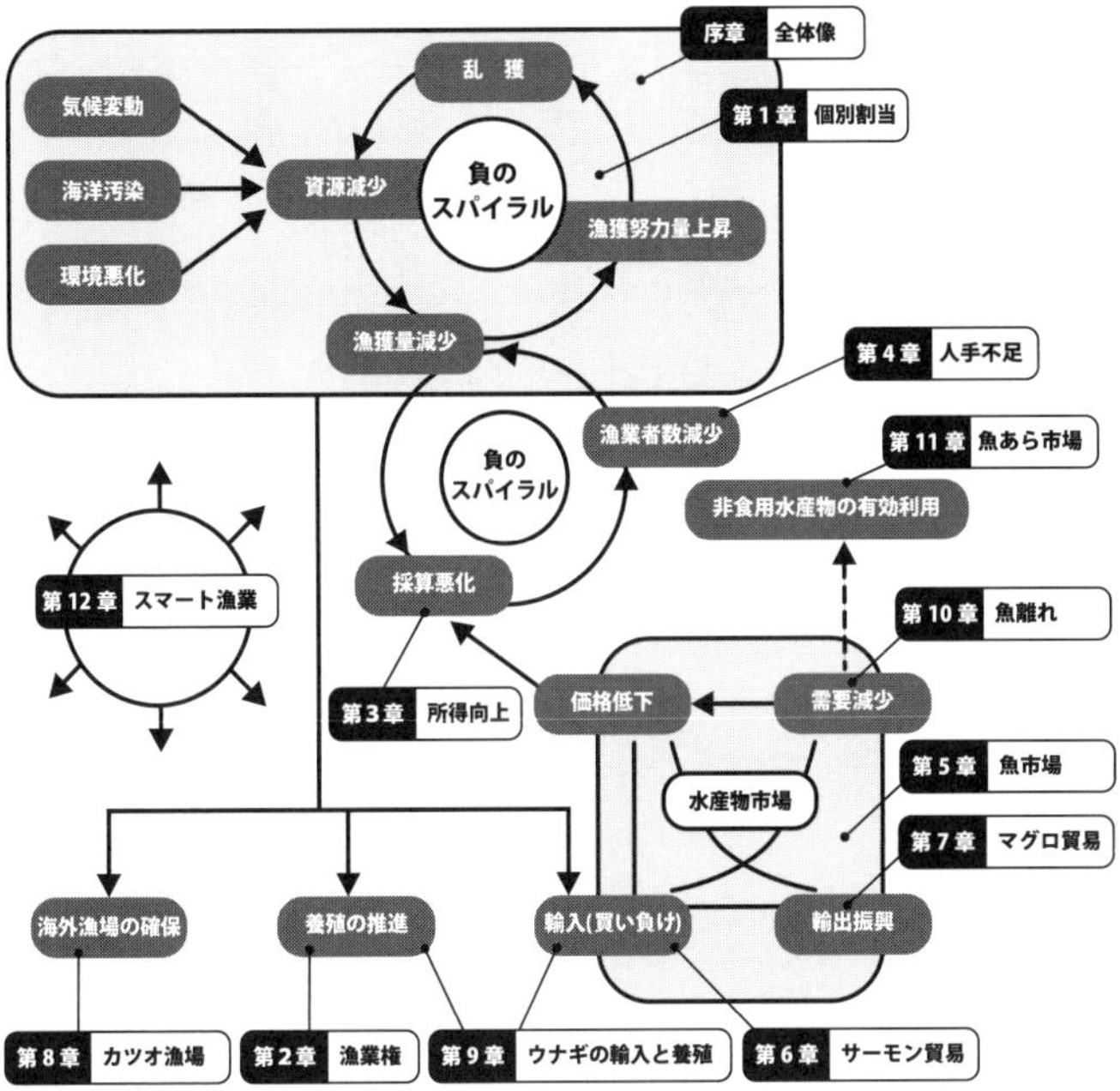

出所：筆者作成

で、関心を持たれた章から目を通していただきたい。

制度改革に関連する漁業・水産業のアポリア

漁業が魚介類の採捕や養殖を営む産業という狭義の概念とすると、水産業は漁業に加工・流通・貿易を加えた広義の概念である。図0－1には水産業が抱える今日的課題を描き、これに関する本書の該当章を入れ込んだ。この図は網羅的ではないものの、水産業の構造や直面する課題を概観してもらえると思う。以下ではこの図をもとに、本書の概要を説明する。

図の中ほどにある「漁獲量減少」が課題の出発点である。漁獲量減少を囲むように網掛けをした部分は次のような問題である。なぜ漁獲量が減ったのか、その原因を見出すことは重要である。しかし「獲りすぎた（乱獲）からでしょう？」というわかりやすい理由のほかにも、気候変動（地球温暖化等）や海洋汚染（プラスチックゴミ等）、環境悪化（藻場・干潟の減少等）のような漁業外の要因、漁業者数の減少という生産要素の要因、消費者の魚離れのような需要側の要因——これらの場合は獲れなくなったのではなく、獲らなくなったというべきだろう——など、因果関係は入り組んでいて単純ではない。序章ではこの網掛け部分について述べる。

漁獲量が減少した要因が複数あってどれが主因かが特定できないにせよ、手をこまねいてばかりいず、漁業という産業自体が取り組むべき課題はある。それは資源量に見合った漁獲量に留めることだ。獲れないからもっと時間をかけ、装備を増強して魚を追いかけ（漁獲努力量の上昇）、その結果獲りすぎて（乱獲）資源が減り、もっと獲れなくなる、という「負のスパイラル」を終焉させなければならない。

負のスパイラル

日本では1990年代から沿岸漁業者の自主的取り組みとして「資源管理型漁業」が存在し、1997年からは6つの魚種について国の制度として獲って良い上限である「漁獲可能量（TACという）」が定められた。[1] それでも負のスパイラルは止まらなかった。そこで２０２０年末に施行された改正漁業法のもとでは、ＴＡＣ対象魚種を増やすとともに、漁船ごとに獲って良い量を割り当てる「個別割当（ＩＱという）」が導入された。第1章ではこの新しい仕組みについて長所と短所の両面から論じる。

負のスパイラルはもう1か所ある。魚が獲れなくなるので漁業の採算が悪化する。そこで漁業就業者が減る。すると漁獲量が減る、というスパイラルだ。この悪循環は他の条件が変わらなければ一周回って終わるのでスパイラルにはならないはずなのだが、消費者の魚離れ（第10章）が進んでいるため魚価が低迷し、漁業収入は漁獲量減少と魚価低下のダブルパンチを受けて減少する。さらに、獲れなくなって以前と同じ量を漁獲するのにより多くの燃油や労力が必要になるため、漁獲コストは上昇する。その結果、採算の悪化が止まらず、漁業者の減少も止まらない。

このスパイラルを止めるには、採算性の改善と漁業者数の増加という2つのルートがある。採算が良くなればおのずと漁業者になりたい人が増えてくるはずだ。ただし、漁業所得の向上は、果して国の掲げる政策目標として妥当だろうか。改正後の漁業法にも引き続きビルトインされているこの目標について、第3章で批判的に論じる。

1　ＴＡＣ制度については序章で解説する。

もう1つのルートは外国人を含めた新規労働者の呼び込みである。奇しくも改正漁業法が成立したのと同日である2018年12月8日の未明、改正入管法が成立した。より長期間にわたる外国人の就労を認める大幅な制度改正を盛り込んだ改正入管法をめぐっては、国会のみならず飲み会でも議論が白熱したので、ご記憶の方も多いと思う。第4章では漁業人材の供給側と需要側のミスマッチをルポルタージュタッチで描く。

獲れた魚は養殖された魚や輸入された魚とともに卸売市場・小売市場を経て最終消費者にたどり着く。漁獲量の減少という供給要因と消費者の魚離れという需要要因の両方によって、水産物市場の規模は縮小している。海外では逆にシーフードの購買意欲が高まっているため、日本のバイヤーが国際市場で「買い負け」してしまい、輸入も減っている。

どの産業でも縮小局面に再編はつきものである。農水産物もその例にもれず、伝統的な卸売市場が取引ルールを変える潮時となった。2020年6月21日、改正卸売市場法が施行され、市場を縛るルールが大幅に緩和された。にもかかわらず、市場関係者には元のルールのままで商売したいという意向が根強くある。第5章では法改正に絡めて魚市場の仕組みを解説する。そして、市場での価格形成が、ミクロ経済学のテキストに描かれる「価格差別化」を地で行く好例であることを説明する。

社会・経済問題に関連する漁業・水産業のアポリア

図の中央より下の部分は本書の後半部分にあらかた対応している。そこで、さらなる概要の説明に入る前に、表0－1で本書の構成を説明しておきたい。ここには章立ての順に、概要を掲げている。上述したように、前半は制度改革に関する章で、漁業法、入管法、卸売市場法の近年の改正と関連付けた内容になっている。これらのうちまだ触れていないのは第2章の漁業権である。

漁業権の制度改正は改正漁業法の2大柱のうちの1つである。漁業権は広く「漁業をする権利」と誤解して捉えられることが多いので、そうではなく、養殖業に代表されるような、海面を一定期間占有して漁業を営む場合に前もって取得すべき許可制度であることを、実例を紹介しつつ述べる。

後半は同表に掲げたように社会・経済的課題と関連付けながら、消費量が多く何かと話題にのぼる個別の魚を事例として取り上げている。図に戻ると、国内の天然漁獲量のみでは国内需要を満たせない場合、採りうる手段として、養殖の推進、海外漁場の確保、および輸入の3つがある。第6～9章は図ではこれらに対応する形で描いてはいるが、1対1で対応しているわけではない。むしろ、1つの魚種が天然でも漁獲され、養殖もされ、輸入も輸出もされているのが一般的である。

概要
本書の構成
漁獲量の減少に影響を及ぼす要因としては乱獲のみならず気候変動や需要の減少もあるが、すべての因果関係を総合的に明確に示すことは難しい。
70年ぶりに改正された漁業法の2つの柱のうちの1つが、漁獲量の個別割当である。割当の方法によって、種々の社会経済的問題点が露呈する。
改正漁業法のもう1つの柱は漁業権制度の改正である。漁業権とは一般のイメージとは異なる複雑な制度であり、養殖、定置網等に適用されている。
漁業法改革の柱ではないものの、経済学的に見て疑問視される漁業政策として、漁業者の所得向上、輸出振興、公益的機能がある。
漁業者の人手不足は深刻な問題だが、その解消策にはミスマッチがある。2019年4月施行の改正入管法で、外国人労働者の就業が可能になった。
卸売市場の運営ルールが2018年の法改正により大幅に規制緩和された。一般にイメージするセリは改正前からほとんど行われていない。
日本で消費量が最も多い魚がサケである。ノルウェーやチリで大規模養殖されているが、日本各地でもサーモン養殖がブームとなり、二毛作の例もある。
サケに次いで消費量の多い魚がマグロである。刺身用の高級マグロは日本に向けて輸出され、日本国内では養殖と天然の漁獲が競い合っている。
ツナ缶の原材料であるカツオの通り道となっていて資源が豊富な太平洋の島国では、カツオ資源から得る収入に依存した経済構造が成り立っている。
ニホンウナギが絶滅危惧種に指定されると稚魚の輸入が制限される。完全養殖商用化までの間、少ない稚魚を大きく育てればしのいで行ける。
今日の1人当たり魚介類消費量は日本が貧しかった1960年より少ない。高齢者は魚の摂取量を減らさず肉を増やし、中年は魚を肉と代替している。
食用市場で過剰供給となった魚が魚粉市場へ流入し、魚粉価格の上昇に伴い食品加工残滓である魚あらの高度利用が進んでいる。
漁業分野にICT技術が応用され始めた。従来型の漁獲や加工単体の技術から情報ネットワーク活用型へと採用技術のシフトが進む。
謝辞

表0-1　本書のテーマと概要一覧

課題（アポリア）別分類		章	タイトル
全般	問題の所在	—	まえがき
		序章	漁獲量はなぜ減ったのか：マイワシ・バブル
制度改革	漁業法	第1章	規制改革：サバのIQ
		第2章	漁業権：桃浦牡蠣の陣
		第3章	所得向上に大義はあるか：漁業者という資源
	入管法 （出入国管理及び難民認定法）	第4章	外国人労働者：敵か味方か
	卸売市場法	第5章	魚市場の謎：車海老の製品差別化
社会・経済的課題	生物多様性	第6章	生物多様性：ご当地サーモンがやってきた
	資源ナショナリズム	第7章	資源ナショナリズム：マグロは誰のものか
	SDGs	第8章	SDGs：太平洋島嶼国はカツオ海道
	絶滅危惧種	第9章	絶滅危惧種：ウナギの親子市場
	魚離れ	第10章	肉と魚：消費者の魚離れ
	食品ロス	第11章	魚あら：ゴミを宝に
全般	課題の解決	第12章	成長産業化：スマート漁業への期待
		—	あとがき

出所：筆者作成

スマート化によるアポリアからの解放

第6章で扱うサーモン（サケ）は日本国内で天然ものが漁獲されるし、それを輸出もしている。国内でも養殖しているほか、ノルウェーやチリから養殖ものを輸入している。この章のテーマとして生物多様性を上げたのは、国内でブームとなっているご当地サーモン養殖に用いる種苗についても多様性が求められているからである。

第7章で取り上げるマグロも同様に、日本国内での天然漁獲、養殖、輸出、そして海外での天然漁獲、養殖、輸入と生産・流通形態がフルコースで存在する。この章のテーマとして資源ナショナリズムを上げたのは、マグロ資源の所有権を早期に獲得するための囲い込みが生じているからである。

第8章で扱うカツオは、現時点で養殖はされていない。日本内外で天然漁獲と輸出入が盛んに行われている。カツオ資源から得られる収入が国家の財政基盤となっている太平洋島嶼国を例に、絶海の孤島におけるＳＤＧｓを考える。

第9章で取り上げるウナギも日本国内での天然漁獲、養殖、海外での天然漁獲、養殖と日本の輸入がある。ニホンウナギが絶滅危惧種に指定されるのではないかと取り沙汰されているなか、ウナギの養殖と消費に意外な突破口があることを示す。

ところで魚介類には食用以外の用途もある。第11章では非食用水産資源や食用水産資源の非可食部分――魚あら――を取り上げる。有用成分の抽出、医薬・美容への利用などは、食用の魚離れを補完しうる今後有望な分野である。

こうして見ていくと、水産業のそれぞれの魚種、それぞれの局面で種々のアポリアが立ちはだかり、業界全体が苦しんでいることがおわかりいただけるだろう。そこにソリューションをもたらすかもしれないのが水産業のＩＴ・ＩＣＴ化である。もともと漁業は技術集約型産業として成長してきた。資源調査は技術と情報の結集であるし、漁具、漁船、魚群探査などにも先端技術が投入されてきた。不足しているのはデータの集積（ビッグデータ）と共有（コミュニケーション）ではないか。そこで第12章ではアポリアを１つ１つ、あるいはまとめて解きほぐす手段として、漁業のスマート化がどう役立つかについて議論する。

参考文献

山下東子（２００９）『魚の経済学――市場メカニズムの活用で資源を護る』日本評論社。
山下東子（２０１２）『魚の経済学（第２版）――市場メカニズムの活用で資源を護る』日本評論社。

■目　次

序章

漁獲量はなぜ減ったのか

マイワシ・バブル

大中型まき網運搬船からのマイワシの水揚げに湧く北海道・釧路漁港（2017年9月14日筆者撮影）

図序-1　部門別海面漁業漁獲量の推移

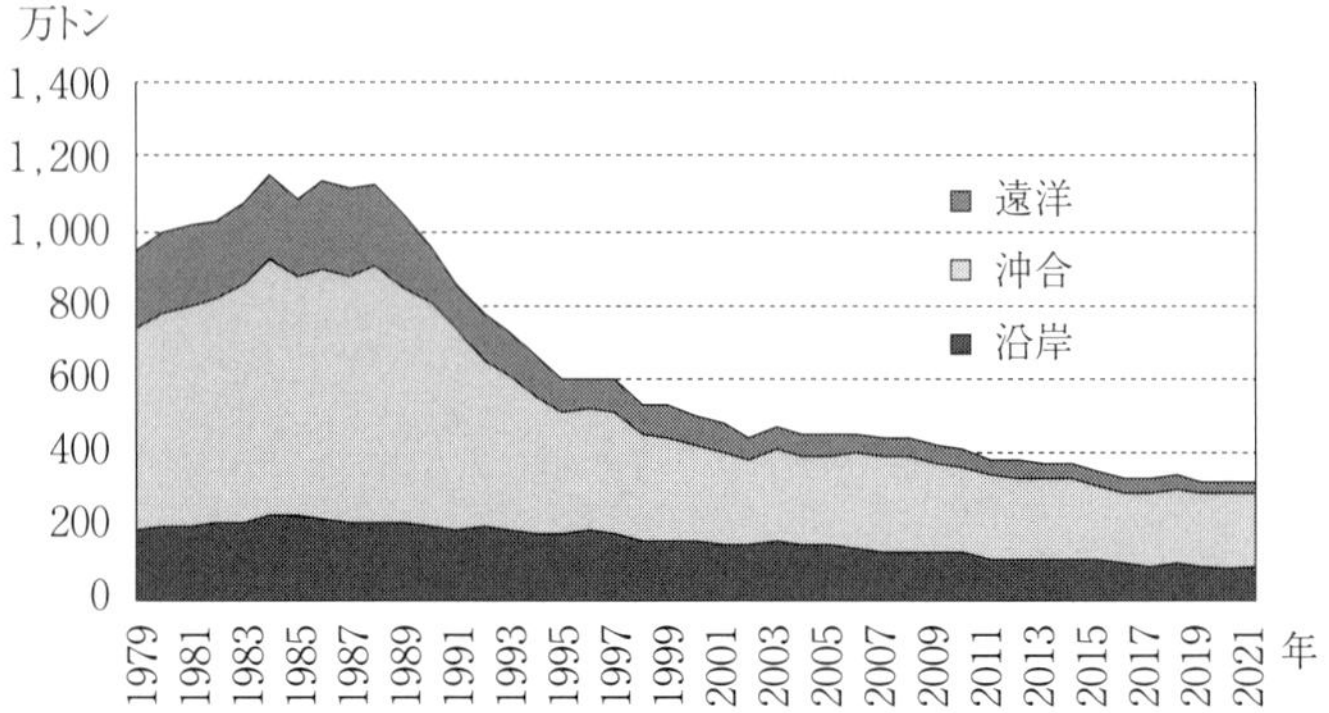

出所：農林水産省「漁業・養殖業生産統計」

漁獲量激減の謎

今にして思えば平成元年は日本漁業の転換期だった。図序－１に示した漁獲量の経年推移のグラフは小学校の教科書にも紹介されているものなので、ご覧になった方も多いだろう。この図を見れば誰でも「魚が獲れなくなったんだな」と思うだろう。何しろ平成元（１９８９）年に１０４４万トンあった日本の海面漁業生産量は、直近の令和４（２０２２）年には２９５万トンにまで激減しているのだ。

では、なぜ減ったのか。専門家のなかには、「乱獲によって日本漁業はどうしようもないところまできた。水産庁はすぐに乱獲をやめさせ、個別割当に切り替えるべきだ」と危機感をあらわにする人がいる。[1]他方、水産庁は近年のサンマ、スルメイカ、サケなどの不漁の主な原因が海水温の上昇など自然環境の変化のためだと述べている。[2]

魚が獲れなくなったのは乱獲のせいなのか気候変動のせいなのか。[3] これは古典的だが未解決の難問――アポリア――である。[4] 経済現象ならば、「当年のGDPは昨年から10兆円減って500兆円になった。その内訳は消費が10兆円減り、設備投資は5兆円増えたが、政府支出が5兆円減ったからだ。消費が10兆円減った要因は給与所得が……」などとクリアな数値と解説が内閣府から発表され、われわれ国民はそれを信じている。ところがGDPを漁獲量に置き換えてみると、GDPの説明のように「乱獲で10万トン減り、マイワシ豊漁で5万トン増えたが、気候変動で5万トン減っ

1　たとえば片野・坂口（2019）は「資源管理をしていれば、日本には膨大な魚が残っていたはずだが、獲りきれないほどの大きなTACの設定によって、結果的に魚が減っている」（10頁）、「日本の場合は基本的に漁獲を漁業者の『自主管理』にまかせている。漁業先進国で、自主管理のみによって漁獲量を管理して成功しているケースは、聞いたことがない」（34頁）と述べている。

2　水産庁『水産白書　令和元年度』、第2章コラムでは、不漁の原因として海水温上昇による稚魚の生残率減少（サケ）のほか、外国漁船による漁獲（サンマ、スルメイカ）などが影響している可能性を指摘している。

3　本書「まえがき」では、漁業者数の減少と需要の減少によって魚を獲らなくなった、とも述べている。これについては本章「乱獲と漁獲量の関係」の節（16頁）で触れる。

4　勝川・山川（2007）にも、「水産資源が減少するたびに『その原因は気候変動か、それとも漁業か？』という議論が繰り返されてきた」（748頁）と記述されている。

た」という要因分析ができていない。

これは日本だけのことではない。対立する2つの説を裏付ける文献やデータを検討した結果、総合的に見て何が原因かはわからなかった。逆に言えば、「まだ研究論文が発表されていないのは、まだわからないからである」ということがわかった。そこで本章では、このアポリアがいかに解決できないものなのかをお伝えしたい。

海洋生態系への人の介入

人の手が介在しなければ、海の魚は自然の生態系の中で一定のバランスを保つことになる。ここに古来より漁業という経済活動が介入して生態系バランスを崩し、さらに1990年代初頭からは、経済活動がもたらした負の側面である気候変動（地球温暖化）が海洋生態系を撹乱している。海洋汚染も、同様に生態系撹乱要因である。なお漁業は海だけでなく、河川・湖沼や陸上に人工的に作った養殖場を使っても行われている。日本では海面を使った漁業や養殖業が主要であることから、本書ではその舞台を海に置くが、河川・湖沼でも同じ論理が当てはまる。[5]

海洋生態系に影響を及ぼす諸要因を図序－2に示した。海洋生態系は単純化して描いている。親魚が産卵・放精し、受精卵がかえるとプランクトンなどを食べながら稚魚になり、やがて再生産年齢に達するという生物循環がある。この途中で他の生物に食べられたり、自らが他の生物を捕食し

図序-2　海洋生態系とそれに影響を及ぼす諸要因

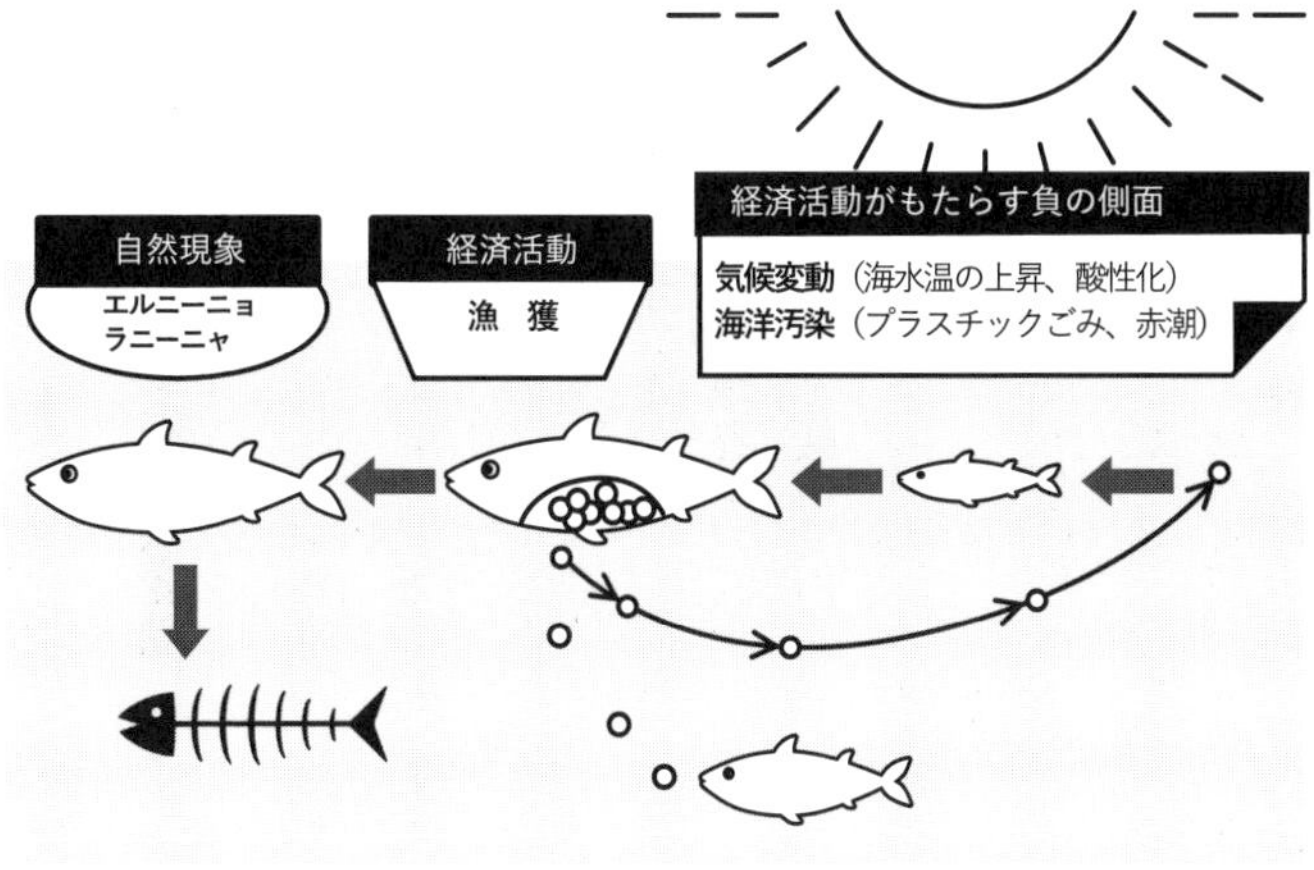

出所：各種資料より筆者作成。

たりする。食うか食われるかの生存競争だが、自然死する魚も若干はいるようで、その亡骸もまた海底で他の生物の生きる糧になる。何の外的介入もなければ、海が抱えられる容量の限界まで生物が生息する。その容量の基礎となるのが栄養塩の量、ひいてはプランクトンの量である。

魚を獲れば獲っただけ海中の魚が減るのは自明のことである。ただし、生物資源には再生産能力があり、仲間が減ると元の水準まで回復させようとする力が働く。この自然の再生産能力をうまく利用して適切な漁獲を続ける限り、未来永劫、魚を獲り続けることができ、これは「持続可能な漁業」と言われる。[6] これに反して再生産能力を超えた漁獲を続けていると、海の中で生息する魚の数は減っていく。乱獲、そして資源崩壊である。図序－1に示した1990年代前半の急激な漁獲量の落ち込みと、以降の低い水準での推移などを見ていると、乱獲と資源崩壊が起きているのではないかと不安にもなる。

外部不経済としての気候変動

海水温の上昇や酸性化、海洋プラスチックゴミの散乱が問題視されている。誰も生物資源を痛めつけようと意図したわけではないが、私たちが陸上でより便利な生活を追い求めてきた結果、思わぬところにツケが回っていたのである。これらは経済活動がもたらす負の側面である。市場取引の外部で生じた損失を外部不経済という。漁獲活動は漁業という経済活動の内部で生じていることで、その結果乱獲が生じたのなら、これは漁業経済内部での事象、いわば自業自得であるが、温暖化やゴミの放置が海洋生物資源の減少をもたらすとすれば、これは漁業がとばっちりを食っていることになり、それは外部不経済である。

なお、人的な介入とは関係のない自然現象によっても海洋生物資源の量は変動する。その有名な例がエルニーニョ／ラニーニャ現象である。ペルー沖で海水の表面温度が低くなるラニーニャ現象が起こると、冷たい水が海底方向へもぐりこむことで海水が垂直方向に攪拌され、海底の沈殿物が海面近くへ浮き上がってくる。それがプランクトンの餌となり、結果としてプランクトンの量が増えるので、海が抱えられる資源の容量が増加する。ペルー沖で海水の表面温度が高くなるエルニーニョ現象の場合は、暖かい水が海面にとどまるため、垂直方向の攪拌は生じない[7]。

資源量と漁獲量・気候変動

「資源が減った」などと気軽に言うことがあるが、悩ましいのは、資源量はあくまで推定値でしかなく、その推定は漁獲統計と資源学者が自ら網を引いて漁獲調査した結果を総合して割り出されるということだ。そういう地道な作業は魚種の系群ごとに行われており、日本では国立研究開発法人水産研究・教育機構が192魚種について行っている。[8] 2023年末に発表された35魚種62系群

5　日本では河川・湖沼での漁業・養殖業生産量は5・4万トン（2022年）と、海面漁業・養殖業生産量（380・5万トン、同年）と比べて少ない。農林水産省「漁業・養殖業生産統計」による。

6　Gordon（1954）らはこの考えを、MSY（Maximum Sustainable Yield：最大持続可能生産量）としてまとめ、それは今日の資源管理にも適用されている。また近年では自然条件の変化に合わせて漁獲量を柔軟に調整すべきであるという〝adaptive management〟という考え方に発展してきている。たとえばWalters（2007）参照。

7　エルニーニョ／ラニーニャ現象とプランクトン量の関係についてはNOAA（2021）What are El Nino and Lanina?, Ocean Service（last update 06/04/21）(https://oceanservice.noaa.gov/facts/ninonina.html）の解説を参照した。漁獲量の増減についてはたとえばLehoday, et al.（1997）など多くの文献があり、それらによると、時期、漁場、魚種によって結果は異なり、必ずしもラニーニャ期に漁獲が増えるという結果は出ていない。

図序-3　資源量と漁獲量・気候変動の関係（概念図）

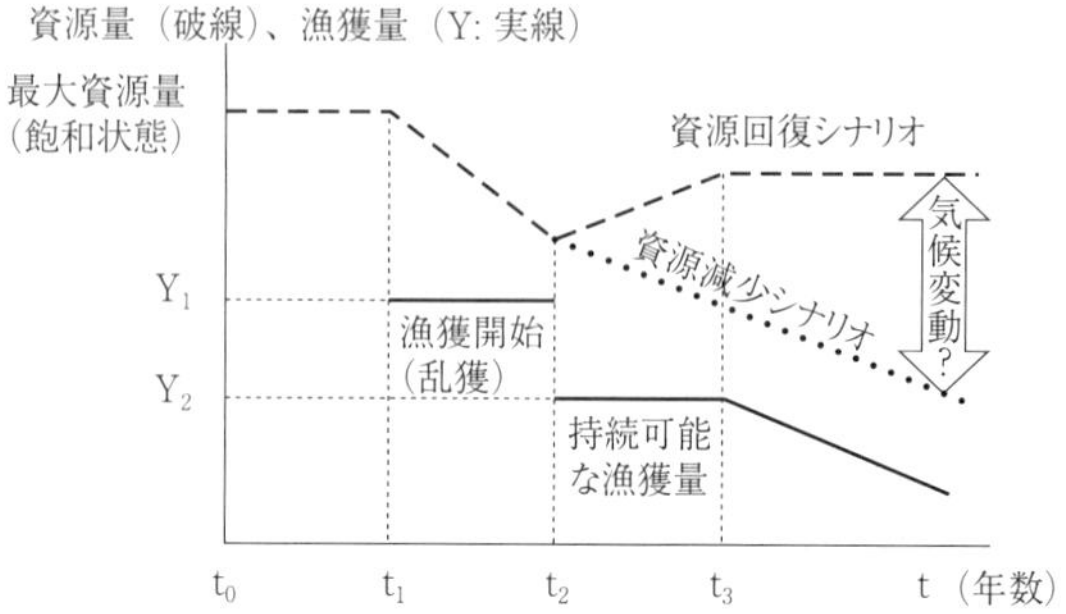

出所：各種資料から筆者作成

のうち、資源水準が健全な状態にあるのはカタクチイワシ（太平洋系群）など13魚種17系群で全体の27％、低位にあるものはスケトウダラ（日本海北部系群）、ズワイガニ（オホーツク系群）、トラフグなどで、これらの資源回復が課題となっている[9]。

図序－3は資源量と漁獲量・気候変動の関係を概念的に描いたものである。資源量は推計値なので破線で、漁獲量は実際に計測されうる値なので実線で示した。人的介入がない場合に達成できる最大資源量を飽和状態として描いている。横軸は時間の経過で、tで表した。

t_1期に漁獲を開始したものの、持続可能性を考慮しなかったため資源は減少していく。「ひと網にかかる魚の量が減ったので、これまでと同様（Y_1）の漁獲を上げるため網入れ回数を増やしている」という漁業者の行動を聞きつけて、資源学者が資源量を調査・推計し、資源の減少傾向を見出す（t_1 ⇒ t_2）。そして、資源を回復させ、さらに安定させられるような資源回復シナリオを描き、t_2期からは持続可能な漁獲量

（Y_2）に留めるよう漁業者に提案する。漁業者がこの提案を順守すれば、やがて「資源回復シナリオ」の軌道に乗るはずである。回復後の資源量は飽和状態ほど多くはないが、適度な漁獲を続けられる水準になるはずである。

ところがt_3期になって、漁業者が「ひと網にかかる魚の量がまた減ってきた。同じペースで漁業をしていても漁獲量が減るばかりだ」と言い出したとする。資源学者は再び資源量を調査・推計し、「資源減少シナリオ」の軌道に乗ってしまっていることを見出す。

TAC制度[10]が導入された1997年をt_2期とすると、今日の漁獲量減少はt_3期以降の状況である。「資源回復シナリオ」に乗るはずだったのに、「資源減少シナリオ」に乗ってしまったのはなぜなのか、考えられる理由は4つである。1つは資源学者が計算を間違っていたためY_2水準でも乱獲が生じたということ[11]、2つめは漁業者がサイズ外の魚を海洋投棄していたため陸揚げ漁獲量の報告が過

8　2018年まで、資源評価対象魚種は50魚種80系群程度であったが、改正漁業法のもとで2023年度までに資源評価対象魚種を200魚種程度まで増やすこととなり、2023年末現在192魚種となっている。国立研究開発法人水産研究・教育機構水産資源研究所のウェブサイト「我が国周辺の水産資源の現状を知るために　資源評価の進め方」（https://abchan.fra.go.jp）より2023年12月28日検索取得。

9　総合的な資源評価判定については本稿執筆時にまだ発表されていなかったため、注8に記載したウェブサイトに掲載された魚種別評価から筆者が判定したものである。

少申告だったということ、3つめは漁業以外の資源減少要因が生じたこと、そして4つめは水産庁が、資源学者が計算した以上のTACを漁業者に与えたことである。[12] 漁業以外の要因にも、図序－2に上げたように自然現象や経済活動（漁業以外の）がもたらす負の側面に起因すると考えられるものがある。

資源研究により明らかになったこと

漁獲量の減少やその背後にある資源量の変動要因・減少要因を探る研究論文は数多い。[13] ただし、それらの多くは限定された水域内での個別魚種を対象としており、和文文献ではアサリ、クロマグロ幼魚、マサバ、スケトウダラなどが、英文文献ではタラ、イワシ、クロマグロなどが取り上げられている。以下では漁獲量や資源量全体を対象に、変動要因や減少要因を解明する論文をいくつか紹介する。

乱獲による資源崩壊についてセンセーショナルなメッセージを出して話題となったのは Worm et al.（2006）である。この論文では、今のままの漁業を続けていると2048年までに主要な漁業資源が崩壊すると結論づけた。この警告が引き金となり、FAOや日本の水産研究・教育機構などの公的機関も独自に資源評価の結果を一般公開して警鐘を鳴らすようになった。

Worm 論文への反証として、Branch（2008）は、同じデータを使って計算したところ、半分以上の漁業資源は回復途上にあると主張した。同様に Hilborn et al.（2020）は、世界の漁獲の半分は科学的評価に基づいており、厳格に管理されている資源は回復途上にあるか、すでに回復していると主張した。これは図序－3の「資源回復シナリオ」の t_2 期、t_3 期を指す。日本では資源管理が行われていることから、少なくともＴＡＣ対象魚種については前節の最後に掲げた4つの理由のうちの1つめと2つめはそれほど深刻ではないだろうと考えられる。

10　ＴＡＣとは Total Allowable Catch の略で漁獲可能量と訳される。資源量を健全な水準に保って持続可能な漁業を行ううえで許容される年間の漁獲量のことで、国連海洋法条約を批准する国には、ＴＡＣ設定義務が生じる。国連海洋法条約ではＴＡＣをＭＳＹ（注6参照）の水準に設定するよううたっている。２０２３年現在、日本ではサンマ、スケトウダラ、マアジ、マイワシ、マサバ及びゴマサバ、スルメイカ、ズワイガニ、クロマグロの8魚種について、国の制度としてＴＡＣが設定されており、改正漁業法下で対象魚種を大幅に増やすこととなっている。第1章で詳解する。

11　資源学者の名誉のために補足すると、その原因として正確に計算するためのデータが不足していたか、データが不正確だったか、対象魚種には適切でない解析方法が採用されたか、などが考えられる。

12　実際に、ＴＡＣの適用開始から数年間は過去の漁獲実績から大きく乖離しないよう調整されていたため、漁獲量も理想的な水準に比べて多めであった。

13　Google Scholar で検索したところ、２０１８年以降に発表された文献だけで見ても、漁獲量の減少要因を扱う和文文献が約８００本、英文文献が約1万７０００本、水産資源の減少要因を扱う和文文献が約６０００本、英文文献が約1万７０００本ヒットした（２０２３年12月28日現在）。

ただし、乱獲が資源変動の振れ幅を増幅させるという見解はAnderson et al.（2008）、Taboada et al.（2015）から出されている。Andersonらの論文は、乱獲すると魚体の小型化・成熟年齢の若齢化が起こること、そして若齢魚の資源動態が不安定なために資源変動の振れ幅が大きくなることを指摘している。Taboadaらの論文は、小型浮魚の場合、乱獲が資源変動を起こすことは理論的に予測されており、プランクトンの出現と稚魚の浮遊状況が資源量の予測精度を上げる鍵だとしながらも、環境要因によって資源が崩壊することもありうると述べている。

そこで、資源に対する環境の影響についての研究に目を向けると、Cheung et al.（2016）は、パリ協定の提案に従い気温上昇を１・５℃以内に抑えることができれば、漁獲量の減少を抑止できること、気温上昇が３・５℃になる場合に比べ、魚種交代を２分の１に減らすことができることをモデルにより示した。ただし、気温上昇が資源量をどの程度減少させるのかについては明示的に示されていない。

木所（２０１９）は、回遊性魚種には適水温があるため、暖水性のサワラとブリは日本海への来遊量が増えたが、スルメイカは北上速度が速くなり、本州沿岸域では漁期が短期間で終了すると述べている。この論文でも、気温上昇が資源量の減少をもたらすとまでは述べていない。水産研究・教育機構も地球温暖化が水産資源に及ぼす影響を研究しているが、魚種別の研究となっており、そのなかには生息域が北上したものがある一方、因果関係は不明という結論を導いているものも多い。[14]

その意味で、図序－３の資源回復シナリオと資源減少シナリオの間のギャップが、気候変動によってもたらされたと結論づけるのは現時点では早計であると言わざるを得ない[15]。いっそ図序－3のt3期以降、世界中で全面禁漁をしてみて、それでも資源が減少するならば、それは漁獲以外の要因だと言い切れるのだが、そのような社会実験は不可能なのである。

マイワシ・バブル

こうした限界をふまえつつ、唯一観測でき、かつ信頼できると考えられる数値である漁獲統計を漁業活動の他の指標や気候変動等のデータと対照させて、漁獲量およびその背後にある資源量が減った原因を探っていこう。

これに際しては、図序－1に示した漁獲統計をこのまま使うのではなく、2つの制度的要因と「マイワシ・バブル」要因を除外する。除外すべき制度的要因の1つは遠洋漁業の漁獲量である。

14　水産研究・教育機構ウェブサイトの「水産資源ならびに生息環境における地球温暖化の影響とその予測（PDFファイル）」に「水研センターが行った温暖化に関する研究の取りまとめ」(https://www.fra.affrc.go.jp/kseika/ondanka/siryo1.pdf より2023年12月28日検索取得）としてまとめられているが、発表年が魚種ごとにしか記されていないため引用文献リストには上げていない。

15　ただし、本章「気候変動と漁獲量の関係」の節で述べるように気候変動と漁獲量の間には、少なくとも見かけ上、高い相関がある。

というのは、遠洋漁業は他国の漁業水域へ入漁して行う漁業であり、１９７７年以降は各国が漁業専管水域を設定したため、日本は漁場から締め出されている。漁業専管水域はのちに、１９９４年に発効した国連海洋法条約のもとで排他的経済水域（EEZ：Exclusive Economic Zone）となる。この条約に批准している国は、沿岸から最長２００海里（約３７０km）の海域を自国の排他的水域として囲い込むことができる。[16]

もう1つの制度的要因は、国連海洋法条約を日本も批准したことにより、１９９７年から6魚種についてＴＡＣが設定されたことである。先述の通り、基本的にＴＡＣは持続可能な水準に設定されているため、ＴＡＣを守る限り乱獲は生じないはずである。[17]そこで、１９９７年以降についてはＴＡＣ魚種の漁獲量の推移にも注目する。

第3のマイワシ・バブルは「レジームシフト」を原因とする。川崎（２０１０）によると、これは「大気・海洋・海洋生態系から構成される地球表層システムの基本構造（レジーム）が、数10年の時間スケールで転換（シフト）すること」（４８４頁）と定義され、新語として『広辞苑』第6版に収蔵されたという。サバやイワシなどの多獲性回遊魚の資源量が数10年の周期で大変動する自然現象を指している。[18]日本の場合、１９８８年の４４９万トンをピークとするマイワシの大増加があった。この漁獲水準は近年の日本の養殖や内水面を含めた年間総生産量（４００万トン台）に匹敵する。まさにマイワシ・バブルである。

そこで、図序－1を描くときにマイワシの漁獲量を併記する場合も多い。本書ではマイワシの漁

図序-4　部門別海面漁業漁獲量の推移（補正後）

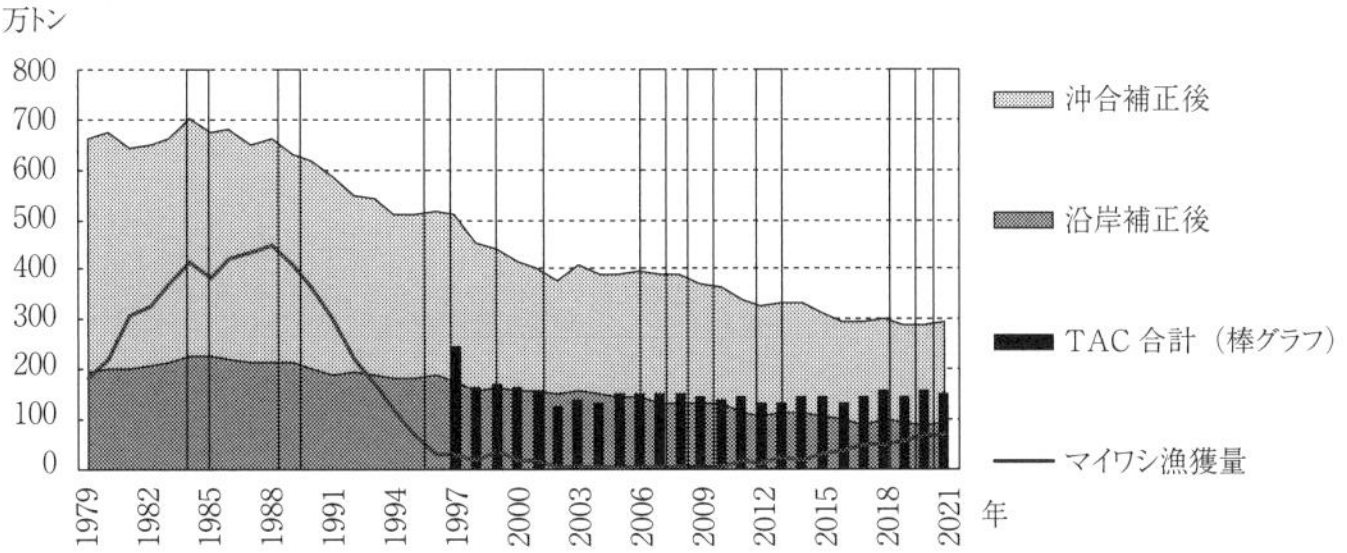

注：「補正後」とはもとの漁獲量からマイワシの異常値を除外したもの。この際、年間100万トン以上の漁獲が上がっていた1994年までは2018年水準の52万トンの漁獲があったものとみなし、これを近年の沖合漁業によるマイワシ漁獲割合60%、沿岸漁業40%で按分した。それ以降は実際の漁獲量をこの比率で按分。TAC 合計棒グラフは TAC 7 魚種（2018年から 8 魚種）の漁獲量合計で沖合・沿岸の合計値。縦長の 9 本の長方形はラニーニャ現象の発生期間。

出所：ラニーニャ現象期間は気象庁ウェブサイト「エルニーニョ / ラニーニャ現象」より。それ以外は農林水産省「漁業・養殖業生産統計」から作成。

獲量が100万トンを超えていた1994年までの期間においては、マイワシの漁獲量を2018年水準（52万トン）と置くことで、マイワシの大増加効果を除外することとする。

以上3点について補正を施した結果、沖合・沿岸漁業の漁獲量は図序－4のようになる。マイワシ・バブルを除いた「真水」のトレンドと呼んでもよいが、海水の中のできごとなのに真水と呼ぶのはどうだろうか。いずれにせよ、図序－1と比べると減少トレンドは緩やかになるが、それでも沖合漁業は1979年の468万トンから2022年の176万トンへと6割近く減少、沿岸漁業も同期間に143万トンから90万トンへと4割近く減少している。

乱獲と漁獲量の関係

冒頭で、乱獲を証明することはできていないと述べた。なぜできないのかを説明しておきたい。一般的な生産関数はY=f(K, L)という形をとる。これを漁業に当てはめると、Yが漁獲量、KとLは生産要素で、Kが漁船設備の数量、Lが漁業就業者数、f( )はカッコ内の要因でYが増減するという意味での因果関係を示す。

KとLは長期的にどちらも減っている。そして既述の通りYも減っている。そうなると、「生産要素の投入量が減ったから、漁獲量が減った」という当たり前のことしか言えなくなる。実際に回帰分析をすると、漁業就業者数Lと漁獲量Yとの間で有意な正の相関関係が得られた。しかしこの結果をそのまま解釈すると、乱獲が漁獲量減少を導いたと言えなくなってしまう。

乱獲が漁獲量減少を招いたことを証明するためには、KとLが増えているのにYが減っていることを示さなければならない。これを厳密に計算するためには図序-3の説明に用いた「ひと網にかかる魚の量が減ったので、これまでと同様（Y_1）の漁獲を上げるため網入れ回数を増やしている」という漁業者の行動を生産関数に入れ込む必要がある。しかし網入れ回数のような漁獲努力量のデータは多くの漁業で記録されておらず、記録されている漁業においても公表されてはいない。

加えて、表面的な漁業者数は減ったが、労働時間が増えたり漁業者の技術が向上したりしたのではないか、漁船隻数は減ったが、漁船や漁具の性能が向上したのではないか。こうした生産要素の質的向上にかかわるデータも必要であろう。それをKとLのなかに組み込んだうえで、t_1期からt_3期に至る漁獲量の推移を分析すれば乱獲の証拠が得られるかもしれない。これはデータ収集と解析の両面で荷が重すぎるので、今後の研究動向を見守りたい。

気候変動と漁獲量の関係

本章「資源研究により明らかになったこと」の節で紹介したCheungらの論文（Cheung et al. 2016）は気温の上昇が漁獲量に悪影響を及ぼすと述べ、木所論文（木所 2019）や水産研究・教

16　排他的経済水域を設定すると、その中にある資源はその国の管轄下に置かれる。枯渇資源である鉱物資源は自由に採捕することができる一方、再生可能資源である水産資源は持続可能であり、かつ漁獲量を最大化できる水準（MSY：本章注6参照）に設定する義務が生じる。MSY水準のもとでの理想的な許容漁獲量をTACという。

17　水産庁により、研究所が計算したよりも過大なTACが決定された歴史もある。

18　谷津・高橋（2013）によると、川崎健氏がこの現象を発見し、学会発表したのだが、発表を見た他国の研究者が命名したため、川崎氏の当初論文自体には「レジームシフト」という用語は用いられていない。

図序-5　気候変動と漁獲量（横軸）の関係

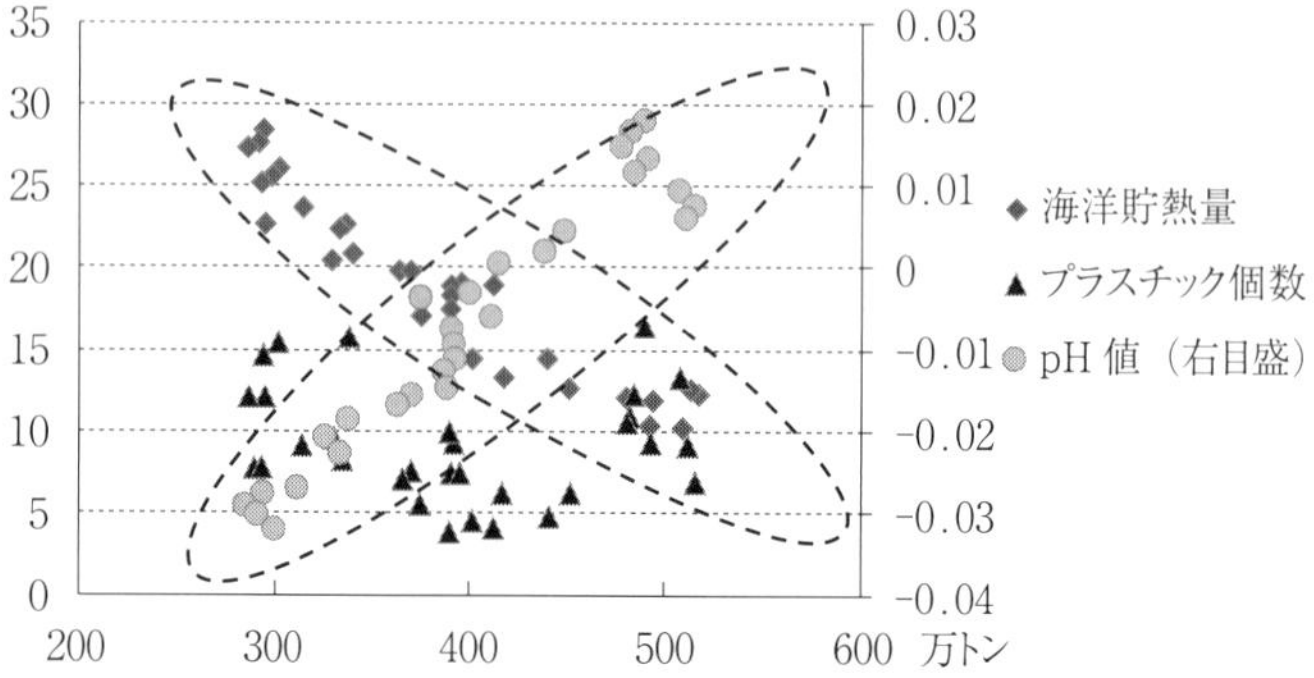

出所：漁獲量は補正後の沿岸漁業と沖合漁業の合計で、原典は農林水産省「漁業養殖業統計」。それ以外は気象庁ウェブサイトより1990-2018年のデータを取得。海洋貯熱量は「海洋貯熱量の長期変化傾向（全球）」の海面から０-700mの貯熱量の1955年値との差、pH 値は「表面海水中の pH の長期変化傾向（全球）」で1990-2010年の中央値からの乖離、プラスチック個数は「海面浮遊汚染物質（プラスチック類）」で日本周辺海域航走100km当たり個数。

育機構の研究結果は回遊魚の遊泳域を変えると述べている。海の酸性化や海洋プラスチックゴミの増加も海洋生態系に悪影響を及ぼすのではないかといわれている。そこで、図序−5にこれらのデータと漁獲量（横軸）の関係を散布図で示した。

この図から、海水温の上昇を表す海洋貯熱量と漁獲量の間には負の相関関係が、海の酸性化を表すｐＨ値（右目盛）と漁獲量の間には正の相関関係があるように見える。回帰分析の結果もこれらについては単回帰分析で有意な結果が得られた。海洋プラスチックゴミの数と漁獲量の間には図からも回帰分析からも相関関係は見られなかった[19]。

気候変動が原因で漁獲量が減少しているのかと問われれば、気候変動と漁獲量の間に見かけ上の相関があると言えるだけで、そこに因果関係があるとまでは言うことができない。このように、漁獲量が減ったのは乱獲のせいか気候変動のせいかを特定することは、簡単なようではあるが難しく、現時点では筆者にできないだけでなく、もっと優秀な内外の研究者もまだ解明できていないというのが序章の結論である。しかも図序－4で確認できるように、マイワシは近年そろりそろりと増え、２０１９年以降はＴＡＣが１００万トンを超える漁期も多い（章扉写真）。漁獲量が再び、30年前に経験したような４００万トン台に達するなら、本章で論じた「乱獲か気候変動か、それが問題だ」などという悩みは吹っ飛び、暫時「資源は変動するものだ」という楽観主義が闊歩するだろう。

次章以降は、そもそもの入り口にこんなアポリアがあることをふまえつつ読み進めていただきたい。

参考文献

Anderson, Christian N. et al.（2008）"Why Fishing Magnifies Fluctuations in Fish Abundance," *Nature*, 452, pp.835-839.

19　玉置泰司氏は、海洋プラスチックの調査方法から判断されるデータとしての信頼性を疑問視し、むしろ藻場や干潟の減少のほうが海洋資源に与える影響が大きいのではないかと指摘している。２０２２年12月5日、同氏からの拙稿コメントによる。

Branch, Trevor A.（2008）“Not all fisheries will be collapsed in 2048,” *Marine Policy*, 32(1), pp.38–39.

Cheung, William W., Gabriel Reygondeau, and Thomas L. Frölicher（2016）“Large Benefits to Marine Fisheries of Meeting the 1.5℃ Global Warming Target,” *Science*, 354(6319), pp.1591–1594.

Gordon, H. Scott（1954）“The Economic Theory of a Common-Property Resource: The Fishery,” *Journal of Political Economy*, 62(2), pp.124–142.

Hilborn, Ray et al.（2020）“Effective Fisheries Management Instrumental in Improving Fish Stock Status,” *PNAS*, 117(4), pp.2218–2224.

Lehoday, Patrick et al.（1997）“El Niño Southern Oscillation and Tuna in the Western Pacific,” *Nature*, 389, pp.715–718.

Taboada, Fernando G. and Ricardo Anadón（2015）“Determining the Causes Behind the Collapse of a Small Pelagic Fishery Using Bayesian Population Modeling,” *Ecological Applications*, 26(3), pp.886–898.

Walters, Carl J.（2007）“Is Adaptive Management Helping to Solve Fisheries Problems?” *AMBIO: A Journal of the Human Environment*, 36(4), pp.304–307.

Worm, Boris et al.（2006）“Impacts of Biodiversity Loss on Ocean Ecosystem Services,” *Science*, 314(5800), pp.787–790.

片野歩・阪口功（２０１９）『日本の水産資源管理――漁業衰退の真因と復活への道を探る』慶應義塾大学出版会。

勝川俊雄・山川卓（２００７）「マイワシ資源の変動と利用」日本水産学会誌第73巻４号、７４８－７４９頁。

川崎健（２０１０）「レジーム・シフト論」『地学雑誌』第１１９巻３号、４８２－４８８頁。

木所英昭（２０１９）「気候変動による回遊性魚介類の変化と日本漁業の適応」『２０１９年度日本水産工学会学術講演会学術講演論文集』１５３－１５４頁。

谷津明彦・髙橋素光（２０１３）「〈水産海洋アーカイブズ５〉レジームシフトと資源変動」『水産海洋研究』第77巻特別号、23－28頁。

第1章

規制改革

サバのＩＱ

ＴＡＣ魚種であるこれらの魚はＩＱ対象魚となる
（茨城県・那珂湊おさかな市場にて２０１７年９月３日筆者撮影）

はじめに

タイトルを見て「サバってそんなに賢いの?」と関心をもってもらえたら、掴みはOK! 漁業には「サバIQ」や「イカIQ」がある。水産の世界では、IQはIndividual Quota（個別割当）とImport Quota（輸入割当）の略称で、頭の良さはたぶん、測っていない。本章のテーマに掲げた水産業の規制改革では個別割当という意味でのIQが目玉の1つになっており、サバIQは他の魚種に先駆けて実施されている。不要な規制を撤廃し、既得権益を排除して新規参入を促すことで、産業を活性化しようというアイデアはどの産業にも共通に見られることだ。過去には郵政民営化、電力自由化などが断行されてきた。農協改革もあった。そして2020年末、70年ぶりに大幅改正された漁業法が施行された[1]。以下、改正後の法律を「改正漁業法」と呼ぶが、この法律のもとでは規制を緩和するだけでなく強化する部分もあるため、本章のタイトルは「規制緩和」ではなく「規制改革」としている。

表1－1に規制改革の概要とこれに関する筆者コメントを整理した。2018年12月の改正漁業法成立前と成立後で、改正のポイントとされてきたことが若干異なっている。改正前に掲げられていた6項目のうち4項目は改正後も法律として残ったので、これが漁業法の四大柱であるといえるだろう。対して、「漁業者の所得向上」と「漁協制度の見直し」は漁業法には盛り込まれなかった。

前者は行き場をなくし、後者は少しトーンダウンしたうえで水産業協同組合法に入れこまれた。本書ではこれら４つのポイントのうち「２．漁業許可制度の見直し」を除く３つを取り上げる。

第１章では、「１．新たな資源管理システムの構築」で具体化されたＩＱ（個別割当）制度の導入について紹介し、どのような制度設計にするとどのような効果がもたらされるか、途中までは現状に基づき、終盤には架空の世界の中で議論を進める。

「３．漁業権制度の見直し」にうたわれている漁業権は漁場の排他的利用に関わるもので、資源の所有に関わるＩＱ制度と同様に経済学的に関心が高いテーマだ。第２章で紹介する。ポイントから消えた「漁業者の所得向上」は輸出振興や多面的機能とともに第３章で取り上げる。[2]

漁獲の8割がTAC下に

ＴＡＣ（Total Allowable Catch：漁獲可能量）は、持続可能な漁業を担保できる漁獲量の上限で、

1　「漁業法の一部を改正する等の法律」は２０１８年12月14日成立、２０２０年12月１日施行。
2　改革には当初から含まれていないもう１つのＩＱ（輸入割当）も、本書では取り上げないが、一産業としての漁業を特別扱いすることを、国民はどこまで許容するかという視点から議論すべきテーマである。水産物は18品目がＩＱの対象となっている。

成立後		筆者コメント
改革の項目	改革の主要部分（抜粋）	
1. 新たな資源管理システムの構築	科学的な根拠に基づき目標設定、資源を維持・回復 ・TAC による管理で持続可能な資源水準に ・TAC 管理は IQ が基本 ・漁獲実績等を勘案して船舶ごとに漁獲割当	・IQ 化は2008年にも議論されたが見送られた ・割当は「準備が整ったものから順に」となっており、沖合漁業のみならず沿岸漁業も対象になりうる ・融通を認めると ITQ となる
（該当項目なし）	（水産政策の改革の全体像という概念図の中に、「漁業者の所得向上」、「輸出を視野に入れて…競争力のある流通構造を確立」の文言）	・成立前は漁業者の所得向上、輸出促進に随所で言及 ・成立後は法・省令に記載なし
2. 漁業許可制度の見直し	競争力を高め、若者に魅力ある漁船漁業を実現 ・安全性、居住性の向上 ・随時の新規許可を推進 ・適切な資源管理・生産性向上責務	・沖合漁船の大型化には沿岸漁業者が反発 ・成立前は許可権限を行使することにより漁業者の新旧交代を企図、成立後も新規許可に言及 ・成立後は漁船の安全性等に言及
3. 漁業権制度の見直し	水域の適切・有効な活用を図るための見直しを実施 ・海区漁場計画の策定プロセスの透明化 ・適切かつ有効に活用している者に免許（法定の優先順位は廃止） ・漁協等が沿岸漁場の保全活動を実施する仕組み	・旧法下では漁協、組合員、地域居住の現役漁業者などの要件が存在し、外部者や新規着業者の漁業権漁業参入に障壁 ・地元漁業者は域外からの「企業」参入に抵抗感あり ・沿岸漁業については成立前には改革項目に挙げられていたが成立後は漁業権のみに言及
（該当項目なし）	（水産業協同組合法の改正の中に盛り込まれた点 ・販売のプロの役員への登用 ・公認会計士監査の導入）	・マグロ養殖業者が協力金等の名目で水揚げ金額の一定割合を地元漁協に納付する例があった ・漁協改革には漁協が抵抗、水産業協同組合法下へ集約
4. 漁村の活性化と多面的機能の発揮		・発生している外部経済を内部化（＝補助金や保護措置）する根拠

要部分」は抜粋、一部語尾を修正。「筆者コメント」は私見。
月公表）（www.jfa.maff.go.jp/j/kikaku/kaikaku/.../suisankaikaku-3.pdf）から作成
同文の記載あり。成立後の項目・主要部分は水産庁「水産政策の改革について」
sankaikaku-40.pdf より2023年12月20日検索取得）から作成。

表1-1　改正漁業法のもとでの規制改革の概要（成立前・成立後）

成立前	
改革の項目	改革の主要部分（抜粋）
1. 新たな資源管理システムの構築	・漁獲量ベースで8割をTAC（漁獲可能量）対象魚種に ・TAC対象魚種の全てにIQ（個別割当）を導入 ・漁船別にIQの割合（%）を割当 ・IQ割当を受けた漁業者相互間で、IQ数量を年度内に限って融通可能
2. 漁業者の所得向上に資する流通構造の改革	・産地市場の統合・重点化を推進 ・輸出促進の観点から漁獲証明の法制度を整備
3. 生産性の向上に資する漁業許可制度の見直し	・遠洋・沖合漁業は生産性の高い者の更新を前提とし、新規参入を促進 ・漁業許可を大臣許可漁業と知事許可漁業の2区分に（これまでは4区分） ・漁船の大型化を阻害する規制を撤廃 ・漁船の譲渡に際してIQも移転 ・生産性が著しく低い漁業者に改善勧告・許可の取消し
4. 養殖・沿岸漁業の発展に資する海面利用制度の見直し	・今後も漁業権制度を維持 ・漁業権付与に至るプロセスを透明化、権利内容の明確化 ・沖合等に養殖のための新区画の設定を積極的に実施 ・県が漁業権を付与する際の優先順位の法定制は廃止し、地域の水産業の発展に資するかどうかを総合的に判断
5. 水産政策の改革の方向性に合わせた漁協制度の見直し	・漁協が漁場管理業務に関し、漁協のメンバー以外から費用を徴収する場合は、使途に関する収支状況を明確化 ・漁業生産組合の株式会社への組織変更を可能化
6. 漁村の活性化と国境監視機能を始めとする多面的機能の発揮	

注：「改革の項目」は出所記載の「改革の具体的内容」の5項目を転記。「改革の主
出所：成立前の項目・主要部分は水産庁「水産政策の改革について」（2018年6
　　したが、2023年12月20日現在はウェブ上に不存在。ただし矢花（2018）に
　　（2019年8月）（https://www.jfa.maff.go.jp/j/kikaku/kaikaku/attach/pdf/sui

毎年国の研究機関が推計した資源量から割り出している。改正漁業法下では、漁獲量の８割をＴＡＣでカバーしようとしており、しかも本章で取り上げるサバを含むＴＡＣ魚種すべてにＩＱを導入するとしている（章扉写真）。今後どんな魚種がＴＡＣ化・ＩＱ化されていくのか、まずは漁獲データから見てみよう。

表１－２には、２０１９－２０２１年実績で漁獲量が多いものから順にカレイ類まで並べ、その下に漁獲量は少ないがすでにＴＡＣ管理がなされている3魚種を並べている。同表で灰色に着色したマイワシ、サバ類、スケトウダラ、マアジ、スルメイカ、サンマ、クロマグロ、ズワイガニの８魚種にＴＡＣが設定されており、これら合計で海面における漁獲量の60％を占める。第７、８章で紹介するカツオ、マグロ（キハダ、ビンナガ、メバチ）は白抜きで示している。これらは高度回遊性魚種と呼ばれ、そのＴＡＣ数量は国際的な管理機関で総量を定めてから日本に配分されるので、日本国内で改めてＴＡＣを設定しない。ただし、クロマグロは幼魚を獲り過ぎたため、２０１５年から日本近海のクロマグロに限り試験的にＴＡＣ管理を導入、一部にＩＱも導入している。第6章で紹介するサケ類は、日本の河川を遡上するものを採捕・種苗生産・放流しているので、ＴＡＣ対象外ということで白抜きで示した。

すると残るのがカタクチイワシ、ブリ類、シラス、ウルメイワシ、マダラ、ホッケ、カレイ類となる。水産庁ではこれらを含む15魚種を新たなＴＡＣ魚種候補とみなし、資源調査や漁業者からの意見聴取を進めており、順次ＴＡＣ魚種として追加されていくだろう[3]。

表1-2　漁獲量の多い魚種＝TAC、IQ 候補予想（2019-2021年）

魚種[1]	漁獲量（千トン）	漁獲シェア（%）	補正後累計（%）[2]	備考
魚類計[3]	2,342	100.0	60.3	TAC8種シェア
マイワシ（1309）	646	27.6	60.3	近年増加
サバ類（827）	425	18.1	60.3	近年豊漁
カツオ	214	9.1	60.3	国際管理
スケトウダラ(248)	163	7.0	60.3	
カタクチイワシ	130	5.6	65.9	2024年導入予定
ブリ類	102	4.3	70.2	
マアジ（196）	95	4.1	70.2	
キハダ	67	2.8	70.2	国際管理
シラス	63	2.7	72.9	カタクチ稚魚
ウルメイワシ	59	2.5	75.4	2024年導入予定
サケ類	56	2.4	75.4	種苗放流
マダラ	55	2.4	77.8	
ビンナガ	43	1.8	77.8	国際管理
ホッケ	40	1.7	79.5	
スルメイカ（60）	40	1.7	79.5	近年不漁
カレイ類	39	1.7	81.2	
メバチ	32	1.4	81.2	国際管理
サンマ（23）	32	1.4	81.2	近年不漁
クロマグロ（10）	11	0.5	84.7	2020年 TAC 導入
ズワイガニ（5）	3	0.1	87.5	近年不漁

注1：魚種名の灰色はTAC魚種で（括弧）内はこの間の平均TAC配分量（千トン）。白抜きは地域漁業機関で管理すべきもの（国際管理と記載）や再生産措置が採られているもの（種苗放流と記載）。なお、魚種名は出所の統計ではひらがな表記。

注2：TAC対象魚種（灰色）の漁獲シェアを先に合計する、国内TAC管理対象になりえない魚種（白抜き）の漁獲シェアを計算に入れない、という補正をしたのちに積算。

注3：魚類計の数値は、海面漁業による魚類漁獲量から遠洋漁業を差し引き、スルメイカとズワイガニを加算。

出所：農林水産省「漁業・養殖業生産統計」、水産庁「漁獲可能量（TAC）の配分総括表」（令和2管理年度、令和3管理年度）、同資源管理分科会配布資料「海洋生物資源の保存及び管理に関する基本計画新旧対照表（別紙）」（令和元年10月4日別紙）、同ウェブサイト「くろまぐろの部屋」（https://www.jfa.maff.go.jp/j/tuna/maguro_gyogyou/bluefinkanri.html より2023年12月20日検索取得）から作成。

TAC魚種は流動的

ここで注意しておきたいことを2点上げておこう。1つはシラスの取り扱いである。ちりめんじゃこや生しらすとして販売されているシラスは主としてカタクチイワシの稚魚で、漁獲量はカタクチイワシの成魚（12万トン）の半分程度だが、浜値（単価）は成魚が82円／kgに対しシラスが348円／kg（2021年）とシラスのほうが4倍以上高い。[4] 同一魚種といえどもこれらは別々の製品として市場に出回っている。カタクチイワシにTACを設定する場合に別々のTACを設定するのかまとめるのかが議論になるだろう。[5] 実は1つの魚種でも成長段階別に獲り方が違い、単価も異なることは水産物ではよくあることで、クロマグロ（第7章）には30kg未満とそれ以上で別々のTACが設定されている。サケ（第6章）、ウナギ（第9章）も「親子市場」が存在する。

注意しておきたいもう1つの点は「漁獲量80％」に入る魚種が流動的なことである。表1－2には2019－2021年の3年間の平均値で示したが、2022年時点で国が基準として使用していたのは2017－2019年の3年間の平均値である。[6] この2期間を比べても、TAC魚種が魚類漁獲量に占めるカバー率はほぼ変わらないものの、その内訳は、マイワシとサバ類の漁獲量逆転、サンマの80％枠からの脱落などの順位交代がある。ちなみに20年前（1999－2001年）は、TACカバー率が44・9％と今日より15％以上少なかった。その主因はマイワシとサバ類が今日ほど獲れていなかったことにある。当時ＴＡＣ魚種に指定されていた７魚種のうちズワイガニを除く６魚種が漁獲量の２位～８位を占めていることから、１９９７年のＴＡＣ導入時には、漁獲量の多かった魚種をＴＡＣ魚種として指定したことがわかる。[7]

3　15魚種の内容やロードマップについては水産庁ウェブサイト「新たな資源管理の部屋」に掲載されている（https://www.jfa.maff.go.jp/j/suisin/index.html より２０２３年12月20日検索取得）。

4　単価は水産庁「漁業産出額（２０２１年）」の金額を同「漁業・養殖業生産統計（２０２１年）」の数量で除したもの。

5　水産庁「カタクチイワシ太平洋系群に関する資源管理の基本的な考え方　令和３年11月29日　資料５－１」第２回資源管理手法検討部会～カタクチイワシ太平洋系群～（https://www.jfa.maff.go.jp/j/council/seisaku/kanri/syuhou/attach/pdf/211129-5.pdf より２０２３年12月20日検索取得）によると、調査と審議が進められている。

6　水産庁は３年間の漁獲シェアの平均を取り、それを翌年から３年間使用するとしている。２０２０－２０２２年は２０１７－２０１９年の実績を使用、その後３年ごとに繰り上げられるとみられる。水産庁「水産政策審議会　資源管理分科会　第１０４回（２０２０年10月30日開催）配布資料　資料７　漁獲可能量（ＴＡＣ）の配分シェア等の見直しについて」（https://www.jfa.maff.go.jp/j/council/seisaku/kanri/attach/pdf/201030-7.pdf より２０２３年12月20日検索取得）。

7　筆者の記憶にすぎないが、当時漁獲量１位であったカタクチイワシにＴＡＣを導入しなかった理由について、筆者は当時水産庁担当者から、「資源が豊富なのでＴＡＣで漁獲量制限をする必要がないため」と聞かされていた。

ところで今後、ＴＡＣは海面漁業で漁獲される「魚類、頭足類、甲殻類」に対して導入されることになっている。貝類や海藻も天然資源であるし、内水面でも漁業が行われているにもかかわらず、それらは当面ＴＡＣ追加にあたって対象になっていないことを付記しておく。

サバへのＩＱ割当

次にＴＡＣを個別漁業に配分するプロセスを見てみよう。一例として、表１－３には２０２１年のサバのＴＡＣ配分を示した。配分量はまず来遊する系群別に分けられ、次に沖合漁業の分と沿岸漁業の分に分けられ、沿岸漁業は県別に分けられる。

ここではサバＩＱの配分について、過去の経緯と配分の現状について説明する。沖合漁業である北部太平洋海域[8]の大中型まき網船では今般の規制改革に先行して２００７年より自主的にＩＱが実施されていた。きっかけは２００６年漁期が豊漁で、ＴＡＣ管理が困難を極め、冷凍・加工場の処理能力を超えてしまい、魚価も低迷したことにある。そこで、業界の取組として1か月毎に1か統毎の上限量を設定する形で自主ＩＱ管理が開始され、２０１５年以降は国の指導の下に、サバの主漁期に1か月〜数か月単位で操業予定船にＩＱ枠を均等配分するという方法を採った。たとえば２０１７年は、漁期初めの11月〜12月は各月２５００トンの枠を操業船38か統に、1月〜3月は3か月で３２００トンの枠を操業船30か統に均等に配分した[9]。

表1-3　マサバ・ゴマサバTACの漁業種類別・県別配分量（2021年、万トン）

漁業種類・県	系群	TAC(万トン)	漁業種類
TAC計	太平洋	59.6	(総計77.4)
	対馬・東シナ海[1]	17.8	
大中型まき網	太平洋 漁獲割当管理分[2] 総量管理分	33.79 27.95 5.84	沖合漁業
大中型まき網	対馬・東シナ海[1]	8.7	
三重	太平洋	4.4	沿岸漁業
宮崎		2.9	
岩手		2.6	
和歌山		0.5	
北海道、青森、大分など17道県		現行水準	
長崎	対馬・東シナ海[1]	2.7	
島根		1.9	
鹿児島		1.1	
山口		0.2	
秋田、山形、熊本など12県		現行水準	
岡山、沖縄	太平洋・対馬・東シナ海	配分無し	

注1：正式名称は「マサバ対馬暖流系群及びゴマサバ東シナ海系群」。
注2：漁期終盤に漁獲割当の余剰分を総量管理分に移転したため、最終配分は漁獲割当が8.5万トン、総量管理分が22.1万トン。
出所：水産庁「令和3管理年度の漁獲可能量（TAC）の配分総括表（令和4年6月時点）」から作成した最終配分の数値。ただし大中型まき網の配分は当初配分で、その出所は水産庁「漁業法に基づく特定水産資源に関する令和3年管理年度における漁獲可能量の当初配分案等について（資料3）」水産政策審議会第109回資源管理分科会配布資料　(https://www.jfa.maff.go.jp/j/council/seisaku/kanri/210427.html より2023年12月20日検索取得)。

表1-4　北太平洋大中型まき網の個別割当表（2021管理年度）

<table>
<tr><td>漁獲割当割合設定者</td><td>α社</td><td>β社</td><td>γ社</td><td>δ社</td></tr>
<tr><td>船舶名</td><td>A丸</td><td>B丸</td><td>C丸</td><td>D丸</td></tr>
<tr><td>漁獲割当割合（%）</td><td>1.654297</td><td>(2.770760)</td><td>4.009962</td><td>0.348538</td></tr>
<tr><td>当初漁獲割当量（トン）</td><td>4,623.760</td><td>0</td><td>11,207.844</td><td>974.164</td></tr>
<tr><td>中間漁獲割当量</td><td>7,146.815</td><td>7,759.669</td><td>8,799.206</td><td>974.158</td></tr>
<tr><td>期間中の権利の移動1：船の使用権の移転（漁獲割当割合の移転）</td><td></td><td>22.2.1η社から船を使用する権利取得（2.770760%の割当割合取得）</td><td></td><td></td></tr>
<tr><td rowspan="2">期間中の権利の移動2：漁獲割当量の移転</td><td>22.1.31E丸から114.417トン漁獲割当量移転</td><td>22.2.1η社から7,744.274トン漁獲割当量の移転</td><td rowspan="2">22.1.31
A丸へ漁獲割当量を2,408.637トン移転</td><td rowspan="2"></td></tr>
<tr><td>22.1.31C丸から2,408.637トン漁獲割当量移転</td><td>22.1.31F丸から15.394トン漁獲割当量の移転</td></tr>
<tr><td>参考：漁獲割当割合（2022管理年度、%）</td><td>1.888762</td><td>2.800520</td><td>4.188362</td><td>0.340962</td></tr>
</table>

注：漁獲割合設定者、船舶名は業界の希望により仮名表記。B丸への当初割当はなし。図1－1の漁業者ABCとの対応関係はない。

出所：水産庁「令和3管理年度まさば及びごまさば太平洋系群大中型まき網漁業（漁獲割当てによる管理を行う管理区分）の漁獲割当管理原簿（令和4年3月11日更新：令和4年3月31日漁期終了）」(PDF)、同「令和4年管理年度まさば及びごまさば太平洋系群大中型まき網漁業（漁獲割当てによる管理を行う管理区分）の漁獲割当管理原簿（令和4年11月3日更新）」(PDF)、水産庁ウェブサイト「新たな資源管理の部屋　3.(7)(ア)」(https://www.jfa.maff.go.jp/j/suisin/attach/pdf/index-92.pdf より2023年12月20日検索取得）から作成。

この経験があったので、改正漁業法のもとでのＩＱの１例目として、２０２１管理年度から北部太平洋海域における大中型まき網漁業のサバでＩＱを実施することになった。[10] ２０２１管理年度は７月から始まり、ＩＱはそのうち盛漁期である11月～３月に実施されるので、２０２１年９月、漁業会社が使用船舶ごとに希望する割当割合を申請した。申請割合の合計がぴったり１００％になるとは限らない。１００％にならない場合はそのままの比率を配分し、１００％を上回る場合は過去の漁獲実績を勘案して水産庁が調整する。[11] その結果、北部太平洋のＩＱは、２０２１管理年度、合計44か統に割り当てられた。表１－４にはここから４か統の事例を抜粋している。数値は公表されている資料から引用した実際の数値であるが、漁獲割当割合設定者（会社名）、船舶名は業界団体の要望により記号で記載した。

最も割当割合が大きいのがＡ丸、最も小さいのがＤ丸である。すでに２０２１年４月にはＩＱ管理枠として27・95万トンのＴＡＣが配分されている（表１－３）ので、割当割合１％は２７９５ト

8　千葉県沖から青森県沖の太平洋側海域。北部太平洋まき網漁業協同組合連合会ウェブサイト（http://kitamaki.jp/index.html より２０２３年12月20日検索取得）による。

9　まき網船は本船、レッコ船、運搬船などの船団を形成していることから隻ではなく「か統」という数え方をする。本段落のここまでの記述は北部太平洋まき網漁業協同組合連合会ウェブサイト（http://kitamaki.jp/index.html より２０２３年12月20日検索取得）および２０２２年11月の同会からの聞き取りによる。

ンに相当する。そのため各船への当初割当量は2795に自身の割当割合を乗じた量となる。トン数が小数点以下3桁まで書かれているのは、キロ単位で割当量を把握するためであり、割当割合も小数点以下が6桁にも及んでいる。

IQ融通の実態

例年11月から個別割当による操業を行うが、思ったほど枠を消化できないこともあるし、逆に思ったより早く枠を消化することもある。そこで漁期途中で配分量を融通することができる仕組みとなっている。その実態を見てみると、かなりの頻度で融通が生じていることがわかる。表1－4に行政用語である「権利の移動」と記載したのがそれで、これにはη社がβ社（B丸）へ船の使用権を移動し、それに伴って割当割合と割当量全量を移動するケース（B丸）と、γ社（C丸）が割当量の余剰分をα社（A丸）へ移動するケースがあり、後者が、漁期中に行われた配分量の融通である。これらのいずれも行わなかったのは44か統中16か統と、そちらのほうがむしろ少数派である。

2021管理年度は思いのほか獲れず、IQ管理が終了した2022年3月末時点で27・95万トンのIQのうち8・5万トンしか消化できなかった。こうした場合には、残りを総量管理分に移し、漁期が終了する6月末までの3か月間はこの海域での操業許可を持つ漁船が自由に獲ることができる仕組みになっている。[12]これは旧制度下でも行っていた弾力的な配分調整であり、水産庁でも制度導入初期に起こりがちなトライ&エラーを想定して、本来は5年間固定される割当割合を、当面の間、毎年設定しなおすこととしている。表1－4の末尾に参考として記載した通り、翌2022管理年度の割当割合はD丸を除いて軒並み微増している。

大中型まき網船はサバのほかマイワシ、クロマグロ、マアジ、スルメイカも獲る。これらはTAC魚種なのでいずれIQが割り当てられるだろう。そうなれば、沖合漁業は1つの漁船（船団）が1・234567%といったIQを複数種類使いながら漁をするというスタイルになる。なお、沿岸漁業については都道府県にTACが割り当てられる。この際、過去3年の漁獲量実績で上位80%に入る県には具体的な数量が割り当てられ、それ以外の県は現行水準として漁獲実績と同一量が目安として割り当てられる（表1－3参照）。ただし、沿岸漁業にもIQを導入する県には、配分量を

10　IQ的な漁獲割当はベニズワイガニ、ミナミマグロなどTAC魚種以外で先行実施されている例がある。TAC魚種ではサバの公的管理を先行実施するはずだったが、クロマグロも同時スタートとなった。これ以降もマイワシ（2022年漁期から）、スルメイカ、サンマ（2023年漁期から）を漁獲する一部漁業から導入が開始された（注3に示した水産庁ウェブサイト、3（7））。

11　水産庁「水産政策審議会　資源管理分科会　第109回（2021年4月26日）配布資料　資料2－1　資源管理方針（令和2管理年度）」10－11頁（https://www.jfa.maff.go.jp/j/council/seisaku/kanri/attach/pdf/210427-2.pdf より2023年12月20日検索取得）。

12　最終の配分量は表1－3注2に記載。このルールの出所は注11の資料2－2、78頁。

上乗せするという措置が採られる。[13] 経済学でいう「インセンティブ規制」、あるいは行動経済学でいう「ナッジ」の手法を使って、沿岸漁業へもＩＱ導入を促進しようとしているのである。

ＩＴＱ化で市場メカニズムを活用[14]

工業生産とは違って、漁業生産は計画通りにはならない。前節でみたようにＩＱの割当を受けても漁期の終わりまでに消化しきれないこともあれば、獲りすぎることもある。ＩＱは漁船に割り当てられるので、漁船そのものや漁具の故障、船員の不調で出漁できないこともある。そこで改正漁業法では割当を受けた年度に限って、同じ魚種について割当てを持つ漁船間で獲る権利を融通することを認めた。行政用語では「期間中の権利の移動」と呼ばれる。

権利の移動を認めたことで得られるメリットを3つ挙げておこう。1つ目は漁業の効率化である。ＩＱを配分するだけでも、先取り競争をする現状に比べて操業コスト低減の効果が期待できるのだが、移動を認めることでコストの高い漁船が淘汰され、より効率のよい漁船が操業する方向へと誘導される。一般に、そして国際的にはこうした手法はＩＱを譲渡（Transfer）するのでＩＴＱと呼ばれる。ＩＴＱ化することで初めて、権利持ち分が市場で取引され、市場メカニズムを通じて最も効率的な権利の配分が達成される。これを活用して社会的厚生水準を改善させることができる。しかし水産庁ではなぜかこの制度をＩＴＱと表現せず、漁獲枠の「譲渡」ではなく「移動」であると主張している。

2つ目は、違法な譲渡を未然に防止できる点である。逆説的ではあるが、初めから国の制度としてＩＴＱを認めることで、起こりうるヤミ取引（ＩＵＵ漁業[15]）を防止できるのである。[16]仮にＩＴＱを禁じたとしても必ず水面下で譲渡は起きるものである。獲りすぎた人は獲りきれなかった人を探してトレードしようとするだろうし、効率の悪い漁船の持ち主は意図的に獲り控え、残量を高値で買い取ってくれる漁船の船主を探すかもしれない。

3つ目として、これは水産庁が期待していることだが、ＴＡＣを使い切ってもらえそうだということである。表1－2に見るように、2019－2021年の実際の漁獲量は同漁期に割り当てられたＴＡＣ数量（魚種名の横に括弧書きで記載）を軒並み下回っている。獲ってよい量を割り当てら

13　出所は注11と同じ。

14　ＩＴＱ（Individual Transferable Quota：譲渡性個別割当）とは自分に割り当てられたＩＱ（個別割当）枠を他者に有償・無償で譲渡することをいう。

15　違法・無規制・無報告の漁業はＩＵＵ（Illegal, Unregulated and Unreported）漁業と呼ばれ、近年国際的な批判を浴びている。日本は近隣国のＩＵＵ状態を非難し、是正を求めている立場上、日本船にはＩＵＵ漁船になってもらいたくない。

16　ついでに海洋投棄も少しは防止できる。ＩＴＱなかりせば、獲りすぎた漁船は持ち帰ってペナルティを課されるより、余剰分を海に捨ててくることを選ぶだろう。

れたからといって全量獲るとは限らない。魚はいるはずだが見つからなかった、という2021管理年度のサバの例もあるし、漁期も終わりに近づくとTAC超過を恐れて獲り控えることもある。市場価格が低かったり燃油が高かったりしても獲り控える。そのため、個別に割り当てて漁業者間で調整してもらうことで総漁獲量がTACに近づき、より多くの魚が市場に出回ることを国としては期待していると考えられる。

過去実績：現実的な割当方法

次に、個別割当の割当方法について考えてみよう。どんな割当方法があるか、そのうち最適な方法は何かをあれこれ考えるのは楽しい作業だが、以下では採りうる選択肢——机上の空論——と実際に採用された方法の両方を紹介する。北部太平洋のまき網船は、過去には操業船にサバIQを均等配分し、改正漁業法の下では各船が希望割当量を自己申告する仕組みとした。均等配分も自己申告も割当方法としてはむしろ特殊である。以下ではまず、一般的な方法としての過去実績とオークションについてメリットとデメリットを検討したのち、今般サバのIQで採用された自己申告に基づく割当をベースとした先進的な手法である「自己査定型の配分」について検討する。ただし、オークションと自己査定型配分は机上の空論であって、現場では全く相手にされないことをあらかじめお断りしておく。

最も常識的で受け入れられやすいのが過去の漁獲実績に基づく配分であり、改正漁業法下においてもこの方法を採るという方針が明記されている。[17] 過去実績のメリットはＩＱへのスムーズな移行が可能なことである。今まで獲っていたペースで、獲っていた魚を獲り続ける権利を得るのだから、既存漁業者は文句を言わないはずだ。しかし少なくとも４つの問題（不公平感、過剰投資、棚ぼた、不可逆性）がある。

過去実績の配分がもたらす諸問題

第一に、過去実績で配分することがわかったその日から漁獲競争が始まる。船主はＴＡＣという限られたパイの中での自船への割当を少しでも上げておきたいと考える。今まで当該資源の漁獲に積極的でなかった漁業者も、とりあえず割当量を確保しておくために参戦するかもしれない。この問題は実際にもクロマグロのＩＱ設定時に生じている。

クロマグロＩＱで生じたことは次の通りである。１５０トン未満のはえ縄船が操業するかつお・

17　水産庁「漁獲可能量（ＴＡＣ）の配分シェアの見直しについて（資料７）」水産政策審議会　第１０４回資源管理分科会　令和２年10月30日（https://www.jfa.maff.go.jp/j/council/seisaku/kanri/attach/pdf/201030-7.pdf より２０２３年12月20日検索取得）。

まぐろ漁業に対しては、2022年の本格実施に先立ち、前年からIQを実施する漁船グループ（Aグループとする）としないグループ（Bグループとする）それぞれに漁獲枠を与えた。

Aグループの242隻は自主的にIQを設定し、1隻平均1・2トンを漁獲した。一方、Bグループの5隻は1隻平均36・6トンを漁獲した。同じ大きさの漁船であることを勘案すると、この漁獲量の差は明らかに大きい。2022年からの本格実施時のIQ割合は2019–2021年の3年間の漁獲実績をもとに配分される。配分量を検討する審議会委員からは「こうした前例が今後のIQ設定の不公平感につながることを懸念する」という声も上がったという。[18] しかしこういう行動に出るプレイヤーがいることは始める前から予想できたことであり、ゲームの建てつけが悪かったというべきだろう。[19] なお、初回配分を前に過去実績を上げておこうと頑張るのには理由があり、それは第四の問題として指摘する。

漁業者の不満は行動経済学が説明

また、どのような割当量を得たとしても、漁業者の多くが不公平感を抱くという意外な結末が待っているかもしれない。われわれは「高値覚え」という感覚を持っている。わが家の資産価値や保有する株価を現在の市場価格ではなく、過去につけられた最高値で評価してしまう、という感覚である。漁業者にとって自船への正当な割当量は過去3年の平均値ではなく、漁業人生を通じての最大漁獲量を、さらに少し上回るような数量に違いない。過去３年の平均値では納得がいかないのだ。[20]

合理的な消費者や合理的な漁業者を想定するとこうしたことが起きるはずはないのだがと、行動経済学を専門とする筆者の同僚、岡田先生の前でつぶやいてみたところ、次のような返答をもらった。すなわち「アンカリング効果とピークエンドの法則に着目すると、ピークである最高値は記憶に残りやすい。同様に過去最高の漁獲量がアンカーになることはあり得そうです。最高漁獲量がアンカーになるなら、過去実績の平均値で設定した割当より必ず大きくなり、不満が生まれるでしょう。また、損失回避性からその不満は大きくなりがちです[21]」。なるほど、そういうことなら漁業者が不満を述べたとしても無理はない。

18　『日刊水産経済新聞』「近海マグロＩＱ、実績配分めぐり疑問」２０２２年9月29日号、１面。

19　さば操業船は２０１７年時点で38か統だったが、２０２１年の申請時には44か統に割り当てられている。北部太平洋まき網漁業協同組合連合会の担当者は、筆者の「駆け込み申請ではないか」という勘ぐりを否定し、「サバでの公的ＩＱ導入の動きと操業統数増加のタイミングの一致はみられない。導入の動きより前のタイミングで他海区の漁模様と北部海区サバ漁の期待値等の結果微増している」と述べている。２０２２年11月17日メール書簡。

20　オランダで過去実績に基づきＩＱを配分しようとしたところ、４００人分の枠のうち３００人の漁業者が自分への枠が少なすぎると反発し、当時の農林水産大臣が辞任に追い込まれた、という逸話がある。山下（２０１４）１１３頁参照。

第二の問題は過剰投資である。ゲームのルールが変更されることが十分前からわかっていれば、漁業者は漁獲競争に備えて漁船・漁具に過剰な設備投資をするだろう。大量の漁獲実績を上げておくことが多くの配分につながるからである。本来、設備投資競争を止めさせ、より効率よく低コストな操業をしてもらうためにIQが導入されるはずなのに、最終的な割当量が決まった時点で漁船が軒並み過剰能力を備える状態に陥ることは免れない。個々の漁業者にとっては残念な結果であるが、TAC数量が守られている限り、この過程で国民の共有財産たる漁業資源が乱獲されるという、国民経済的な損失が発生するわけではない。

棚ぼた問題：レントの行方

第三は「棚ぼた」問題である。割当量は割当時に当該資源を漁獲していた船に与えられ、船を譲渡する際にIQも移転する。表1－1の3に示した通り、規制改革によっては生産性が著しく低い漁業者は漁業許可が取り消される可能性さえ出てきた[22]。これまでは、「もう限界だ」と判断した漁業者は5年ごとの許可更新をしないことを決意し、古船を二束三文で売るなり廃船処理費を自ら負担するなりして廃業していた。ところが改正漁業法下では、許可が取り消されそうな漁業者といえども、古船を良い値で「売却」できる。転売時に、将来当該漁獲から得られる所得の現在価値が古船代金に上乗せされるからだ。これが「棚からぼた餅（棚ぼた）」つまりレントの発生である。通常、

図1-1　漁業者 ABC の費用構造

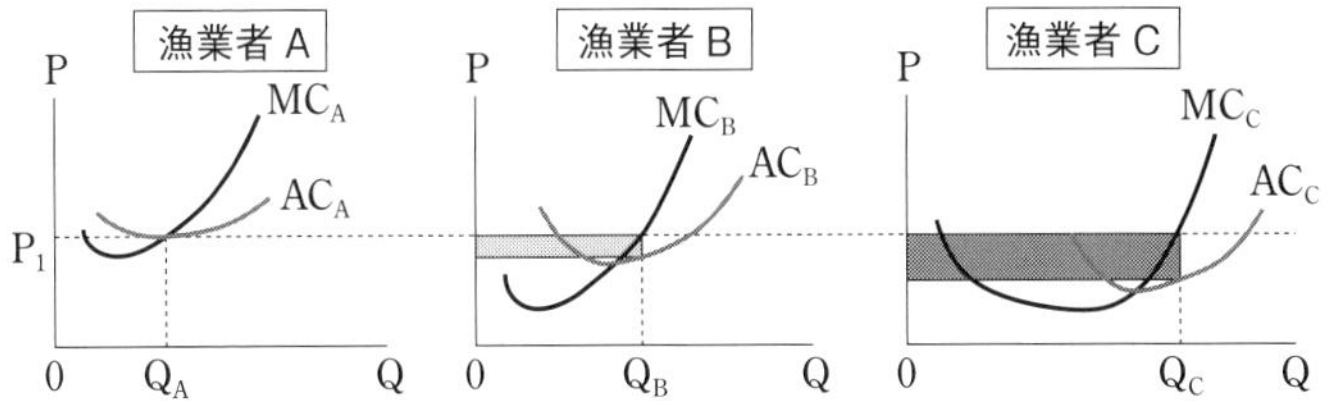

注：図中の P は魚価（単価）、Q は漁獲量、MC_i は漁業者 i の限界費用、AC_i は平均費用曲線を表す。
出所：筆者作成。

改革は既得権益はがしという痛みを伴うものだが、ＩＱ制度は逆に既得権益を追認し、資産化する効果をもつ。

　レントは第二の問題として指摘した過剰投資が起これば消滅する。一方で、より効率的で生産性の高い経営者が古船を買い取ってくれれば、廃業者が棚ぼたを得られる。図１－１には廃業目前の漁業者Ａ、中間的な漁業者Ｂ、大量漁獲できるなら規模の経済性を発揮できる漁業者Ｃの費用曲線ＭＣ、ＡＣを描いている。漁業者ＢやＣには、漁業者Ａの割当量（Q_A）付きの古船を残存価値以上の価格で買い取る用意がある。漁業者Ａは退職金代わりの金を得て、ハッピーリタイアメントできるからよい。しかしこの金は誰の棚から落ちてきたのか。国民共通の財産[23]である漁業資源

21　２０２０年５月９日、岡田知久氏が筒井ほか（２０１７）を参照して筆者に説明したメール書簡を一部改変して掲載。

22　改革案には、生産性が著しく低い漁業者には許可の取消しを行うとの方針が示されているが、生産性が低い漁船にＩＱを与えないとは書かれていない。

（＝棚）を漁獲する権利（＝ＩＱ）が与えられた瞬間に、そのとき漁業を営んでいる人だけに、一度だけ発生するレント（＝ぼた餅）である。漁業に従事していない者はその恩恵を享受することができない。もともとその魚は国民共通の財産であることを鑑みると、資産の分配面から見て不平等感を感じるのだが、筆者の心が狭いからだろうか。

第四の不可逆性については後述する。

オークション：机上の空論

さて、机上の空論に移ろう。[24] 棚ぼたを国民全体で享受する方法の１つがＩＱのオークションである。落札代金は国庫に入り、財政赤字の解消に少しは貢献するだろう。既存漁業者だけが得をしている、という不公平感がなくなり、赤字解消にも貢献し、しかもＩＱ制度の導入当初から最も効率的な漁業者が漁業を営むので、経済学的な意味での資源配分上も望ましい。現役漁業者とて、漁業界から追い出されるわけではない。落札さえできれば漁業を続けられるし、今年落札できなかったとしても翌年また入札のチャンスがある。結果的に落札できるのは図１－１の漁業者ＢやＣだろうが、プライドが許すなら漁業者Ａは落札船で乗組員として働くこともできる。また、水産庁が促進を狙う新規参入企業も入札できる。[25]

とはいえ、オークションにもまた幾多の問題（不確実性、固定化、独占）がある。第一は不確実性で、資源量は変動が激しいため誰も適正な入札価格を算定できないことである。入札者はハイリターンを得られる確証のないまま、ハイリスクを覚悟しなければならない。第二に、新規参入者は落札に備えて漁船設備への初期投資が必要であり、落札できなかった年は設備を遊休させておくリスクも生じる。他者に貸そうにも、IQが割り当てられていない漁船は使いようがない。そこで毎年入札をすることは現実的ではなくなり、5～10年といった期間ごとにIQオークションをすることになるだろう。前節で議論した過去実績と同様、いったんIQが配分されればよほど不真面目な操業をして漁業許可を取り消されない限り、IQは船に固定化するだろうと予想される。するとIQ割当を更新することで新陳代謝を図るという改革のスキームは形骸化する。

第三の、しかも最も深刻な問題はIQの独占である。TAC配分量がたとえば図1－1のQ_C程度しかなく、この漁業に規模の経済が働くなら、漁業者Cが大金を払ってTACに相当するIQを

23　「国民共通の財産」という用語は、平成23年7月22日閣議決定「規制・制度改革に係る追加方針」で用いられている。ここでは「国民の共有財産」ではなく「国民共通の財産」と記載されているため、その用語を援用した。

24　机上でこのような空論を展開すると、役所や組合から敵視され、水産研究仲間から変人扱いされ、知り合いの漁業者から絶交されてしまう。覚悟の上の空論である。

25　新規参入は、前節の割当方式であっても、IQ付きの廃船が売り出されたとき、それを購入することで可能である。ただしレントは得られない。

全量落札してしまうだろう。割当量が年変動することを勘案すると、1船で買い占めるというより複船経営をする1船主が買い占めるというイメージのほうが現実的かもしれない。

実は、漁業のように有限の資源を相手にする産業では独占も悪くない。古くはScott（1955）が“Sole Ownership”という概念を導入した。競争がないので共有地の悲劇が起こらない。何となれば国が費用をかけて行っている資源調査とそれに基づくTAC設定を止めてしまってもよい。というのはSole Ownerならば自分で資源調査をして、「経営的に最適」かつ未来永劫持続可能な漁獲量を割り出すだろうからである。岸壁の釣り人も、密漁をしに来たIUU漁業者も、Sole Ownerが自ら監視船を出して観光農園のごとく料金を取るなり、追い払うなりするだろう。

問題は、「経営的に最適」な漁獲量が、資源量からはじき出したTACとは一致しない場合に生じる。TACは持続可能な漁獲量の中の最大値であるため、漁獲量がTACを上回ることはない。下回ることが問題なのである。市場への供給量が絞られれば当然魚価が上がり、消費者余剰が減少して厚生損失が発生する。これは机上の空論とばかりは言えない。表1-2で、実際の漁獲量がTAC配分量（魚種名の横に括弧内数値で記載）をかなり下回っていることを示し、漁業者が経営上の理由から意図的に漁獲量を絞り込む可能性も指摘した。

自己査定型資産税の適用

「自己査定型の配分」というものがありうることを、野田（２０１８）による海外論文レビューで学んだ[26]。そこでこの新しい資源の利用免許である「自己査定型資産税」をＩＱに当てはめてみよう。既述のように、サバＩＱ制度は、獲得したいＩＱ割合を自己申告するという、ＩＱの割当方法としてはめずらしい自己申告型割当でスタートした。これを自己査定型に（あくまでも仮に、である）当てはめると、割当を受け続けたい漁業者は、割当量１％当たりの価格（資産価値）をｐと設定し、政府が設定する税率ｒを掛けた額prを来年、更新税として支払うと約束する。政府が政府歳入の最大化を目的とするのであれば、ｐが高い漁業者から順にＩＱを配分していくだろう。漁業者はｐを上げると割当を継続できる確率が高まるが、更新税額も上昇するというジレンマに直面する。資産の価値を高める努力をすればｐを上げることができ、売却の際に利益が得られるが、続ける場合の更新税は高くなる。野田（２０１８）で紹介されている論文によると政府が税率ｒを最適水準に置くことで、社会厚生の最大化を達成できる。

26　野田論文がレビューしているのは Weyl et al.（2018）である。

たとえば漁業者Bが来年1％の割当量を受けたいとする。1％当たりの資産価値pを2795万円（さば資産価格10円／kg）と自己評価し、更新税率rが1％ならば「更新税を27・95万円（2795×1×1％）支払う」と申請する。ところがライバル漁業者Cが資産価値pを5590万円（さば資産価格20円／kg）と自己評価し、倍の55・9万円を支払うと約束するなら、そして漁業者Cのように高い見積もりを出してくるライバル漁業者が大勢いるなら、漁業者Bは来年割当を受けられなくなる可能性もある。自社が割当を得るには、資産価値を高く見積もる必要があり、その上限は自社の期待利潤、すなわち図1－1で漁業者BやCに発生している網掛けの部分に相当する。支払われた税が国庫に入り、回りまわって国民に還元されることは、オークションと同様である。政府にとっても最適な税率rがどの水準かを探し出すのは難しい作業だろう。高すぎると申請する者がいなくなり、低すぎると棚ぼたが漁業者の懐に入る。

資産価値自体を高める方法はある。1つは単位当たり漁獲率を向上させることであり、具体的には漁船に魚群の早期発見と省エネができる設備投資をすることであろう。そういう漁船ならば、船の資産価値が高まり、転売価格も高くなる。別な方法として、漁場環境を整備して資源量を増やすことも資産価値の向上につながるが、同じ漁場で操業する他船の資産価値も一緒に上がってしまう。いずれにせよ、現実の世界ではr＝0でなければ漁業者から総スカンを食らうだろう。

ＩＱは後戻りが難しい

最後に、ＩＱには制度の不可逆性があることを指摘しておきたい。いったんＩＱを付与すると、その割当量は資産化されて継承される。より良いスキームが見つかったからといって、ＩＱ制度を廃止しようとすると、廃船補償に上積みして莫大な立ち退き料を用意しなければならず、それでも立ち退いてくれない人はいるだろう。サバもサンマもマイワシも、海を泳いでいるときはわれわれ国民共通の財産のように見えていたのだが、ＩＱを付与した瞬間にＩＱ保有者が権利を保有するのだと思うと、海が遠ざかっていくようでちょっと寂しい。

参考文献

Scott, Anthony（1955）“The Fishery：The Objectives of Sole Ownership,” *Journal of Political Economy*, 63(2), pp. 116–124.
Weyl, E. Glen and Anthony Lee Zhang（2018）“Depreciating Licenses,” Working Paper.
筒井義郎、佐々木俊一郎、山根承子、グレッグ・マルデワ（２０１７）『行動経済学入門』東洋経済新報社。
野田俊也（２０１８）「資源の利用免許の新しい形：自己査定型の資産税と、投資と配分の効率性」『経済セミナー』２０１８年10－11月号、94－96頁。
矢花渉史（２０１８）「水産政策の改革について」『水産振興』第45巻10号（第６１１号）、１－38頁。
山下東子（２０１４）「漁業資源の管理と漁獲枠の取引」堀口健治（編著）『再生可能資源と役立つ市場取引』（第４

章）、御茶の水書房、91－118頁。

第2章

漁業権

桃浦《ももうら》牡《か》蠣《き》の陣

養殖中のカキ縄に絡みつく大量の海藻が宮城県・戸倉の海の豊かさを物語る（2019年8月2日筆者撮影）

はじめに

漁業権という概念を、一般の方は「漁業をする権利」と解釈されることが多いがそれは誤解だ。もちろん広い意味では、第1章で扱ったＩＱ（個別割当）は特定の魚を獲る「権利」だし、操業許可を得た漁船も特定の漁業をする「権利」を持っている。ただしこれらと違って、厳密な意味での「漁業権」というのは海面を排他的に利用する権利であり、この点で土地の利用権と似ている。[1]

立地の良い場所だからといって、そこに誰もが自由に屋台を構えて商売をしはじめたら、たちまち人が寄ってきて縄張り争いが起きてしまうだろう。これと同様、海面においてもさまざまな漁業者が勝手に海を囲い込んで自分流の漁業を展開しようとすると、たちまち場所の取り合いになる。隣り合う漁場間では迷惑をかけたのかけられたのという諍い、経済学でいう外部不経済も生じる。そこで、地元の漁業協同組合（以下、漁協）が仲介役となり漁場利用を調整してきた。今回の規制改革でも漁業権制度は維持されたが、仲介役を漁協から本来の免許付与者である都道府県知事に戻し、地元外からの新規参入を促す方向へ舵が切られた。

２０２０年12月に施行された改正漁業法は、「漁業法の一部を改正する法律」などと銘打ってはいるものの、一部どころか新旧対照表が４４８頁にものぼる大改革だった。主要な改正点として前章で紹介したＩＱ（個別割当）の導入と本章で議論する漁業権の地元外開放がある。そこで本章では漁業権というわかりにくい概念をわかりやすく説明することを第一の目標とし、次に、制度変更の難しさを、漁業権付与をめぐる大騒動――桃浦牡蠣《もものうらかき》の陣と呼ぼう――を例にして述べ、最後に外資を含めた新規参入の課題に触れる。

三種類の漁業権

漁業権はどんな漁業をするにも必要な訳ではない。漁業をするうえで特定の海面を占有することが避けられないもの、つまり養殖業、定置網漁業、貝や藻を採る漁業等をするのに漁業権が必要になる。[2]それらの漁業は岸辺近くで行われるため、漁業権は必然的に沿岸漁業の一部とすべての養殖業に適用される制度であり、沿岸漁業でも漁船を使ってあちこちの漁場に出かけていく漁業や、沖

1　河川・湖沼に漁業権を設定することもあるので正式には「水面」であるが、本章では海面のみを取り扱う。漁業権は土地の利用と似ているため、物権一般の法律が適用される。抵当権は設定できるが移転・貸付は禁止されている。平林・浜本（１９８８）２１８-２１９頁参照。

2　海で遊ぶ人の中には「岸辺で貝を採るのは自由でしょう？　そんなことに漁業権が必要なのか？」と驚かれる方もいるが、ほとんどの岸辺には共同漁業権が設定されており、漁業権で指定されている貝についてはこの権利を持っている人だけが採れる。持っていないのに採っている人は、見逃されているだけである。

合・遠洋漁業には適用されない[3]。また漁業権は用途別に「共同漁業権」、「定置漁業権」、「区画漁業権」の三種類に分かれている。用語と概念が複雑なうえ、旧漁業法と改正漁業法で用語を変更したり内容だけ変更したりしていて、詳しく説明しようとするときりがないのだが、以下ではこの順に、なるべく簡潔にどのようなものかを説明する。表2-1には漁業権の種類と用途の概要を、図2-1には漁業権のイメージ図を描いている。

以下で説明する漁業権は海面に関するもので、河川・湖沼などの内水面にはほぼ全域に第5種共同漁業権が設定されている。資源保護、増殖を目的として釣り人から料金を徴収できることが明記されるなど、第5種共同漁業権は海面の漁業権より強い権限を持っている。

採貝藻は共同漁業権

共同漁業権は陸と海の境目から沖合へ面的に設定されるもので、このうち第1種共同漁業権はこの場に自生する貝や海藻を採るための権利である（図2-1の①）。第2種共同漁業権は次節で述べる小型定置網や、刺網、かごなど固定した漁具で魚介類を獲るための権利である。図2-2には一例として千葉県の共同漁業権のマップを掲載した。日本の沿岸には商船が出入りする港湾区域を除いてほぼくまなく共同漁業権が張り巡らされており、千葉県でも背後に京浜工業地帯を抱える千葉港周辺や、埋め立てのため漁業権を放棄した有名な大型テーマパーク周辺を除けば、共同漁業権が

表2-1　改正漁業法下の漁業権の種類と内容

<table>
<tr><th></th><th>定義</th><th>内容</th><th colspan="2">免許の名称</th><th>旧法からの変更点</th></tr>
<tr><td rowspan="4">共同漁業権</td><td rowspan="4">一定地区の漁業者が一定の水面を共同に利用して営む漁業権</td><td>第１種：採貝、採藻、イセエビ、ナマコ等の採捕</td><td rowspan="4" colspan="2">団体漁業権（組合に免許）</td><td rowspan="4">・旧称は組合管理漁業権
・変更点はなし。団体漁業権は当該漁業の漁業者の３分の２以上が居住し組合員として所属する漁協に免許。存続期間は10年で変わらず</td></tr>
<tr><td>第２種：小型定置網、やなの敷設、刺網、かご</td></tr>
<tr><td>第３種：地引網</td></tr>
<tr><td>第４種（瀬戸内海）、第５種(内水面)</td></tr>
<tr><td>定置漁業権</td><td colspan="2">・水深27m 以上の場所に設置する大規模な定置網漁業を営む漁業権。建網、大敷網ともいう
・サケ定置を営む漁業権</td><td colspan="2">個別漁業権（漁業を営む者に免許）</td><td>・通称　大型定置
・旧称は経営者免許
・優先順位１位が既存漁業者であることは変わらず。２位以下の優先順位が変更
・存続期間は５年で変わらず</td></tr>
<tr><td rowspan="4">区画漁業権</td><td rowspan="4">養殖業を営む漁業権</td><td>第１種：垂下式カキ、真珠、ノリ</td><td rowspan="4">団体漁業権：ひび建・そう類・真珠母貝・小割り式・カキ
・第３種のうち６種類の貝の漁業権</td><td rowspan="4">個別漁業権：左記以外のもの</td><td rowspan="4">・団体漁業権の旧称は組合管理特定区画漁業権
・名称は変わったが実態は変わらず、当該漁業の漁業者の３分の２以上が居住し正組合員として所属する組合に免許
・個別漁業権の旧称は経営者免許。優先順位１位が既存漁業者であることは変わらず。２位以下の優先順位が変更
・存続期間は５年（真珠養殖のみ10年）で変わらず</td></tr>
<tr><td>第１種：生け簀による魚類養殖。「小割り式養殖業」と呼ばれる。団体が免許を受け、漁業者は漁業行使権を持つ</td></tr>
<tr><td>第２種：竹等で囲障を作り魚類を養殖するもの</td></tr>
<tr><td>第３種：地まき式貝類養殖</td></tr>
</table>

出所：「定義」「内容」は平林・浜本（1988）の原文を抜粋し、漁業法研究会（2021）の記述を追記。「旧法からの変更点」は水産庁（2018）および水産庁による説明会（2018年12月22日）をもとに記載。「免許の名称」は平林・浜本（1988）、漁業法研究会（2021）と水産庁による説明会（前掲）をもとに記載。

図2-1　漁業権漁場のイメージ

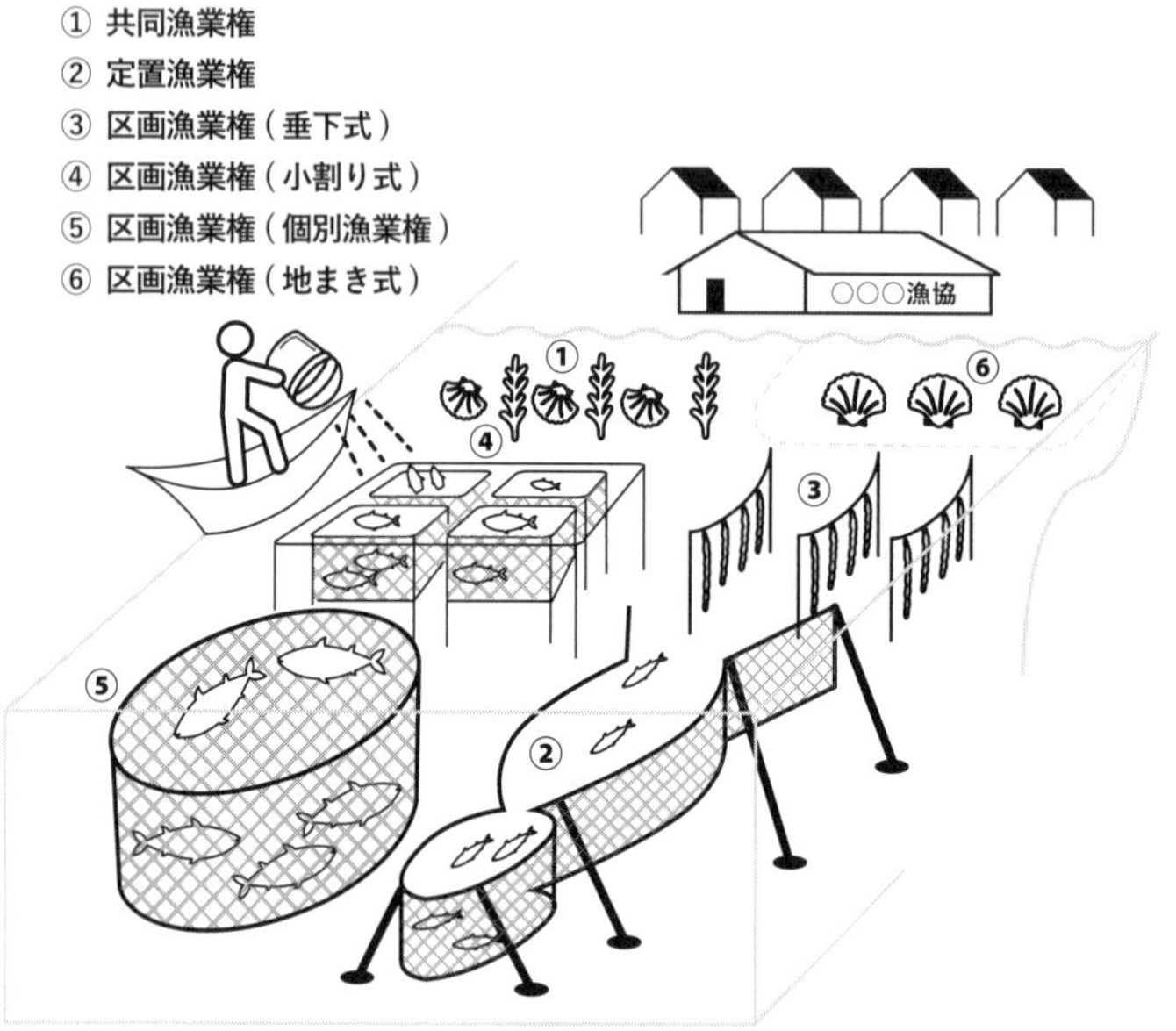

出所：水産庁（2014）などをもとに筆者作成。

房総半島をすっぽり覆っている。沖合何kmまでの範囲を共同漁業権とするかについては「必要最小限」という通達があるだけで、実際にも場所によって異なる。普通はせいぜい沖合数kmだが、千葉県のいすみ市には海岸から22kmほど伸びているところがある（図2－2の共51）。日本の領海は沿岸から12海里（約22km）なので、この地域では領海のほぼ全域に漁業権が設定されている。

大型定置は定置漁業権

定置漁業権と区画漁業権は基本的に共同漁業権の内部に設定される。このうち定置漁業権は、「大型」定

図2-2　千葉県の共同漁業権マップ（2018年現在）

出所：千葉県（2018）『千葉県水産ハンドブック（平成30年版）』に筆者が加筆修正。
　　　ただし、漁業権図は改変していない。

置網を設置する権利である。定置網は網をアンカーで固定して魚を網の中へ誘導する仕掛けであり（図2－1の②）、一定の場所を数か月から周年占有する。[4]

ややこしいことに、定置漁業権が設定されるのは「〇〇大敷」などと呼ばれる大型定置網に対してのみである。大型定置網は地元の漁業者全体に収益がいきわたることとしているため、改正前の漁業法では漁協の優先順位が高かった。一方で小型定置網は共同漁業権の第2種あるいは知事許可漁業に分類される。[5] 前者の小型定置網は漁協が免許を受け、地先の漁業者が権利を行使し、後者は漁業者が知事から許可を受けて網を設置・運営できる。定置網は、毎朝袋状の網を上げると相当量の魚が入っているので、魚を分類して出荷し、また同じ場所に網を戻して翌朝まで置いておく。この作業のために10名ほどの人が雇われている。漁業にはめずらしく日勤の定型業務であり、給与も固定給のため「サラリーマン漁業」と呼ばれることもある（松浦・玉置・清水 2018）。

養殖は区画漁業権

区画漁業権は養殖業のための漁業権である。この漁業権も第1種から第3種があり、加えて団体（＝漁協）に免許されるものと個人に免許されるものがある。法改正前には前者を組合管理の「特定区画漁業権」、後者を「経営者免許」と呼んでいた。第1種は貝類や海藻類の養殖で、海面にロープやいかだを浮かべたり支柱を立てたりして、そこに洗濯物を干すような要領でカキ、ホタテ、ワカメ、コンブなどの稚貝や種苗を吊るしておき、大きくなったら収穫する（図２－１の③）。区画漁業権を免許された漁協の組合員が家族で営んでいることが多い。高台から海を見下ろして、海面に水泳プールのレーンのように線が何本も平行に並んでいるのが見えたら、それが貝類・海藻類の垂下《すいか》式養殖場である（不規則に黄色いボールが並んでいたら、そこに定置網がある）。ノリの養殖も区画漁業権漁業であるが、これは海面すれすれにゴザを敷くように細長いネットを張り、そこにノリの種苗を植え付けておいて、芽が伸びてくるとその都度カットして収穫するというものである。真珠養殖も、真珠を作るための真珠養殖だけではなく、母貝（真珠を作る貝）を作るための母貝養殖というものがある。これらは餌を与える必要のない「無給餌養殖」であるところに共通点がある。[6]

第1種区画漁業には「給餌養殖」、すなわち魚類養殖もある。海に巨大なザル状のいけすを浮か

3　近年、「沖合養殖」が展開されている。これまで養殖用の漁業権が設定されていなかったような、海岸からかなり離れたという意味合いであり、あくまで共同漁業権の内部であることが想定されているようである。『みなと新聞』２０２1年9月4日付「大規模沖合養殖で国の目標『達成可能』　日鉄エンジニアリング　共同漁業権内を想定」による。

4　海が時化る冬場や漁獲対象種が来遊しない時期に定置網を引き上げ、漁業従事者もその間、他の漁業等に従事する場合もある。後述するように、一度許可を得ると5年間は有効である。

5　昭和57年水産庁振興部長通達により、漁業を営む者が一部の組合員に固定している小型定置網は、知事許可漁業として取り扱うようにとしている。

べ、その中でハマチ・ブリ、タイなどを育てる。2002年からはマグロ養殖が始まり、[7] 2011年以降はサケ養殖も盛んになってきた。[8] いけすには1辺が10mほどの正方形のもの（図2-1の④、小割り式と呼ばれる）と、マグロ養殖に用いる直径20mほどの円形のもの（図2-1の⑤）がある。いずれも地元の漁業者が数台から数十台のいけすを所有して家族経営をすることが多いが、会社組織になっているところもある。特にマグロ養殖や後発のサケ養殖は大手水産会社や総合商社の「子会社」が手掛けている。会社本体ではなく子会社が養殖を営む理由として、もちろん企業側の経営判断もあろうが、次節で述べるように、地元企業として漁協の組合員になることがスムーズな漁業権獲得につながったからでもある。

第2種はあまり例がなく、第3種はホタテやアサリなど貝類で行われている（図2-1の⑥）。一般に養殖用の設備を使わず、「地まき式」と呼ばれる。

いけすや定置網を設置するとその海面が他の用途に使えなくなってしまうので、海面占有度が高い。そこで規制改革以前は地元の漁協が間に入り、異なる養殖品目間や漁船漁業、船の通航経路との間の調整を行ってきた。

地元優先から経営手腕優先へ

改正漁業法下でも、漁業権制度については基本的に従前の枠組みが踏襲される。漁業権漁業を適切かつ有効に営んでいる漁業者は[9]、５年ごとの免許の切り替え時に継続を希望すれば最優先で免許が付与される。ただし、表２－１の「免許の名称」の列に「個別漁業権（改正前は経営者免許と呼称）」と示した定置漁業権と区画漁業権については、優先順位に変更があった。

まず大型定置網漁業を対象とする定置漁業権については、改正前は１位は地元に居住する漁業者の７割以上が所属する漁協か漁業者の経営する会社、２位は漁業生産組合かそれと同等の漁業者の経営する会社、３位は普通の個人・法人となっていた[10]。実際には２０１８年の第14次漁業権切り替え時において、免許の主体は個人52％、会社29％、漁協14％、生産組合３％であり、ほとんどの場合、個人や会社が定置網漁業を経営しているのが実態であった[11]。

6　無給餌養殖できるものに餌をやる試みも始まっている。たとえばカキに有機肥料を施肥する実験が行われた。『みなと新聞』２０２２年2月10日号「有機肥料にカキ増量効果　広島県三津湾で実証　２か月余むき身5グラムの差」による。
7　マリノフォーラム21の運営するウェブサイト「マグロ養殖 .net」(http://www.yousyokugyojou.net/index4.htm より２０２３年12月20日検索取得）より。
8　三陸でのみ行われていたサケ養殖が全国展開していった経緯については、本書第6章を参照。
9　「適切」とは他の漁業者の生産活動に支障を及ぼしたり、海洋環境の悪化を引き起こしたりしていないこと、「有効」とは漁場の一部を利用していないといった状況が生じていないことを言う。漁業法研究会（２０２１）１８８－１８９頁による。
10　平林・浜本（１９８８）２１３－２１４頁をもとに記載。

改正漁業法下でも既存漁業者が適切かつ有効に活用していれば従来通りであるが、既存漁業者が不適切と判断され、さらに競願があったときは、①漁業生産の増大、②漁業所得の向上、③就業機会の確保、④地域の水産業の発展、の4条件に最も寄与する者に免許される。地元優先ではなくなったため、よそ者のほうが地元民よりもこれら4条件に適うと判断されたら、よそ者が定置漁業権を得る。判定するのは都道府県知事である。

なお、旧漁業法下では、同一順位の競願者がいる場合には、①当該漁業への依存度、②地元雇用、③地元民の経営参加、④経営能力、⑤協調性、が条件になっていた。改正によって漁業権で守るべき主体が変わったことが見て取れるし、条件を時代に合わせて近代化したとも解釈できよう。地元で綿々と漁業を営んできた人々にとっては気分の良くない改正ではあるが、自らが適切かつ有効に活用している限り、たとえより生産性の高い人や企業が参入をもくろんだとしても、自分の権利が脅かされる恐れがないので、そこに安心感があるだろう。

優先順位の変更

養殖業を営むための区画漁業権についても改正前は個人・法人漁業者のうち、①今まで携わっていた者、②過去に10年以上同種の経験がある者、③その海区で経験がある者、の3項目で順位をつけていた[12]。個別漁業権と名称変更した改正法下でも適切かつ有効に営んでいれば既存漁業者が優先されるが、不適切と判断された場合は定置漁業権と同様の４条件を満たす者となり、上記②や③の「経験」は基準から外された。

特定区画漁業権については団体漁業権として従来通り漁協に免許され、その場所で養殖業を営む漁業者は行使権を持つ。そうした漁業者は「漁業権行使規則」に従わなければならない。改正漁業法でもこのルールは踏襲されるのだが、「行使規則は組合員以外には効力を有しない」（１０６条10項）とわざわざことわりを入れている。これの意味するところは、漁協の組合員以外の新規参入者が個別漁業権を得て同じ漁場で漁業権漁業を営む場合、参入者には行使規則は適用されないことの念押しである。裏を返せば、これまでは組合員以外にも行使規則の遵守を求め、行使権料相当額を数々の名目で要求する例があったということでもある。

11　日本定置漁業協会（２０２０）４頁による。共有の場合もあり、そのときは漁協→生産組合→会社→個人の順番で優先してカウントされるので、漁協と個人、会社等の共有はここでは漁協とカウントされる。

12　引用は注10に同じ。

企業アレルギーの素をたどると……

漁協や沿岸漁業者には企業アレルギーがある。企業が地元の養殖業に乗り込んでくるのを恐れたり、嫌ったりする。なぜ企業が入ってきてはダメなのかと問うと、「企業は儲からないとわかったら撤退するから」、「撤退するとき、海を荒らし漁具を放置していくから」だと言う。「それに引きかえ、地元の漁業者は多少儲からなくても投げ出したりしない。じっと我慢して残るから良い」という理屈である。[13]

この都市伝説ならぬ漁村伝説は、突き詰めるとちょっとおかしい。儲からなければ撤退するのはビジネスとして当たり前なのに、赤字続きでも経営を続けるのが良いことなのか。海を荒らして他の漁業者に迷惑をかけるような行為はあらかじめ漁場管理者が禁じておくべきだった。管理者は漁協か県か、ケースバイケースだろうが、いずれにせよ他の養殖業者に迷惑——外部不経済——を及ぼすことを避けるために管理者が置かれている。

そもそも、企業とはどこの会社なのか、東京の大企業か。大手水産会社の本社はたいてい東京にあるが、「それらがそんなひどいことをして逃げるのか」と問うと、「いやそうではない」と答える。実際にもマグロ養殖業では東京に本社を置く総合商社や大手水産会社が子会社を作って参入しており、今のところはまだ、海を荒らして漁具を投げ出したりはしていない。また、地元にも建設会社や水産加工会社、法人化した漁業者などの「企業」がいるのだが、それらはアレルゲンになっていない。具体的なイメージはないが、直感的に企業（＝よそ者）には入って来てもらいたくないのだ。このアレルギー反応が引き起こした諍いが、筆者が本章のタイトルとして掲げた「桃浦牡蠣の陣」である。

桃浦牡蠣の陣

きっかけは東日本大震災だった。宮城県沿岸ではリアス海岸を利用したカキ、ホヤ、ワカメ、ギ

13　これは一般によく語られる主張で、あくまで日常会話の中で出てくることなのでエビデンスが示せるわけではない。しいて挙げておくと、発行者名が明らかになっていないブログ「政治経済・時事・倒産情報のJCNET」の２０１８年5月25日付記事「漁業権　組合優先廃止へ　養殖事業の企業参入促す／水産庁」には「企業が倒産すれば、施設をそのまま放棄し、魚場（原文ママ）は荒れ放題になろう」と書かれている（http://n-seikei.jp/2018/05/post-51839.html より２０２３年12月20日検索取得）。また岩手県の漁業者佐々木氏が開設しているブログ「山と土と樹を好きな漁師－21年目のブログ」の２０１８年11月10日付記事「安倍政権の沿岸漁業の無知　漁業権を地元漁協優先に割り当てる規定を廃止し、企業参入を促す改革法案」にも、「民間企業参入で以前あったことですが、駄目なのは、漁場が荒れること」と書かれている（https://ameblo.jp/kin322000/entry-12513678110.html より２０２３年12月20日検索取得）。

ンザケなどの養殖（表２－１の第1種区画漁業権漁業）が盛んだったが、震災ですべて流されてしまった。県下の漁業者の力だけではとても再建できないと悲観した宮城県知事は、震災後2か月という早い段階で「水産業復興特区を作って企業に参入してもらい、養殖業を復活させる」と政府の震災復興構想会議で提案した（村井 ２０１１）。手厚い復興予算と義捐金をはじめとする民間の復興支援が後押しし、漁業者による自力での養殖業の再開は果たせたのだが、そのことは２０１１年５月の時点ではわからなかった。

漁業者と漁協はこの提案に猛反対し、知事の意向を受けた県側と対立した。漁協は元来、浦々に１つずつ置かれていたものだが、漁協合併の方針に従って宮城県では震災前にすでに県単一漁協となっていた。県と正面から向き合うだけの組織力があったのも、対立を深めさせる一因だったと思われる。２０１１年11月の時点で筆者が見聞したところでは、参入をねらう企業が2社あった。１社は名の知れた水産加工会社で、もう1社は地方で展開するスーパーだった。しかし両陣営のいがみ合いがエスカレートしてくると、2社ともひっそりと戦線を離脱した。しかし知事が打ち立てて国が支援する水産特区が実現しないと知事の顔が立たなくなる。そこで県は特区構想に乗ってくれそうな県内企業を自ら探し始めた。

石巻市、牡鹿《おしか》半島の付け根に桃浦というカキ養殖主体の集落があり、震災前から高齢化と後継者不足で危機感が高まっていた。震災後、15名のカキ生産者の間で、「個々人での再建は年齢的にも難しいから、集落で１つの会社組織にしよう」という話が持ち上がった。しかし平均年齢は63歳で会社設立・運営のノウハウを持つ人もいなかった。そんな折、復興特区構想を知り、その話に乗って県からの助言を受けることにした。２０１２年８月に「桃浦かき生産者合同会社」を設立し、漁業者15名が51％を出資し、県の説得に応じた仙台市中央卸売市場（東京でいう豊洲のようなところ）で水産卸売業を担う株式会社仙台水産が49％を出資してパートナーとなった。[14]

戦に勝って勝負に負けた

それからの１年間、合同会社は漁協と話し合いを重ね、会社として漁協に加入し、漁協が持つ特定区画漁業権の行使権を得るという方法も漁協に提案した。それならば従来通りの漁業権免許であり、個人が会社に代わっただけで軋れきも少ない。しかし漁協は「どこの馬の骨とも知れない者がいずれ桃浦を乗っ取り、周辺の漁場も乗っ取られる」と恐れた。仙台水産グループは県下の優良企

14　本節と次節の記述は２０１２年10月16日から４回実施した株式会社仙台水産、桃浦かき生産者合同会社ヒヤリングとその際の配布資料および加瀬（２０１３）、『朝日新聞』「水産復興特区　認定へ「スピード決着」　漁協、怒り・反発」（２０１３年４月20日付）、『日本経済新聞』「石巻の「桃浦かき合同会社」、漁業権獲得　水産業に風穴　特区活用、民間企業で唯一　横並びやめ独自色」（２０１３年11月19日付）に基づいている。宮城県漁協からの聞き取りは行っていない。

業で漁協が出荷した水産物も流通しており、馬の骨どころか漁獲物の出荷者が仙台水産を知らなかったら逆にどこの馬の骨だと言われそうなものだが、件の企業アレルギーはこのようにして発症する。

結局、両者の交渉は不調に終わり、2013年9月、漁業権は5年ごとの一斉更新時期を迎えた。合同会社は知事から経営者免許（改正法下の個別漁業権に相当）を得て、水産特区第1号が誕生した。腹をくくった仙台水産は合同会社を盛り立て、利益を出そうと人材を投入したし多額の補助金を引っ張ってきて冷凍庫や加工場を作った。合同会社の入り口には総理や国会議員が訪問した際の記念写真も飾られ、仙台水産の島貫文好会長（当時）は2018年秋の褒章で黄綬褒章を受章している。この戦の軍配は合同会社に上がるだろう。

一方の漁協は、道路沿いに「特区反対」ののぼりを立て、浜の秩序を乱した経営者免許の持ち主を威嚇しつづけた。ちなみに合同会社は2012年10月に漁協の組合員資格を得、毎年、1人分の人件費に相当する程度の協力金を漁協に支払っている。漁協が集約している震災義捐金は配分されなかった。組合員である合同会社にこれほどの仕打ちができる組合は強い。漁協は勝負には勝っている。

漁協にとっての主な収入源は販売手数料である。組合員が漁協の運営する産地卸売市場に漁獲物を水揚げし、それを仲買人が購入すると、販売金額の5％程度を天引きし、残金を組合員の口座に振り込む。桃浦かき生産者合同会社は自ら販売ルートを開拓していたので漁協に水揚げしない。すると販売手数料が得られないので、その金額に見合う程度の額を「協力金」として徴収している。次節で紹介するマグロ養殖業者も漁協に協力金を支払っている。しかし漁協から販売代行のサービスを受けていないにも関わらず、受けているに等しい金を支払うのは、不透明な取引慣行であると認識されるようになっている。

「優先順位の変更」の節でも漁業権行使料の不透明さについて触れた。こうした名目で漁協が金銭を要求するのは、漁協が実施している漁場整備によって広く組合員内外が恩恵を受けており――外部経済の発生――、それを整備主体である漁協内に内部化するための手段であるともとれる。しかし協力金を徴収する正当な根拠がないことが問題になっていた。そこで改正漁業法下では、「沿岸漁場整備活動を漁業法の中に位置づけ、金銭徴収ルールも整備する」こととなった。[15]

特区第２号はついぞ現れず、漁業権漁業の城壁の高さを思い知った戦いだった。改正漁業法下でも、特定区画漁業権漁業の種目を一部切り取って個別漁業権を与えるような建てつけにはなっていない。まず空き漁場があって、地元外からの参入希望があれば新規参入が実現するのだが、それが難しいことは「養殖漁場は空いているのか」の節で説明する。

15　玉原（２０２０）13頁参照。

新規参入の成功例：マグロとサーモン

漁業権は、地元に住んでおり、当該漁業・養殖業を営んでいる者に優先的に免許されてきた。ならばまったく新規参入がなかったかというと、いくつかの事例はある。

第7章で取り上げるマグロ養殖は新参者の「企業」が経営者免許の漁業権を得て開始することのできた事例の1つである。地元要件を満たすため、地元に子会社を作り、漁協に加入した。マグロ養殖は事業開始から最初の収穫まで3年かかる。いけすの設置、稚魚の確保、餌やりをひたすら3年続けてようやくキャッシュフローが得られる。地元の個人経営の養殖業者が手掛けるには、初期投資も失敗するリスクも大きすぎ、財力のある大手企業でなければ手を出せなかった。漁協も安易にこの新規参入を許したわけではない。地元漁業者から優先的に稚魚や餌を調達することや、漁協に協力金を支払うことなどの条件を付けて参入を許してきた。地元の養殖種目と競合しない魚種であったことも幸いした。2か所での成功事例が引き金となり、西日本の養殖適地に広がった。

第6章で取り上げるご当地サーモンも、新規に養殖免許が付与された事例である。これもきっかけは東日本大震災である。宮城県では従来から銀ザケの養殖をしていたが、震災で宮城県の養殖場が使えなくなったため、緊急避難的に日本海側の佐渡と境港に稚魚を運んだのが始まりである。日本海側ではもともと養殖が盛んではなかったため、養殖漁場の競合がなかった。緊急避難・人助けということで、本来なら事前調査や協議に何年もかかる区画漁業権の設定が、一斉更新時期でもない２０１１年９月６日付で鳥取県から公布された。[16] その後ご当地サーモンは全国的にブームになっている。

大型定置への参入事例もある。ある漁協自営の定置網漁業が赤字続きとなり廃止寸前となった。震災前の話で、地元の建設会社は公共事業が減って人手が余っていた。そこで定置網を譲り受け、建設作業員が乗組員となって漁業を継続したところ、黒字が出たという。建設会社は工程管理に慣れているため、日々の漁獲と販売のデータを蓄積してノウハウを得、効率的な経営ができたためということだ。[17] このように漁業権を「企業」に開放したところ、成功している事例もある。

養殖漁場は空いているのか

漁業者は高齢化し、その数も減少している。そのため養殖場はもはや取り合いではなく、余裕がある。それならば優先順位の低い人も新規参入できそうなものだが、空き漁場がないと言い張る供

16　伊藤康宏氏からの２０１８年11月27日付書簡による。
17　具体例は示せないが、地元の建設会者が漁業に参入して成功する事例はいくつもある。

給側と参入意欲がない需要側の間に養殖場の取引市場が形成できていない。密殖で漁場が混み合うと潮の流れが悪くなり、栄養が行き渡らなくなり、魚介類の品質悪化のリスクも高まる。かといって海の真ん中にぽつんと自分のいけすしかなければ波の影響を大きく受けて流されやすくなる。今日の養殖場はちょうどよい具合に空いており、漁業者同士が争うことなく自分にとっての適地を確保できる状況にあるようだ。

漁場がどのくらい空いているのかを外部の人間が知る手掛かりはなかなかない。筆者は本書に、20年前と今日の団体漁業権（旧、特定区画漁業権）の漁場計画プランを並べて掲載したいと思い、筆者が当時委員を務めていた委員会を通じて入手した漁場図を公表して良いかとある県の関係者に打診したのだが、同意を得られなかった。共同漁業権や定置漁業権の位置図は公表資料だが[18]、小割り式養殖の配置図（団体漁業権の行使権の割当）は内部資料だから「公表はちょっと……」と言うのである。公表できないのは惜しい。規制改革をきっかけに透明性が高まれば参入障壁が低くなり、さまざまなアイデアや技術が資金とともに養殖業に流れ込み、停滞している日本の養殖業にも他国並みの成長産業化が見込めるのではないかと思われる。そこで図2－3に架空の概念図を描いた。

団体漁業権の行使権の配分方法は県によっても浜によっても異なるが、ここでは地域を特定しないモデル例で説明する。5年に1度の漁業権の一斉更新が2003年9月に行われた。県は県内の区画漁業権内にカキ養殖用団体漁業権の行使権マップを作成する。区画第10号（図2－3左側）には区割りを15か所設定し、その行使権を50人の希望者に配分する。区割り1か所につき10台のカキ

図2-3　区画漁業権の団体漁業権内部の概念図

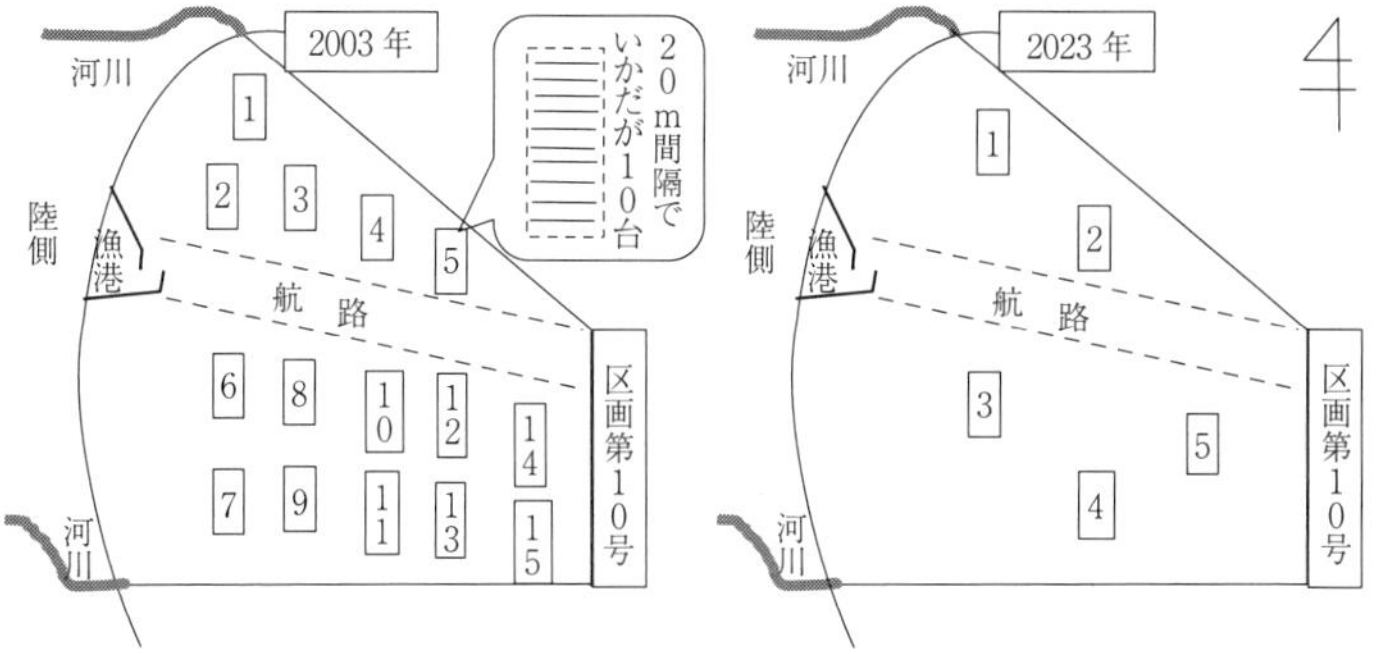

注：図はモデルであって実在しない
出所：各種資料をもとに筆者作成

いかだを並べることができるので、この区画全部で150台のいかだを設置できる。50人のなかには10台持ちたい人も2台だけでよい人もおり、その総数は150台である。そこで漁業者は持ちたいいかだの数だけくじを引く。10台持ちたい漁業者（Aとする）がくじを引いた結果、区画1～5にそれぞれ2台分ずつの行使権を引き当てたとする。

われわれ素人は、「10台欲しいなら、どこか1つの区画を割り当ててもらえれば、占有できて良いではないか。そのほうが作業効率も上がるのでは？」と思う。しかし船着場からの距離、潮の流れ、台風・高波の際に流出するリスクなどを勘案すると、分散して設置できたほうが良いという考えもある。くじなら当たりはずれがあっても恨みはない。そのため5年ごとに場所の取り直しをする方法が採られてきた。

漁場は空いていない

20年後の2023年9月、漁業者が減り、必要な養殖区画は5区画50台分になった。漁業者Aはカキ養殖を続けており、経営規模はいかだ20台になった。20回くじを引き、区画1〜5に4台ずつ計20台の行使権を得たとする。2003年に比べて漁場が空いているのでカキの生育が良く、他の漁業者の作業船とぶつかる心配もないから作業効率もよく、快適に仕事ができている。

しかし改正漁業法下では、漁場に空きがあり、個別漁業権を得て新規参入したいという希望があれば、新規に養殖漁場を配分することになっている。空きはあるのだろうか。2023年の区画3〜5を航路の北側に移動させれば南側の漁場がすっかり空く。そこに個別漁業権を免許された新規参入者を招き入れることができる。漁場は有効利用され、浜全体の漁業生産力は上がるだろう。しかし漁業者Aをはじめとする既存の漁業者はこの措置を全く歓迎しない。

気分の問題もあるが実害もある。確かにかつては航路の北側に5つの区画があり、漁業者Aはそこで養殖業を営んでいたのだが、いったん広々と漁場を使う権利を得た後では、元の漁場条件に戻るのは気分が悪い。しかもよそ者や、よその企業を招き入れるために自分たちの漁場が狭められるなど、もっと気分が悪いものだ。

さらに実害として、潮の通りが悪くなり（20年前の状態になり）、カキの成長が遅くなる（元のペースになる）。新規参入者が給餌養殖をすると、水質の悪化やいけすを飛び出した魚がカキを食べるなどの外部不経済も発生する恐れがある。[19]どの時点と比べるかによって実害の大きさは変わってくる。これが私有する土地ならば、隣人が手放した土地の上に商業ビルが建って気分が悪くても文句の言いようがないのだが、小中学校の席替えよろしく5年を期限としてくじを引いているだけの場所――賃貸でさえない――なので、かえって調整が難しい。こうして、空いた漁場があれば新規参入を促すことなど、まったく利用実績がなかった場所でなければ実現できないだろう。[20]

次節では、戸倉地区でのカキ養殖の大成功例を紹介するが、この前例は皮肉にも「漁場は空いていない。密殖を防止し、持続可能な養殖業を行うにはこの広さの漁場が必要」という理由づけに根拠を与えるものであり、漁場の整理と空き漁場の開放を求める県や新規参入者を押し返す強力な裏

18　海上保安庁のウェブサイト「海洋状況表示システム（通称　海しる）」の水産→漁業権には全国の共同漁業権、定置漁業権、区画漁業権のマップが公表されている（https://www.msil.go.jp/msil/htm/topwindow.html より2023年12月20日検索取得）。

19　養殖魚によるものではないが、養殖カキが魚類の食害に遭うことは、塚村ほか（2009）に報告されている。

20　このように海面養殖漁場への新規参入は制度が整った後でもなお障壁が多く、実現可能性が不透明である。代わりに近年台頭しているのが陸上養殖で、特に海水の取水・排水を必要としない閉鎖循環型養殖には国内外からの新規参入が相次いでいることを、山下（2023）において紹介している。

付けとして使うことができるだろう。

戸倉《とぐら》のシンデレラ・ストーリー

これから紹介する戸倉地区のカキ養殖の事例は、震災後にカキ養殖を再開したら良いことずくめになったというシンデレラ・ストーリーである。[21] 桃浦から船で約30㎞北上したところに志津川湾がある。その湾奥の戸倉地区でも震災でカキ養殖場がすべて流出した。復興へ向けた漁業者間の話し合いの折に、地区のリーダーが「これまで過密養殖だった。思い切っていかだの数を3分の1に減らしてみよう」と提案し、地区の漁業者はしぶしぶ了解した。それまで20m間隔で並べていたいかだを40m間隔に広げたところ、潮通りが良くなったせいかカキの成長速度が驚異的に早まって、出荷まで2～3年かかっていたところが1年に短縮された（章扉写真）。そのため漁場の稼働率が1・5倍に向上し、生産にかかる経費と労働日数が削減され、利益率が向上したので、漁業者は震災前より楽をしながら、より多くの収入を得られるようになった。

とんとん拍子はまだ続く。この取り組みがＷＷＦジャパンの目に止まり、２０１６年3月、養殖生産物のエコマークであるＡＳＣ[22]の国内初の国際認証取得にこぎつけた。取得に要する経費は戸倉地区を管轄区域とする南三陸町が全額負担してくれた。このストーリーは事例報告されて２０１９年度の第24回全国青年・女性漁業者交流大会において農林水産大臣賞を受賞、さらに同年の第58回農林水産祭において最高の栄誉である天皇杯を受賞した。

漁業権の壁が守るもの

漁業権は全国くまなく張り巡らされており、それがかなり高い障壁になっていることは既述の通りである。このやっかいさが逆に奏功した面もある。１つは高度成長時代のやみくもな沿岸域汚染や埋立計画を、漁業権という既得権益が食い止めたということである。うがった見方をすれば、当時の漁業者の環境保護意識が高かったからではなく、立ち退きに伴う漁業補償金を吊り上げる目的で漁業権の壁を高くしすぎてしまったからかもしれない。いずれにせよ、結果的にはある程度の環境保全効果があった。

近年では洋上風力発電の大ブームが起き、再び漁業権が他産業による海洋利用の障壁だと批判さ

21　この項の記述は川辺（２０１９）、ＷＷＦジャパンウェブサイト「南三陸責任ある養殖推進プロジェクト」（https://www.wwfor.jp/activities/activity/3749.html より２０２３年12月20日検索取得）および筆者聞き取り（２０１９年8月2日）による。

22　ＡＳＣ（Aquaculture Stewardship Council：水産養殖管理協会）は養殖生産物に関して持続可能な水産業としての発展と消費者の水産物への信頼性を向上させるための認証制度を管理する非営利団体で、日本ではＷＷＦジャパンが認証作業を担っている。川辺（２０１９）より。

れている。今回の法改正でも水域の「適切かつ有効な活用」（63条1項1号および2号）をうたってはいるか、あくまで漁業内部の釣り合いであって、他産業との調整方針には「公益」のひとことしか触れられていない。この、他産業に対して依然残される障壁が国全体として吉と出るか否かを判定するには、もう少し時間が必要だろう。

外資規制とトリプルスタンダード

漁業に外資規制はある。「外国人漁業の規制に関する法律」によって、外国人と外国法人は漁業を禁じられている。一方、改正漁業法には外資規制の文言はなく、日本法人であればその資本や役員が外資によって占められていたとしても日本企業として扱われる。したがって漁業権も、ＩＱ（漁獲割当）も、条件を満たす日本法人が参入を希望したら免許される。外国法人による漁業を禁じる一方、外資の日本法人には漁業を許すどころかＩＱや漁業権という権益まで付与するという論理は、日本の海域が外国人による漁業支配・資源支配を許すのか否かという方針に一貫性がないように筆者には思われる。

韓国や中国など養殖が得意な国の漁業会社は早速準備にかかっているだろう。外資が競願したら、どちらに免許するのか。たとえばA国はよくて、B国はダメなどというダブルスタンダードが世界に通じるだろうか。生産性の高い外資がなだれのように押し寄せたら、申請段階でもはや日本企業に勝ち目がないかもしれない。そのとき日本企業の点数にゲタをはかせるなどというトリプルスタンダードを後出しするわけではあるまい。

改正漁業法の下では外から漁業へ人を呼び込もうというのだから、もはや「前からそうだったから」とか「次、なんとかするから今回は呑んで」などという、今まで阿吽の呼吸でやってきた業界の不文律は通じなくなる。

本章では制度の説明に終始してしまったので、最後に少し経済学のエッセンスを述べておきたい。「地元優先から経営手腕優先へ」の節において免許の４条件を示したが、本当はあれこれ条件をつけずに市場に任せ、その代わり県は漁業権免許料を徴収するべきだろう。さしあたり外部不経済の内部化――漁業法用語では「適切」――を条件としておけば、免許付与者（＝県）に対して最高額の免許料を提示できる者の経営には４条件がビルトインされているはずだからだ。既存の漁業者との間や地域間で生じうる所得不均衡は免許料収入の再分配で解決すればよく、ここに行政の出番がある。ただし、免許料を徴収するという構想自体が机上の空論であることをお断りしておく。

参考文献

加瀬和俊（２０１３）『漁業「特区」の何が問題か――漁業権「開放」は沿岸漁業をどう変えるか（漁協ブックレット１）』漁協経営センター出版部。

川辺みどり（２０１９）「地域マネジメント・ツールとしての資源管理認証制度の可能性――南三陸町戸倉地区カキ養殖業を対象としたＡＳＣ認証を事例に」『国際漁業研究』第17巻、83－97頁。

漁業法研究会（２０２１）『逐条解説　漁業法』大成出版社。

水産庁（２０１４）『平成25年度　水産白書』。

水産庁（２０１８）「漁業法等の一部を改正する等の法律案　参考資料（資料３）」（平成30年11月）「漁業法等の一部を改正する等の法律案の概要」水産政策審議会第78回企画部会配布資料（https://www.jfa.maff.go.jp/j/council/seisaku/kikaku/attach/pdf/181130-3.pdf より２０２３年12月20日検索取得）。

玉原雅史（２０２０）「水産政策の改革と漁業法改正」『農村計画学会誌』第39巻1号、11－14頁。

塚村慶子・倉本恵治・佐々木憲吾・馬場祥宏（２００９）「広島かき養殖における魚類の食害実態調査（13）」広島県立総合技術研究所　西部工業技術センター研究報告、№52、48－51頁（https://www.pref.hiroshima.lg.jp/uploaded/attachment/4738.pdf より２０２３年12月20日検索取得）。

平林平治・浜本幸生（１９８８）『水協法・漁業法の解説（六訂版）』漁協経営センター出版部。

松浦勉・玉置泰司・清水幾太郎（２０１８）『頑張っています定置漁村――定置網は海上サラリーマン漁業』農林統計協会。

村井嘉浩（２０１１）「第4回東日本大震災復興構想会議　資料〈緊急提言〉」、国立国会図書館デジタルコレクション　村井委員提出資料（http://dl.ndl.go.jp/info:ndljp/pid/6011212 より２０２３年12月20日検索取得）。

日本定置漁業協会（２０２０）「定置漁業権免許の第14次切替えについて」『ていち』１３７号。

山下東子（２０２３）「養殖にスポットライトを――漁業権と陸上養殖（ベーシック経済学と水産マーケット　第22回）」『全水卸』２０２３年3月号（Vol.396）、16－21頁。

第3章

所得向上に大義はあるか

漁業者という資源

番屋に集まり出荷に向けホタテ貝の殻そうじをする新おおつち漁協所属漁業者の皆さん（岩手県・大槌町にて2016年3月9日筆者撮影）

はじめに

第1、2章において改正漁業法下の2大改革であるIQと漁業権について紹介した。第3章ではそれ以外の部分から筆者が重要と考える論点を3つ挙げ、漁業制度改革に関する論考を締めくくる。以下ではまず、漁業法の目的を新旧対照させることにより新法の新しさを抽出する。次いで、漁業者の「所得向上」というスローガンが手段から目的に移行するうちにアポリアを創り出している状況を論じる。最後に、新法が積み残した3つの課題を挙げる。

冒頭は法律家でもない筆者の素人解説に終始するが、だんだん経済学らしくなると思うのでしばらくお付き合いいただきたい。

使命は国民への水産物の供給

改正漁業法は、「漁業法」と「海洋生物資源の保存及び管理に関する法律」（TAC法）の2つの法律を統合したうえで、これまでにはなかった新しい視点や制度を取り入れている。そこで、これら旧2法の精神がどの程度改正漁業法に反映されているか、またそこから変化しているかを見るために、表3－1に漁業法の目的を併記した。

表3-1　改正漁業法と旧法の目的の比較

（改正）漁業法 【H30(2018).12.14公布】	（旧）漁業法 【最終更新H30(2018).07.25】	（旧）TAC法 【最終更新H30(2018).12.14】
この法律は、漁業が ①国民に対して 水産物を供給する使命を有し、かつ、		①水産物の供給の安定に資する
②漁業者の秩序ある生産活動がその使命の実現に不可欠であることに鑑み	②漁業者及び漁業従事者を主体とする漁業調整機構の運用によって	
水産資源の保存及び管理のための措置並びに		海洋生物資源の保存及び管理を図り
漁業の許可及び免許に関する制度	（旧法の目的にはないが、内容に反映されている）	
その他の漁業生産に関する基本的制度を定めることにより	この法律は、漁業生産に関する基本的制度を定め	
水産資源の持続的な利用を維持するとともに		
水面の総合的な利用を図り、もって漁業生産力を発展させることを目的とする。	水面を総合的に利用し、もって漁業生産力を発展させ	漁業の発展に資する
	主要な削除項目	
	③あわせて漁業の民主化をはかることを目的とする	・排他的経済水域などにおける（２回出） ・国際連合条約の的確な実施を確保し（1996年の国連海洋法批准に合わせて作られたので、当時の状況から文言が入っていたと解釈）

注：３法とも第１条（目的）の抜粋。改正漁業法は第１条全文を掲載しており、文章の順序も表の通り。旧漁業法は第１条全文を掲載しているが、もとの順序は５行→２行→７行→９行。TAC法は改正漁業法と関連する部分を抜粋。ただし、①～③の番号は、本文で言及するために筆者が追加したもの。筆者コメントは（括弧）書きで記載。TAC法の正式名称は海洋生物資源の保存及び管理に関する法律。

出所：筆者作成。

改正漁業法の目的で目新しいことは3点ある（表3－1の①〜③）。第1に①「国民に対して」という文言が初めて盛り込まれた一方、旧TAC法にある「安定」供給条項が削られたことにある。国民への水産物の供給という使命は次節で論じる改正漁業法下の所得向上と、そのための輸出振興と関連するのでここで特記しておく。

「国民に対して水産物を供給する」という文言は、旧漁業法の目的にはなく――そもそも旧漁業法は漁業という産業内の秩序形成のために作られたものであり、国民に対して目を向けるものではなかった――、旧TAC法から引いてきたものだが旧TAC法の目的にも「国民」の文言はなかった。したがって改正漁業法において初めて、国民に水産物を供給する使命が定義されたのである。

旧TAC法にはあった「安定」が削られたことをどう解釈するかであるが、筆者はこれには一理あると考える。漁獲量は資源量の変化に応じて増減すべきものであるから、そもそも天然魚の漁獲において安定供給は保証されえないし、保証すべきでもなかった。むしろ旧TAC法が安定供給を求めていたこと自体が勇み足だったというべきかもしれない。また、「国民」に対して水産物を「安定的に」供給するという文言は、漁業法とは別の法律である「水産基本法」で担保されている。2001年に制定されたこの比較的新しい法律は、水産に関する国と地方公共団体の責務を明らかにすることを目的としており（第1条）、国民に対して水産物を安定供給すること、そのために国内の水産資源を持続的に確保しつつも、（それだけでは安定供給ができないときは）輸入を適切に組み合わせることで安定供給する、としている（第2条）。改正漁業法では、国内でTACに基づき生産することだけで「安定供給」を達成しようとしていた旧ＴＡＣ法の無理な部分をひっそりと解消し、国民への「安定」供給の使命は水産基本法に委ねるという形で法の役割分担が行われている。

漁業者主体という使命の終わり

第2は、旧漁業法にあった②「漁業調整機構の運用」という文言が「漁業者の秩序ある生産活動が（中略）不可欠」に転化したことである。これは、旧漁業法が作られた歴史的背景と、当時求められていた使命が終わったことを物語っている。旧漁業法での漁業調整機構は「漁業者及び漁業従事者を主体とする」ものであった。一見当たり前のように見えるが、その当たり前を実現させるために法が一役買ったのである。旧法では「漁業調整委員会」という、漁業間・漁業者間の利害調整を行い漁業権にお墨付きを与える機関の主体的メンバーになることができるのは自営漁業者と漁業の被雇用者（漁労に限る）であると、念押しされていた。というのは、旧漁業法の前身である明治漁業法では「漁業者」の定義の中に漁業権者も含まれており、網元と呼ばれるような、自ら漁労を行わない通称「羽織漁師」が漁場利用について強い権限を持っていたからである。[1]

1　平林・浜本（１９８８）１９８頁参照。

羽織漁師の関与を排除し、海の秩序を決める主体を現業の漁業者だけに限定したのが旧漁業法だった。改正漁業法でも漁業調整機構である漁業調整委員会は存続しており（第134条〜第160条）、原則として県単位で置かれている海区漁業調整委員会においては「漁業者又は漁業従事者が委員の過半数を占めるようにしなければならない」（改正漁業法第138条5項）とされているのは旧法と変わりない（旧法では15人中9人）。しかし漁業者又は漁業従事者委員を漁業者間の公選制で選ぶという方式は廃止され、他の委員と同様、知事が地域バランスを考えながら任命することとなった。さらに、旧法にはなかったこととして、委員のなかに利害関係を有しない者を含まなければならなくなった。こうした委員構成の変更は、漁業調整主体が漁業者であるという体裁は維持しつつも、県の権限を強化し、第三者をメンバーに入れることで委員会の密室化を回避する意図があるものと考えられる。[2]

漁業の民主化という使命の終わり

終戦直後には漁業版の農地解放が行われ、第3の論点である③「漁業の民主化」が推進された。平林・浜本（1988）198頁によれば、「漁業者」には自営漁民、漁協、漁連は含まれるが、漁協や漁業会社の役職者・事務職員は含まれない。自ら漁労を行う者だけにメンバーを限定することで羽織漁師を排除し、それだけでなく単なる事務職員までメンバーから排除し、浜の掟を漁業者とその雇用者に掌握させることで、網元と零細漁業者・被雇用者の間にあった所得格差や階級格差を解消しようとした。

民主化という前時代的な目的が退役させられたことは改正漁業法の新しさの象徴であるともいえるが、その新しい仕組みは第1章、第2章で述べた種々の改正や上記②の漁業調整の担い手の拡大にも現れている。ただし、旧法の遺物を引き継ぐかのように、所得向上というスローガンは種々の公式文書に残されている。次節でこの点について考えてみよう。

所得向上という政策目標

国が特定の産業を振興しようとすることについては賛否があろうが、ここでその議論を始めると次に進めないので、良しとしておこう。ただし、水産庁はそこからさらに踏み込んで、明らかに漁

2　改正漁業法施行前から千葉海区漁業調整委員会の委員を務めていた坂本雅信氏は、銚子で底引き網漁業を営んでいた父の急逝を受け、大学卒業後から務めていた食品商社を退職して後継者となった。自ら乗船して采配をふるう仕事ではないため、網元であり、いわば羽織漁師である。同氏は銚子市漁協の組合長であり、2022年6月よりＪＦ全漁連（全国漁業協同組合連合会）の会長を務めている。このことから、羽織漁師を排除しようという民主化運動は形骸化しているといえるだろう。大きな組織を動かす優秀なリーダーとして責務を果たしておられることを付記しておく。

業者の所得向上を目指している。たとえば水産庁（2018）の「水産政策の改革の全体像」には、目指すべき将来像として資源管理と成長産業化により「漁業者の所得向上」を目指すと記載されている。あたかも今般の改革の肝が漁業者の所得向上にあるかのようだ。改正漁業法の条文中での所得向上目標の取り扱いは限定的で、漁業権の免許の優先順位（第73条）において、これまで漁業権漁業をしてきた者である第1順位に次ぐ第2順位を選考する基準の1つに、「漁業生産の増大並びにこれを通じた漁業所得の向上（中略）に最も寄与すると認められる者」が掲げられただけである。

所得向上はむしろ、水産基本計画という、水産基本法の定めに従い以後10年間の水産業の基本計画を5年ごとに定める計画のなかではより明示的な目標として定められており、特に第4次水産基本計画（2017年）には、そこで働く人々の所得の増大を図ることが基本的な方針に掲げられていた。5年後である2022年に策定された水産基本計画においても、（今般の）水産政策の改革に取り組んだ目的は漁業者の所得向上にある、と記載されている。

特定の産業に従事する人の所得を上げるという取り組みは、国が税金を使って行う政策として正当化されるだろうか。職業選択の自由が保証されている現代の日本において、なぜ漁業者の所得を向上させるために役人が尽力せねばならないのか。ある会合の後の懇親会でこの疑問をぶつけたところ、農林水産省の高官（事務系）は「農林漁業者の所得を上げることが私たちの仕事ですから」と胸を張った。[3] 隣にいた水産庁の高官（技術系）は、「水産業は国民への食料供給の義務を負っているんですよ。でも今のままでは漁業者の数がどんどん減って、魚を獲る人がいなくなる。他産業並みの収入を得られるようにして若い人に入ってもらわないといけない。先生もそこはわかるでしょう？」と説いた。いや、筆者にわかったのは、所得向上が明確な政策目標として認識されているということだけだ。しかもこのままでは目指すべきことが多すぎて解決策が見つからないのではないかと心配になる。「船頭多くして船、山に登る」という漁業にぴったりな表現もある。

経済メカニズムに委ねる解決法

国民に水産物を供給しなければならず、しかし困ったことに漁業者の減少に歯止めがかからないならば、思い切って規制緩和をし、より少人数でも今と同じだけの漁獲量が上げられるようにすればよい。というのも、今の漁業のやり方は効率第一になっていないからである。たとえば漁獲努力量を抑えるために、海に潜って貝を採るとき空気タンクを使用することを禁じたり、日没から日の出までの操業を禁じて（その逆もある）漁業者が都合の良い時間に働けなくしたり、魚をおびき寄せるために撒く餌の量を制限したり、漁業許可を5トン未満船に限定したりしている。こうしたことは、都道府県知事が海区漁業調整委員会の意見を聴いて策定する漁業調整規則や漁業許可の条件

3　2018年10月19日、OFCF（公益財団法人海外漁業協力財団）PALM8水産関連サイドイベントワークショップの後の懇親会にて。

図3-1　手段の目的化と行き詰まり

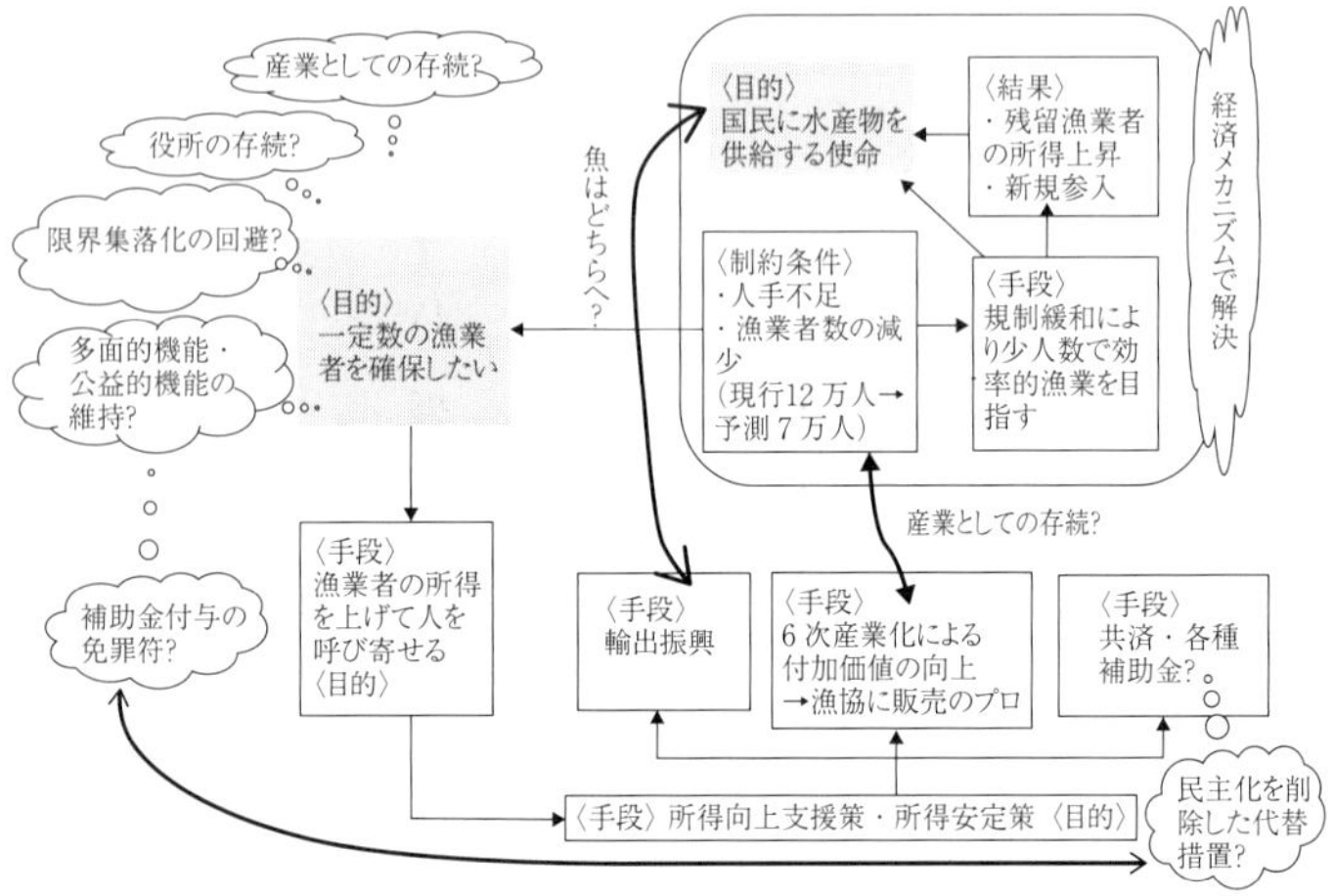

出所：筆者作成

によって浜ごとに定められている。漁業者が魚を奪い合うように獲っていた時代に、漁業者の抜け駆け行為を許さず平等な漁獲機会を与えるため、あるいは乱獲を防ぐために作られた。その結果、なるべく効率悪く操業させるための規制が浜々に数多く存在しており、これでは所得が上がらないのも無理はない。

夜明け前の魚の食いつきが良いときにもっと大きい船でザーっと魚を獲り、夜が明けたら空気タンクを背負ってアワビやサザエを採りに行けるなら、1人の漁業者が何人分もの仕事をこなせ、その結果、自ずと1人当たり所得は上昇する。労働強度に見合う収入が得られれば、漁業者数も自然と下げ止まるだろう。これが図3-1の右上、四角で囲んだ「経済メカニズム」の部分にあたる。シンプルな経済メカニズムに従えば、所得上昇は目的ではなく結果となり、新規参入もオマケとしてついてくる。

実際にも、１０００万円以上の年収があるといわれる北海道北東部の沿岸漁業経営者には息子か、息子がいなければ姻戚関係のある者が後継者として残っているし、初任給７００万円からスタートする海外まき網漁船には、東北の特定地域出身の若者がつてを頼って乗り込んでくるので人手不足とは無縁だ。儲かる漁業では漁業者は足りている。だから儲かっていない漁業も儲けを出すために漁獲制限的な規制を撤廃し、少ない人数で効率的に漁業ができるようにしてやればどうだろう。[4]

漁業者こそが保存すべき資源

一件落着かと思いきや、別の目標が立てられる。一定数の漁業者を維持することという目標だ。誰がそんな目標を定めたのかというと、図３－１の吹き出しに示したように一定数の漁業者を維持しておきたいという多方面からの思惑や事情があるのだ。そうしたいと思う人々にとっては漁業者

4　そんなに自由に漁業をやらせたら、乱獲によって資源がなくなると懸念する向きがあるかもしれない。しかし、ＴＡＣなどの漁獲可能量は国や県が資源調査に基づき定めており、要はそれを漁業者が遵守するか否かにかかっている。その点、漁業者数が少ないこと、漁船が大きいことが、遵守できない理由にはなりえない。

こそが保全すべき資源なのである[5]（章扉写真）。

沿岸漁家の平均漁労所得は年２８４万円（２０２２年）と非常に低く、同年の一般サラリーマンの平均給与所得５１４万円の２分の１に過ぎない[6]。前節に挙げたような高所得の漁業者、漁業従事者もいるのだが、漁業全体としては高齢化が進み、年金に追加する補助的な収入源として細々と漁業を続ける人も少なくない。そこで、やる気のある担い手を対象に各種の支援を行うとともに、漁業を所得面からも魅力ある産業にしていって、新規就業者を呼び寄せようとしている。国も地方自治体も漁協もその思いは同じであるため、この運動が大きなうねりとなっていく。

「所得を向上させなければ漁業者の減少を食い止められない。だから所得を向上させよう」という論理は、もともと漁業者の所得向上を漁業者数確保のための「手段」と捉えることに由来していたが、「所得を向上させるためにはどうすれば良いか」をあれこれ検討する段階に入ると、所得向上支援という手段が目的化する。そして、その具体的手段として、少なくとも図３－１に挙げた３つの政策――輸出振興、６次産業化、各種補助金――が採られている。こうして手段が連鎖的に目的に置き換わり、さらに問題を解きにくくさせ、何を解決したかったのかさえわからなくなっている。

輸出振興と国内供給の板挟み

所得向上のための第1の手段は輸出振興である。日本では消費者の魚離れが起き（第10章）、それが魚価の低迷をもたらしており、漁業所得の伸び悩みの原因の1つになっている。一方諸外国を見渡せば、先進国はヘルシー志向のため、途上国は所得上昇に伴う食の多様化のため、魚を中心とした和食ブームが起きており、日本産の魚が高評価されている。そこで輸出が伸び、これが魚価を押し上げる。

この構図を描いたのが図３－２である。日本産の魚に対する世界の評価が上がると、魚価

5　筆者の個人的意見なのであえて本文ではなく注に書く。漁業者が今の約半分の7万人しかいなくなったら、果たして水産庁は庁として存続できるだろうか。全国に３０００か所もある漁港（7万人なら1漁港を平均23人で利用）を朽ち果てさせず維持・改修することに国民の合意が得られるだろうか。漁村の人口が減って限界集落化したら、そして隣町の漁業者が空いた浜へ漁をしに来るようになったら、地方自治体は働き手のいなくなった寒村をどう維持していくのだろうか、浜の漁協職員は不要にならないだろうか。

6　沿岸漁家の漁労所得は農林水産省「漁業経営統計調査（令和4年）」。一般労働者の所得は厚生労働省「毎月勤労統計調査（令和4年）全国調査　第1表　月間現金給与額」に12を乗じた。

図3-2　魚価上昇と内需低迷

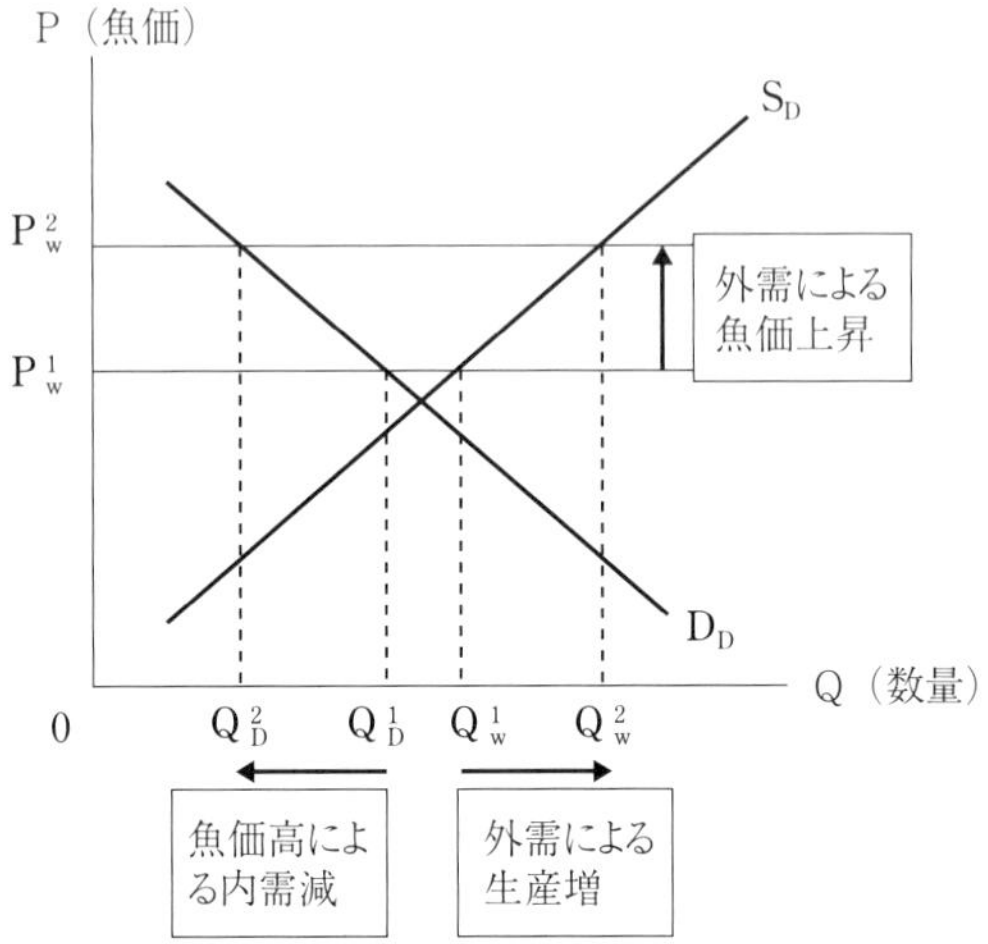

はP^1_WからP^2_Wに上昇、しかも生産量もQ^1_WからQ^2_Wに増えるので、価格と生産量の両面から漁業者の収入は大幅に増大する。漁業者所得の向上という目標はこれで達成できるだろう。ところが魚価が上昇するので日本の消費者が魚を買わなくなり、国内供給量はQ^1_DからQ^2_Dに減少する。したがって市場メカニズムに任せておくと国民への水産物の供給という法の目的に掲げられた使命はおろそかになる。法の目的を遂行するためには輸出関税を課してでも国産水産物の海外流出を食い止めなければならないはずだ。[7] ところがこの追い風に乗れとばかりに、輸出振興策が採られている。輸出を政策的に後押しするのは本末転倒、まさに船頭多くして船、山に登る、である。

　水産庁（2018、9頁）「漁業者の所得向上に資する流通構造の改革」には「輸出の戦略的拡大等（中略）を強力に進める」と記載されている。

漁業法改正後の２０２２年には、農林水産省の旗振りで29の輸出重点品目が選定され、水産物としてはブリ、タイ、ホタテ貝、真珠、錦鯉の5品目が輸出振興の重点品目として掲げられた。[8] こうして輸出振興政策は国民への水産物の供給という使命との間でせめぎ合いになっている。[9] 念のため言っておくが、どちらも同じ役所が立てた目標である。

7　市場メカニズムに全幅の信頼を置く筆者としては、当然ながら輸出関税などの市場介入は避けるべきと考える。一方、持続可能なシーフードと日本の料理店を結ぶ活動をする一般社団法人 Chefs for the Blue の代表理事を務める佐々木ひろ子氏は、「国産魚を使おうとしても、良い魚はみんな輸出されてしまって日本のレストランに回ってこないではないか。水産庁は輸出振興策をやめてはどうか」と問題提起した（２０２２年12月23日、水産政策審議会企画部会）。なるほど、そういう見方もあると気づかされた。

8　水産庁（２０２３）62頁より。

9　輸出振興の根拠は、水産基本法（第19条）において国が水産物の輸出を促進するため「必要な施策を講ずる」ことと記載されていることにある。ところで、水産基本法は自給率目標を掲げることを定めているのだが、図３－２のように国内消費が減り、輸出が増えると、自給率計算式の分母が小さくなるので自給率が上がる。こうした理由で上昇してしまう自給率を目標に掲げること自体が水産政策として矛盾していると筆者は考えている。山下（２０１２）第７章参照。

６次産業化と人手不足

所得向上のための第２の手段は６次産業化である。改正漁業法では漁獲物の８割をＴＡＣ（漁獲可能量）制度のもとで管理しようとしている（第１章）。したがって、漁獲量を好きなだけ増やすことで漁業収入を増やすという裁量は漁業者にはない。そこで、限られた漁獲物のなかからより多くの取り分を漁業者にもたらすための手段として「６次産業化」が考案された。第１次産業（漁業）と第２次産業（加工）と第３次産業（販売）を掛け合わせて６次産業化と呼ばれている（足しても同じ）。流通網が未発達だったころには漁家での加工と言えば干物や塩漬けのような保存性の高い方法が主であったが、近年では瓶詰めや凍結、フィレ加工、フライなどもお目見えし、道の駅や朝市、インターネットなどさまざまな流通チャネルで販売している。しかし、漁業者自らが狭い自宅の敷地内に加工場を作って、家族総出で加工作業を行ってネットで小売することはすこぶる効率が悪く、実際には高齢化と人手不足で漁家の手が回らないことも多い。

そこで漁獲物に付加価値をつける役割を漁協に任せようとし、改正漁業法に漁協理事として販売のプロを起用することを盛り込もうとした。この案にはさまざまな点から反対の声が上がり、漁業法への記載は見送られ、水産業協同組合法のなかに漁協役員として必要な能力の１つとして組み込まれることとなった[10]。

なお、２０２２年頃からは６次産業化に代わって「海業《うみぎょう》」の振興が水産政策として喧伝されるようになっている。水産物の加工販売のみならず、宿泊やレジャーにも手を広げて漁村を活性化しようということの考え方は６次産業化の発展形態であるとともに、漁港・漁村整備の理由づけにも使われるようになっている[11]。

良い補助金・悪い補助金

所得向上のための第３の手段は共済や補助金である。「積立ぷらす」と呼ばれる漁業共済は所得が平年より低いときに不足分を補填する保険であり、過去5年間のうち最高と最低を除いた3年間の平均所得を下回ったら、平均値との差額の8割程度が補填されるという仕組みである。払戻金の

10　水産庁（２０１８）18頁には「販売のプロを登用することとした趣旨は何か。漁協に義務が生じるのか」との問いが載せられている。水産業協同組合法（２０２２年改正、第34条第11号）には「理事のうち一人以上は、水産物の販売（中略）に関し実践的な能力を有する者でなければならない」との一文が盛り込まれた。

11　政策としては、２０２２年3月に策定された水産基本計画に初めて「海業」が盛り込まれた。もともとは神奈川県三浦市の市長が同市振興の切り札として発案したことばで、婁（２０１３）もこれを受けて海業による漁村振興を説いている。

原資として、漁業者本人の掛け金に加えその3倍の国費が充てられており、この部分が補助金となる。また、漁具・漁船の新規導入や修理のための利子補給、共同で使う倉庫や冷蔵施設への補助金もある。これらの措置は以前から行われていたが、改正漁業法においてよりその重要性が強調されるようになった。

これには2つの理由がある。1つは先述のように漁業法の目的から「漁業の民主化」が削除されたこととの代替措置、もう1つは次節で述べるような外部経済に対するピグー補助金である。[12]

WTO（世界貿易機関）やAPEC（アジア太平洋経済協力）などでの貿易自由化の議論においては、漁業補助金の存在が問題となっている。貿易論の観点からは、生産設備に対する補助金のおかげで安価な国産水産物が大量に出回れば、他国産水産物の輸出競争力が阻害されることが問題となる。自然保全の観点からは、補助金で作られた船や漁具がIUU漁業に使われたり乱獲につながったりすることが問題視される。いずれの論理からも、補助金は望ましくないことになる。

これに対して、EUや日本では次節で述べるように、漁業が多面的な機能を有していること、公益的機能を発揮していることの見返りに、漁業補助金を支出することを正当化するようになっている。このような補助金は漁獲中立的な「良い補助金」であり、先述のような保護主義的ないし環境破壊的な「悪い補助金」と区別されている。[13]

多面的機能という免罪符

多面的機能・公益的機能は主として沿岸漁村と沿岸漁業がもたらす外部経済のことである。たとえば資源培養のために漁業者が沿岸の藻場・干潟を保全したり、湾に流れ込む川の水の供給源になっている森に植林したりする活動が、良好な自然環境の維持という漁業以外への波及効果、つまり外部経済をもたらしているという論理である。のどかな漁村や活気のある魚市場の風景もここに入るだろう。したがって浜々には漁業者が居住していなければならず、それだけの数の漁業者の維持が必要となるのである。

12　伊藤（２０１８）３５５頁によれば、ピグー税とは、「外部効果による資源配分の歪みを是正する目的で導入された税」を言う。本件の場合は正の外部効果であるため補助金を支出して良い効果を発揮させるものと捉える。

13　２０２２年6月、ＷＴＯで合意した協定は、悪い補助金を退治する小さな一歩となった。ＩＵＵ漁業と乱獲「状態」にある資源に関連する漁業に対する補助金を禁止することでは合意したが、過剰漁獲につながる補助金は継続審議されることとなった。農林水産省「ＷＴＯ補助金交渉について」２０２２年７月（https://www.maff.go.jp/j/kokusai/kousyo/wto/pdf/202207_wto_Fish.pdf より２０２３年12月20日検索取得）。

多面的機能の一部である公益的機能はもっとわかりやすい。日本の長い海岸線沿いと数百の島々に人が住み、日々漁船を漕ぎ出して漁労する行為自体に、当人たちが意識していないにせよ、おのずから沿岸域への外国人の立ち入りを抑止する効果があり、安全保障の機能を発揮している。海上での事故の早期発見・通報や災害救助にも漁船は活躍する。もし漁業者がいなければ、沿岸警備や事故の早期発見のためにもっと多くの海上保安庁の監視船が必要になるだろう。追加で必要になる監視費用の大きさをもって、漁業者がいることの価値とみなす代替法を用いることによって、その金銭的価値の大きさは容易に算出できる。

そこでピグー補助金を出して漁業者の減少を食い止めることが正当化されるのだが、果たして漁業者数の減少を食い止めるのにどれほどのコストがかかるのか、そのコストと監視のプロである海上保安庁が監視の規模を拡大するコストを比較衡量したうえで、漁業者をつなぎとめるほうがより安価であるとして選択されたのだろうか。海保に、監視のついでに魚を獲ってきてもらうことだって理屈のうえではありえる。改正漁業法において新たに「漁業及び漁村が、海面及び内水面における環境の保全、海上における不審な行動の抑止その他の多面にわたる機能を有していることに鑑み、（中略）漁業に関する活動が健全に行われ（中略）漁村が活性化するように十分配慮するものとする」（第174条）と、多面的機能・公益的機能に言及がなされた[14]。

筆者のような行政の素人は「あ、そうですか、外部経済を内部化するんですか」と納得して済ませようとするが、そうではない。法律に一文書き込まれたことで、内部化のための政府支出が新設・増額されるのである。これは予算拡大を仕事と位置づける官庁（水産庁だけではなくどの官庁にとっても）にとって大手柄であり、補助金の増額を望む沿岸市町村や漁協にとっても、所得補助を手段に掲げる水産庁にとっても、それを堂々と行うための免罪符となる。[15]

海に境界線を引く

70年ぶりの大改革ではあったが、これで漁業が抱える懸案事項――アポリア――がすべて解決されるわけではない。筆者が気になる課題としては、沿岸と沖合の紛争の抑止、海洋や海洋資源の所有権の明確化、他産業を含めた水面の総合的・高度利用がある。

１つ目の課題は沖合と沿岸の関係である。沿岸漁船の性能が上がるにつれ、漁船は沖へと漁場を広げていく。しかしそこにはすでに沖合漁業が展開されている。沖合漁業は大型で漁獲効率のよい漁船・漁具を使うので、同じ漁場で操業する沿岸漁船は自分たちの資源を沖合漁業が先取りしてい

14　水産基本法にも「国は（中略）水産物の供給の機能以外の多面にわたる機能が（中略）発揮されるようにするため、必要な施策を講ずるものとする」（第32条）と、ほぼ同文が存在する。

15　２０２３年度水産庁概算要求額２１５２億円のうち水産多面的機能の発揮等として56億円が計上されている。

る、このままでは資源がなくなってしまうと不満を持ち、その都度「漁業調整」という名の紛争解決のための交渉が延々と行われてきた。もし「沿岸から○○海里以遠を沖合漁場とする」という一文を定義に入れることで地理的境界を定めることができれば、以後は紛争を経済的に解決できるだろう。

コースの定理によれば、いったん所有権を設定しておけば、あとは当事者同士の交渉を通じて適宜境界を引き直すことができる。漁業調整に費やす労力を節約できるだけでなく、そうした交渉の結果得られた解は、パレート最適、すなわち社会的な厚生を最大化する。ただし、コースの定理が機能するのは面倒なかけひきなどに要する時間や労力（取引費用という）がかからないならば、という条件付きである。[16] 最初の線はどこに引いても良いのだが、その線を引くこと自体に想像を絶する労力がかかることを覚悟せねばならない。[17] 当時改正漁業法の案作成をしていた水産庁の担当者に、「なぜこの機会に境界を定めないのか」と聞くと、「それはできない」とため息をついた。

海は誰のものか

2つ目は「海（魚）は誰のものか」議論を終焉させることである。これも「誰のものか」ということで、上記と同様所有権に関連する。筆者は第1章で「国民の共有財産たる漁業資源」と繰り返し書いているが、上記の水産庁の担当者からは「そうは書かないほうがいい。われわれはそうは言わない」と進言された。改正漁業法においても、ＩＱ（個別割当）の配分を受けた者が当該漁業資源の所有権を得ること（第1章）、漁業権の被免許者が海面の排他的な使用権を得ること（第2章）は明確化されたが、日本の排他的経済水域内の海洋資源は全体として従来どおり無主物先占原則であり、所有権は設定されていない。海面から海底までの垂直的な水域の利用も、やはり初めに所有権が明らかになれば、あとは交渉を通じて自ずと最適な利用方法が導き出されるはずである。

これが３つ目の、他産業を含めた水面の総合的な利用に関する課題に連なる。改正漁業法の目的に盛り込まれている「水面の総合的な利用」（表３－１）は主として漁業という産業内、とりわけ漁業権漁業での利用を想定している。例外的に言及されている漁業以外の事例は漁業権設定の際に

16　コース（１９９２）１７９頁より。

17　水産研究者の玉置泰司氏は線引きすることの困難さとその代替手段として、次のようにコメントしている。「地域によって海洋・漁場条件が異なるので、共同漁業権漁場の沖出しの距離も地域ごとに異なっている現状では、日本全国で一律に何海里と定めることは不可能と思われる。まき網や沖合底びき網などの操業禁止区域を現状より沖出ししてほしいというのが沿岸漁業者の願いで、沖合漁業者は自らの操業区域を狭くするのに同意しない。水産庁はその板挟み状態で、結局現状維持となる。まき網が操業禁止区域内で操業しないように、ＶＭＳ（衛星船位測定送信機）を網船に搭載するようになった。沿岸漁業者は、魚を集める灯船にもＶＭＳを搭載するように求めている。」２０２３年1月19日メール書簡。

「公益に支障を及ぼさないように」（第63条）することで、その具体例として「船舶の航行、停泊又は係留、水底電線の敷設その他公益」（第93条）が挙げられている。つまり、法が言及しているのは船が通りたいときや海底ケーブルを敷設するときは場所を譲ってあげなさいという例である。

海は古くから、漁業のほかに海洋レジャー、埋立て、砂利採取などにも使われてきた。近年では海洋エネルギー利用や海底からの有用資源の採掘調査も試みられるようになっている。しかし改正漁業法はこれら他産業を含めて重畳的に海を利用することにより、海洋から最大の利益を引き出す枠組みにまでは言及しなかった[18]。漁業という産業が海洋と海洋資源・漁業資源の所有者が誰なのかを明確に定義していれば、今後起こりうる他産業との間の取引費用を低減できる。そして、真の総合的利用を通じて漁業を含む産業全体が最大の利益を得られたであろうと思うと、改正漁業法の限界がもどかしい。

カーテンの向こう側

漁業者は改正漁業法にそれほど反対しなかった。漁業者の代表である全国漁業協同組合連合会（全漁連）は、原油高騰、原発汚染などに物申す強面の政治団体（ロビイスト）という側面を持っているが、法案が出ると早々に当時の会長である岸宏氏が賛同の意を表明した。これは、改正漁業法が現役漁業者を不安がらせない建て付けになっていることの表れでもある。漁業者は「適切かつ有効に」漁業を行っている限り、漁業法改正後もそのまま漁業を続けられる。また、漁業者に不利益が及ぶような新規参入は排除することができる。多面的機能を発揮していることの見返りも期待できる。しかしいったん今の漁業者が漁業を退いたあとは、優先順位第2位、つまり地元外の人や、企業や、外資系などの応募者のなかから最も地域の水産業を発展させられそうな者がその浜の漁業に新規参入できる。

全漁連会長をはじめ現業の漁業者が気にしているのは、自分が今のまま漁業を続けられるかどうかだ。自分が辞めたあと改正漁業法の適用がどうなろうが関心がないのは当然のことである[19]。水産庁もこの点をよく理解していたものだと感心する。改正漁業法を通読したあと筆者が思うには、漁業者が納得した「改正漁業法」の景色は、カーテンに見事に描かれた今の漁村風景である、という

18　近年建設計画が加速している洋上風力発電施設を漁場海域に設置するための仕組みは、2019年4月に「海洋再生可能エネルギー発電設備の整備に係る海域の利用の促進に関する法律（再エネ海域利用法）」という別の法律が施行されたことで整えられている。準備段階から漁業者をメンバーに入れた協議会を作り、そこで十分な調整を行うことが定められている。今後の他産業による海域利用も同法をモデルとした法律に基づく協議会方式で進められていくことになるだろう。

19　漁業経営体を後継する際に特段の審査をする定めはないので、後継前後を通じて「適切かつ有効に」漁業を行っていれば後継はできる。ただし、2018年漁業センサスによれば、後継者のいる経営体は中小漁業で38％、海面養殖で32％、沿岸漁船漁業で13％と非常に少ない。

ことである。彼らが引退するとカーテンが開き、その窓には新しい浜の風景が現れる。カーテン越しに窓の向こう側を透かして見る人々は、そこに自分の船や養殖場の姿を描いているにちがいない。改正漁業法は、読む人の立ち位置によって全く違った景色に見える、巧みな二重構造になっている。

参考文献

伊藤元重（2018）『ミクロ経済学（第3版）』日本評論社。

コース、ロナルド・H．著、宮沢健一・後藤晃・藤垣芳文訳（1992）『企業・市場・法』東洋経済新報社。

水産庁（2018）「水産政策の改革について　資料8」水産政策審議会第90回資源管理分科会（2018年10月2日）配布資料（http://www.jfa.maff.go.jp/j/council/seisaku/kanri/attach/pdf/181002-14.pdf より2022年10月31日検索取得）。

水産庁（2023）『令和4年度　水産白書』。

平林平治・浜本幸生（1988）『水協法・漁業法の解説（六訂版）』漁協経営センター出版部。

山下東子（2012）『魚の経済学（第2版）――市場メカニズムの活用で資源を護る』日本評論社。

婁小波（2013）『海業の時代――漁村活性化に向けた地域の挑戦』農山漁村文化協会。

第4章

外国人労働者

敵か味方か

漁業就業支援フェア開催告知の中吊り広告（東京都・山手線車内にて2014年6月9日筆者撮影）

はじめに

読者諸氏の中に「漁業をやってみたい」とか「やってみたかった」という人はいるだろうか。体験してみたうえで労働の質と量が収入に見合うと思ったなら、そのまま続けていく人はいるはずなのだが、そんな奇特な人は日本全国でわずか年間2000人弱[1]と、筆者が勤める大学の新入生（2800人）より少ない。大学生が多すぎるのか、漁業者が少なすぎるのか。

2000人弱の新規参入者がみな62年間働き続けなければ現在の漁業就業者数（12・3万人、2022年[2]）を維持できないが、それは非現実的な長さなので、今後の漁業者数の減少は避けられない。人手不足はどの産業にも共通した問題だが、農林漁業の有効求人倍率は1・32（2022年度）と、全職業の平均（1・19、同前）を上回っている[3]。そこで今回は、漁業の担い手としての日本人不足と、その穴を埋める外国人労働者について考えてみたい。

ルポ・漁業就業支援フェア

わが国の漁業労働力構成を見ると（表4－1）、ボリューム的には日本人が圧倒的な数を占め、外国人は①特定技能1号と②技能実習生を合わせて日本国内の漁業労働力の3・4％を占めるにす

表4-1　漁業労働力の職位と年収

国籍	職位	推定年収（下限：万円）	就業者数（人）
日本	①漁労長・船長	1,000	6,600
	②海技士資格保持者	800	914
	③中堅船員・自営漁業者	300	79,406
	④高齢自営漁業者	200	36,180
	日本人計		123,100
外国	①漁業特定技能１号	240	1,638
	②技能実習生	200	2,753
	③マルシップ船員	140	4,068
	④韓国・台湾等日本以外での外国人労働者（推定値）	120程度	10,000程度
	外国人計		18,000程度

注：日本人の①、④、計は農林水産省（2022）による。②は国土交通省（2021）による。③は日本人計から①、②、④を除いた数。外国人②の人数は水産庁（2022）による。①、③の人数は水産庁（2023、p.84）による。

出所：農林水産省（2022）「漁業構造動態調査」、水産庁（2022）、水産庁（2023）、国土交通省（2021）「令和３年度船員需給総合調査結果報告書」、佐々木（2019）、JITCO（国際研修協力機構）ウェブサイトなどから筆者作成。

ぎない。[4] 漁業の現場では、日本人・外国人を問わず、短期的にも中長期的にも担い手が不足している。というのは、一見潤沢に見える日本人漁業者も、その37・7％が65歳以上の高齢漁業者である。[5] もちろん高齢漁業者も漁業生産の重要な担い手であるが、彼らの多くは零細な自営・沿岸漁業に従事してマイペースな漁業を営んでおり、[6] 漁業労働力の不足する地域・漁業種類に移動して漁業全体の生産性・生産量を上げるというような流動性はない。

では、どのような地域・漁業種類の労働力が不足しているのか。これを俯瞰する１つの手がかりが毎年東京、大阪、福岡の３都市で開催される「漁業就業支援フェア」（章扉写真）である。以下には2018年7月7日の東京会場を中心に、フェアの様子と求人状況を説明する。[7]

土曜日の午後、秋葉原のイベントスペースで開催されたフェアには地域別にブースが設置され、北は北海道・根室から南は沖縄・伊平屋《いへや》島まで、114の受入先が待ちかまえていた。総求人数280人に対してこの日訪れた求職者数は412人だったため、一見すると求人が足りないように見えるが、主催者によると会場スペースの関係ですべての出展希望を受け入れていないそうだ。広報は主催者のウェブサイトで行われたほか、「漁師の仕事！まるごとイベント　履歴書不要！服装自由！見学自由」という車内広告も打たれていた。またフェアにはテレビ取材が入り、その日のニュースなどでイベントの様子が報道されてもいる。[8]

求職者は受付で求人票が掲載された冊子と「コミュニケーションカード」という複写式の用紙をもらう。まず用紙に氏名・連絡先・学歴・現職などを書き込み、全体説明を聞き、冊子を見て興味のある求人票をチェックしてから目当てのブースを周る。そして面談した相手に用紙を1枚ずつ渡していく。複写は5枚綴りだが使い切ったら新しい用紙をもらえる。来場者は30代男性が中心だったが、中には母親と中学生男子、若いカップル、白髪交じりの男性もいた。

終了時間になると求職者は退出させられ、求人側だけが残る。各ブースでは来場した求職者が置いていった数枚から十数枚の用紙を手に、採りたい人材の優先順位をつける。やがてマッチングの時間になると皆が会場の中央に集まり、主催者が「求職者1番の方、いかがでしょうか？」（用紙

には通し番号が刻印されている）と発声すると、採用したい人が挙手をする。この作業が４１２番ま

1　水産庁（２０２３）77－78頁より。２０１９－２０２１年度は１７００人台で、それ以前の２０００人程度から減少している。

2　農林水産省（２０２２）「令和４年漁業構造動態調査　男女別・年齢階層別漁業就業者数（全国）（平成25年～）」（https://www.e-stat.go.jp/stat-search/files?page=1&layout=datalist&toukei=00500213&tstat=000001145546&cycle=7&year=20220&month=0&tclass1=000001154213&tclass2=000001212440より２０２３年12月20日検索取得）。

3　厚生労働省（２０２３）「一般職業紹介状況（職業安定業務統計）第21表－7　職業別有効求人倍率（パートタイムを含む常用）」（https://www.e-stat.go.jp/stat-search/files?page=1&query=%E6%9C%89%E5%8A%B9%E6%B1%82%E4%BA%BA%E5%80%8D%E7%8E%87&layout=dataset より２０２３年12月20日検索取得）。

4　コロナ前の２０２０年３月時点では４１８３名の漁業技能実習生が在籍していたことから、コロナ禍で漁業技能実習生が来日できなかったために平年より少ないという事情もある。

5　出所は注２と同じ。

6　工藤（２０１７）参照。

7　以下の情報は、筆者が同会場を数回訪問して得た聞き取りおよび観察・配布資料、主催者である全国漁業就業者確保育成センターのウェブサイト、および２０１９年４月19日の電話問い合わせによる。

8　筆者の観察によると、会場へ入ろうとしてテレビカメラの存在に気づき、帰っていく人が何人もいた。テレビ放送はフェアの存在を広く知らせるには有用な手段だが、フェアに来たことを勤務先や知人に知られたくない人を取りこぼしている面もある。

で続く。誰も挙手しないケースは多々あるのだが、ある番号になると5名もの人が一斉に挙手したりする。競願になると、挙手した者同士が話し合って優先交渉権を得る者を決める。

優先交渉権を得た者は早速求職者に連絡して就職の意思を確認する。イベントの2週間後にはすべての求人側と求職者の自由な交渉が解禁される。優先交渉権を逃した求人側がアプローチを始めるのはもちろんのこと、目当ての漁業から電話をもらえなかった求職者が連絡してくるケースもあるという。しかし、双方が関心を示したからといって、「今すぐには現職を辞められない」といった具合に即戦力に結びつかないケースも多々ある。

求人と求職のミスマッチ

漁業就業支援フェアに出展した求人職種と給与水準の概要を図4－1にまとめた。[9] 最も多かったのが沿岸定置網漁業の乗組員で、26業者で89人分、これに沿岸漁船漁業（79人分）、遠洋漁業（62人分）が続く。概して沿岸漁業の初任給が低く、特に沿岸定置網漁業は将来的にもあまり賃金が上昇しない一方、沖合・遠洋漁業は将来的に高給を見込める。しかし沿岸の定置網漁業なら陸上に住んで早朝とはいえ定時に出勤し、開始から8時間程度で仕事が終わるところ、沖合漁業なら船中2泊、遠洋漁業になると1日12時間交代制で10か月を船内で過ごす。しかも、佐々木（2019）によると、漁船の乗組員は、労働基準法、ないしは海の労働基準法である船員法の労働時間や休日の定め

図4-1　職種別初任給と5-10年後の年収（2018年）

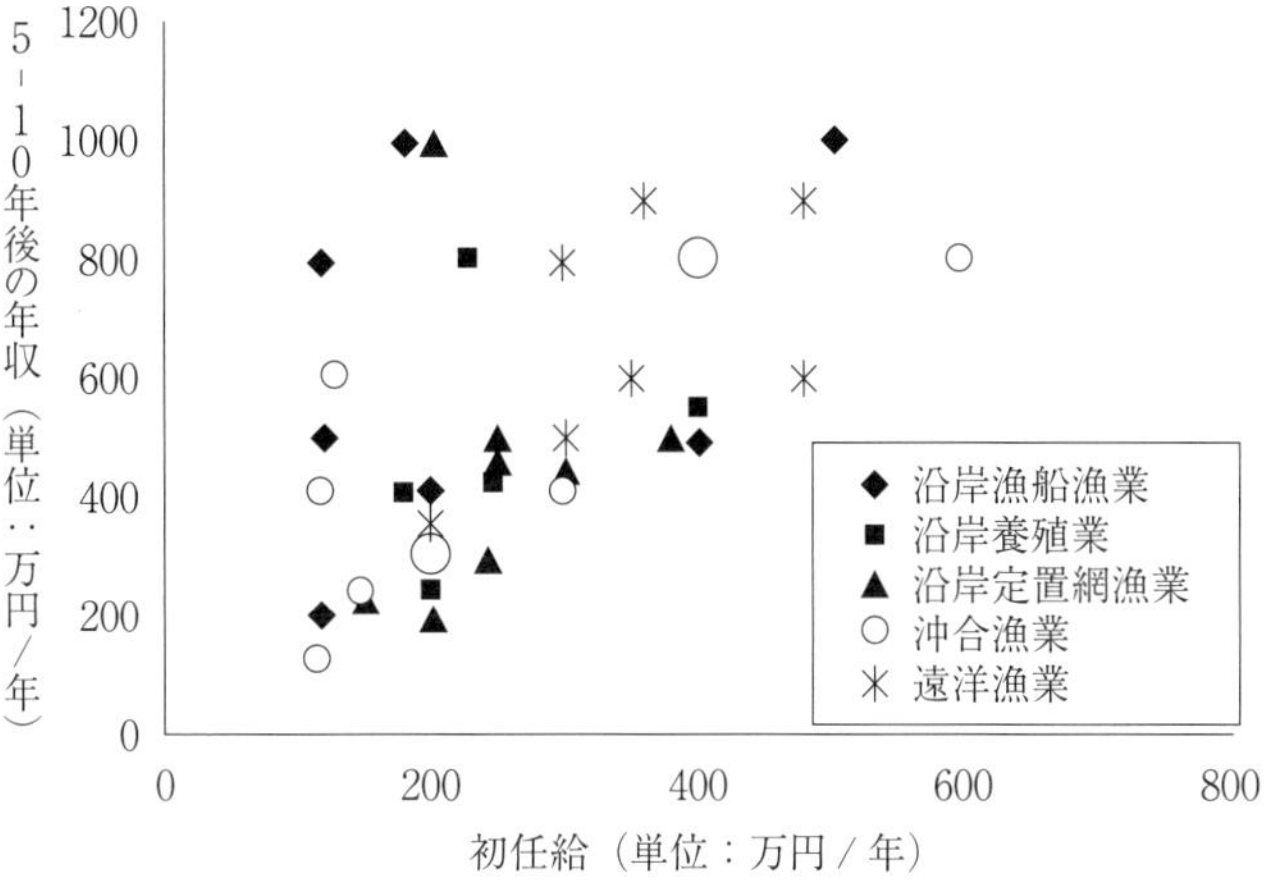

注：初任給に幅のある場合は最低額、５－10年後の年収に幅のある場合は最高額を表示。ただし、５－10年後の年収3000万円という数値は掲載していない。

出所：漁業就業フェア（2018年７月７日）配布資料からデータを抜粋。

が適用除外とされており、労働時間や休日の縛りがなく、労働災害の発生率も陸上全産業の５・８倍にのぼる。遠洋のカツオ一本釣りやマグロはえ縄の乗組員になることは、将来的に高給が見込めるとしても日本人の若者には敷居が高いだろう。

同じ職種でも、初任給や将来見込み額にかなりのバラつきがあることにも注目したい。なかには将来は自営漁業者になって年収３０００万円が見込まれる、などという求人票もあったが、それを真に受けて飛び込む人はいないだろう。たとえば職務内容に大差がないと考えられる定置網漁業同士を比較しても、初任給で２３０万円の、将来見込みで３００万円の開きがある。漁業就業支援フェアは開始されて10年以上を経ているので、この間に求人側にも相場観が形成され、求人票に記載する待遇は徐々に労働強度を反映する水準に収れんしていくだろうというのが常識的な見方だが、実際にはそうはなっていない。そして相当低い賃金水準を明示した出展者（たとえば初任給120万円、将来はこれに歩合給を加算）も、これで人を雇えると思ってわざわざ都心まで出かけてきたのである。[10]

結局、漁業者という職業には地域差や業務内容の差異がさまざまあり、この程度の業務ならいくら、早朝・深夜ならいくら、というコンビニ時給的な標準化がなされていないのではないかと思われる。こうしたことを不確実性と呼ぶならば、新規参入時にも将来見込みにも不確実性が高く、しかも自分が就いた仕事の「当たり外れ」を事後的に判断する客観的尺度もない。「あこがれの沖縄に行ってみようか」とか、「神奈川なら、嫌ならすぐ帰れるからここにしよう」くらいの軽い気持ちでいなければ、これほど不確実性が高い条件下で就職先を決断するのは難しい。

元来、漁業は世襲か、少なくとも地域産業として受け継がれてきた。学業の傍ら親の仕事を手伝いながら自分も継ぐかどうかを考え、遠洋漁業者の父を持つ羽振りのよい隣人を見て、自分もやってみたいと憧れた。ところが今日では親が後継を望まないだけでなく、少子化の影響でそもそも漁家に嫡男がいない場合も多くなっている。[11] だから地元に戻るUターンでなく、同一県ではあるが実家からは通えない場所で就業するJターン、まったくゆかりのない土地で就業するIターン（もはやターンではない）者を求めて漁業就業支援フェアを開催せざるをえないほど、人が足りなくなっているのである。[12]

求人側は「男子一生の仕事」を探しに来た若者をつかまえたいのに、「将来はあなたの腕と漁模様次第」という不確実な見通ししか示さない・示せないので、「嫌ならすぐ辞めよう」という軽い気持ちでやってきた若者しかつかまえられず、雇用のミスマッチが生じる。

外国人ならマッチング

求人側のニーズは多様だ（図4-2）。人手不足という緊急事態を即解消することが当面のニーズだが、仕事に慣れてきた就業者に対しては、

①いずれ独立して家族を持ち、地域全体を支える人になってほしい

②乗船経験を積んで海技士等の資格を取得し、船の幹部に成長してほしい

9　2019年の配布資料にはこの統計が掲載されておらず、2023年のフェアでは配布資料自体がなくなっていたため、2018年のものを使用した。

10　住居についても無償提供から月額4万円の民間住宅斡旋までさまざまであり、給与水準が低いからといって住居が無償とも限らない。

11　山内（2015）参照。ただし、第3章で述べたように、遠洋漁業でも待遇の良い職種や高所得が得られる沿岸漁業には後継者がいる。

12　独自に県内での漁業就業支援を行い、Jターン者を募集している道府県もある。

図4-2　漁船員雇用のマッチとミスマッチ

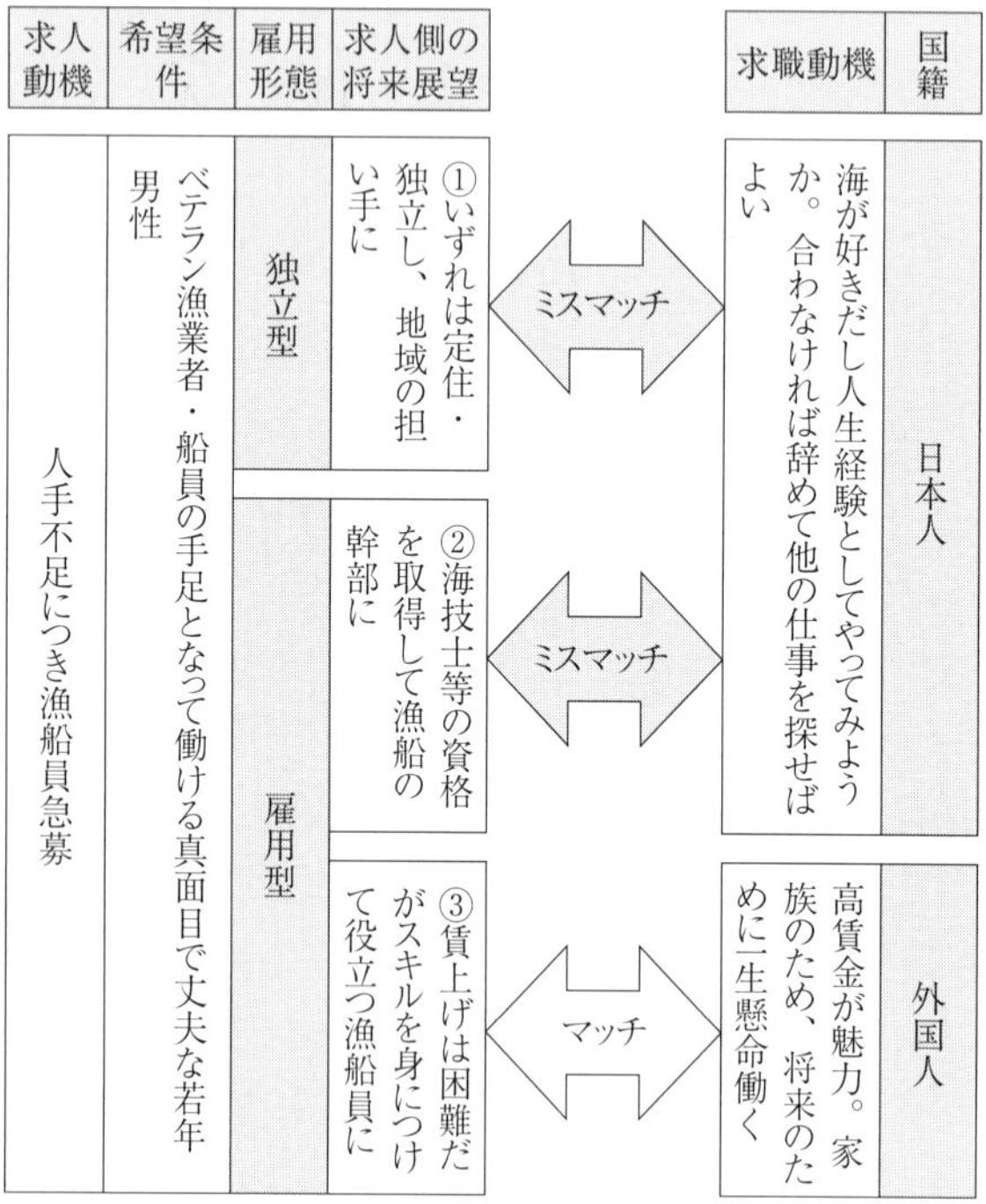

出所：筆者まとめ

③できれば熟練しつつも今の賃金でいつまでも働いてほしい

という雇い主なりの希望がある。しかし前節でルポしたようにIターン就業者は①や②の期待に応えられる者ばかりではない。さらに③のようにスキルアップに応じて賃金が上がらないのならば、漁業に見切りをつけて去っていくだろう。

　一方、外国人労働者が日本の制度下で働くと、本国では得られないような高賃金が支払われるので、③のニーズは求人側と求職者でマッチングしている。しかも、もっと長く働きたい・働いてもらいたいという点でも両者の思いは一致しているのだが、残念ながら制度としての上限があった。これをなんとか延長できないかと雇用者側も労働者側も願っていたところ、後述する法改正で特定技能という「延長」措置が導入されることとなった。

漁業の技能実習生は漁船漁業9職種（かつお一本釣り、はえ縄、いか釣り、まき網、曳き網、刺し網、定置網、かに・えびかご、棒受網）と養殖2職種（ほたてがい、まがき）の11職種で、2022年3月現在の漁業の技能実習生は合計2753人である。国籍は漁船漁業ではインドネシアのみ、養殖業ではベトナムが6割を占める。[13] 労働条件は日本人と同じで、賃金も最低賃金以上が適用されている。[14]

技能実習生の母国側でも経済発展により雇用機会や賃金水準は上昇しているが、インドネシアの最低賃金はジャカルタで月額316USドル、平均でおよそ180USドル（150円換算で3

13　人数と国籍は水産庁（2022）による。なお、本稿では触れないが、水産関係ではこの他に水産加工業に従事する技能実習生も2万人弱おり、佐々木（2018、251頁）によると国籍は従来の中国からベトナムにシフトしている。

14　前節で、漁船乗組員は労働基準法や船員法の適用除外となっていると述べた。外国人技能実習生についても同様に適用除外となっている。ただし、定置網漁業労働には労働基準法が適用される。農林水産省農村振興局地域振興課（2004）「定置網漁業における技能実習移行に伴う留意事項について（平成16年3月）」（2023年12月11日玉置泰司提供資料）による。

万円弱）である。[15] そのため、日本の技能実習生の月額賃金約20万円との間には大きな賃金格差があるので希望者は多く、質の良い労働力を確保できる状況にある。３年が終わる頃には惜しまれつつ別れ、求人側は新しい技能実習生を迎える一方、なかには帰国せず、特定技能に移行したり、マルシップ船員として乗船したり、あるいは他国で外国人労働者となったりと、形を変えて出稼ぎ労働を継続する者もいる。

海技士というハードル

前節で「海技士等の資格を取得してほしい」と書いた。実は漁船では海技士の高齢化と不足が深刻になっている。[16] 海技士は国土交通省が求める船舶運航の要件で、国土交通省ウェブサイトによると、20トン以上の船を運航するには海技士免許を持つ船舶職員を置かなければならない。海技士の種類は航海、機関、通信、電子通信の４種類があり、それぞれに最高級の１級から４〜６級の区分がある。船が航海する海域や船のトン数に応じて乗船すべき海技士の人数や級が異なっている。[17]

漁船にも同じ要件が適用されるので、福一漁業ウェブサイトによると、同社が経営する海外まき網漁業の船舶なら、航海士としては３級を持つ船長、４級を持つ一等航海士、５級を持つ二等航海士の、少なくとも３名が乗船する必要がある。４級海技士の免許を取得するためには、中学・普通高校卒業後20トン以上の船に３年以上乗船したのち国家試験を受ける。水産・海洋高校の卒業生は乗船期間が短縮できる。３級海技士になる要件も所要年数としてはほぼ同様だが、水産・商船系の大学卒業者ならば1年乗船すれば筆記試験免除で海技士になれる。[18]

もともと船舶系・漁業系の就職を目指して水産系の高校・大学に進学した者なら就職後1年程度で免許を得られるのでハードルはそう高くない。学内には海技士免許取得のための特別コースも用意されていたりする。しかし他業種からの転職組には3年の経験と筆記試験合格というハードルがある。しかも遠洋漁船に乗っていると受験日に日本にいられないこともある。漁業を覚えるのに一苦労、さらに上を目指すなら、海技士になるのに一苦労する。

免許取得までのハードルが低い水産系高校・大学の卒業生が漁船に乗ってくれればよいのだが、卒業生の就職先としては商船もあり、そちらのほうが労働条件が良いので漁船に乗る人は少ない。

15　Aseanbriefing.com, 'Investing in Indonesia', Dezan Shira & Associates, and their partners ウェブサイト（https://www.aseanbriefing.com/doing-business-guide/indonesia/human-resources-and-payroll/minimum-wage）より２０２３年12月20日検索取得。

16　水産庁（２０２３）81－82頁参照。

17　国土交通省ウェブサイト「海事　大型船舶に乗り組むためには（海技士免許）」（https://www.mlit.go.jp/maritime/maritime_tk10_000023.html）より２０２３年12月20日検索取得。

18　福一漁業ウェブサイト「福一漁業仕事紹介・船員求人サイト　海技士になるには」（https://fukuichi.gr.jp/marineengineer/）より２０２３年12月20日検索取得。

だから漁業外から新規参入してきた人たちに海技士になってもらうしかない。しかし腰を据えて3年、乗船して仕事を覚えながら空き時間に試験勉強もして資格を取ろうという人は多くはない。全く、ミスマッチを起こしている。そこで、外国人労働者に海技士になってもらおうと考える漁業会社や団体もある。これもまた、技能実習生として過ごした3年間は海技士免許取得上の乗船経験としてカウントされず、日本語での筆記試験もハードルとなる。[19] 資格者の職には日本人が就くべきだと考える全日本海員組合からの反対もある。

人手は足りないのに、日本人も外国人もそこでミスマッチを起こして壁にぶつかってしまうところに、漁業労働市場のアポリアがある。

技能実習生制度の問題と改正

外国人が漁業に従事する制度としては、前掲の表4－1に示した①特定技能1号、②技能実習生、③マルシップ船員がある。このうち③のマルシップ（日本籍の船名に多い「丸」と船を意味するshipを組み合わせた言葉）船員とは日本船籍の船に海外で乗船・下船する外国人船員のことで、日本の最低賃金は適用されないので日本国内で就労する②技能実習生より低賃金となることもある。

②の技能実習生は、さしたるトラブルもなく3年間働き、[20] 得たかった技能を身につけ、来日に要した借金を返したうえ親に仕送りをしたり貯金をしたりして、惜しまれつつ帰国するのが理想だっ

た。実際、そうした技能実習生が多数を占めたと思われるが、一方で種々のトラブルに見舞われ、技能実習生が窮地に立たされたり、逆に犯罪に手を染めたりするケースもあった。そうした状況に対して、欧米メディアから「奴隷労働だ」と非難されるという不名誉に浴したこともある[21]。年間9000人もの技能実習生が就業現場から失踪し、行方不明になっているという指摘もある[22]。

就業先は来日前に決まっており、3年の就業期間が終わるまで転職はできなかった。雇用主の中には失踪防止のためにパスポートを取り上げてしまう者もおり、過酷な労働や技能実習科目とは異なる仕事を強いる者——パワハラ——もいたようだ。与えられる宿舎や食事が受け入れがたい場合もあるだろうし、給与未払い・不払いもあったようだ。また、母国の送り出し機関が悪質な場合、来日の手続き・訓練・渡航費用として高額な借金を実習生に負わせ、それを来日後の賃金から差し

19　昭和二十六年運輸省令第九十一号船舶職員及び小型船舶操縦者法施行規則第二十九条三によると、「船舶の運航…に従事しない職務の履歴」は乗船履歴として認められない。玉置泰司氏（2023年12月11日書簡）によると、技能実習生は船員手帳に「漁労作業員」と記載されるため、海技試験受験に必要な乗船履歴とは認められないという。

20　技能実習には3号という制度があり、1号（1年間）、2号（2年間）の実習を終了した者が3号として2年間働く道も用意されている。

21　たとえば『東京新聞』TOKYO web「〈社説〉技能実習制度　「奴隷労働」は止めねば」2022年8月19日付（https://www.tokyo-np.co.jp/article/196834より2023年12月20日検索取得）。

引くので、結局手取りがいくらにもならないという金銭的苦労をする実習生もいる。このように窮地に立たされた実習生が耐え切れずに職場でトラブルを起こしたり失踪したりするのだし、失踪後には食べていくために犯罪に走ることもある。そうしたトラブルの根本原因である人権侵害をなくそうという目的のもと、2024年3月に技能実習に関する法律が改正された。

2024年以降、「技能実習」は「育成就労」と名称を変更し、就労の目的は「人材育成」から「人材確保と人材育成」に代わる予定である。とりわけ大きな変更点は、2年目から、もし本人が望むなら、別の勤め先へ転職（「転籍」という）できるようになることである。なお、職種を変えることはできないので、「漁業」ならばその職種内で別の雇用主のところへ転職できる。ただし、監理支援団体やハローワークが介在して種々の調整をするため、労働者の希望通りの転職先に移ることができるとは限らない[23]。

そういう制約はあるにせよ、筆者は転職可能とする措置が働き方改革と犯罪防止に資するだろうと期待する。雇用主の中には——これは漁業の例ではないが——、転職を許すと給与の高い都市部に流れて行ってしまうので、最初の1年でせっかく技術を身につけさせても意味がない、と懸念を示す者がいる[24]。しかし、だからこそ、雇用主に対する外国人労働者の立場は「言いなり」から「交渉」へと上昇するし、雇用主は2年目に逃げられないようにするために居心地の良い職場と居住環境を確保し、働きに応じて賃金その他のメリットも享受させてやらなくてはならなくなる。それは職場間での労働環境の改善競争を生み出し、失踪という最後かつ最悪の選択をいくぶん抑止させるだろう。

22　2022年は35・8万人の技能実習生の2・5％にあたる9006人が失踪した。突出して多いのはベトナムの6016人で、ベトナム人実習生の3・2％にあたる。出所は法務省ウェブサイト「技能実習生の失踪者数の推移（平成25年～令和4年）」（https://www.moj.go.jp/isa/content/001362001.pdf より2023年12月20日検索取得）、および法務省出入国在留管理庁　厚生労働省人材開発統括官（2023）「外国人技能実習制度について」（令和5年11月9日改訂版）による。この問題については、マスコミでも問題視している。タイトルだけ挙げておくと、『日本経済新聞』「【社説】技能実習の轍を踏まない制度に整えよ」（2023年10月22日付）、『産経新聞』「外国人の技能実習生「労働者」に　権利保証で人権侵害を防止」（2023年10月22日付）。

23　法務省出入国在留管理庁（2023）より。

24　たとえば『東京新聞』TOKYO web「技能実習生の転籍制限「最長2年」案を提示　反発受けて「1年」案を後退「人権侵害の温床」どうなる?」2023年11月15日付（https://www.tokyo-np.co.jp/article/290215より2023年12月20日検索取得）には、1年経ったら地方から都会に逃げられてしまう、2年に延ばせる例外規定を認めてほしいという受け入れ先事業所からの懸念と要望が紹介されている。同様の指摘は『産経新聞』「外国人技能実習廃止なら都会に人材流出　地方は懸念「廃業する業者出る」」（2023年10月18日付）においてもなされている。

図4-3　外国人漁業労働者の身分とキャリアパス

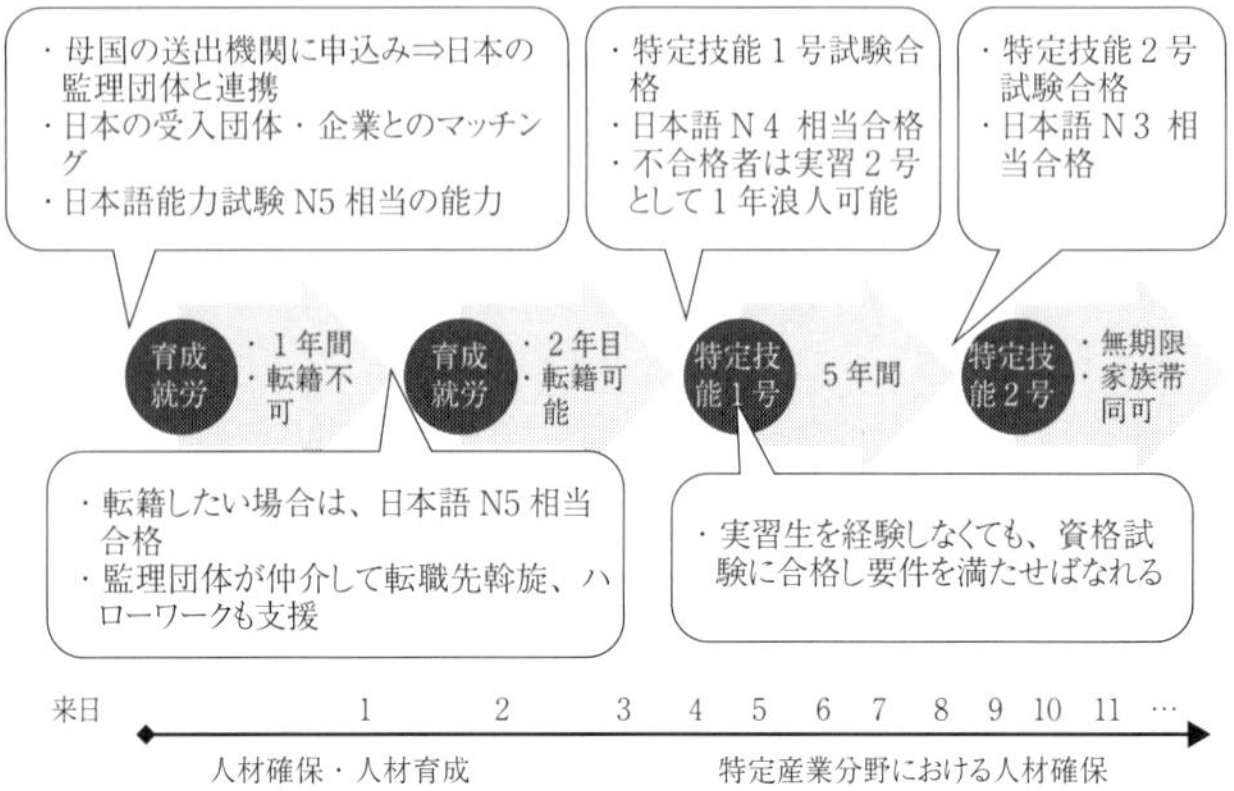

注：育成就労は2023年まで漁業実習生１号２号。

出所：出入国在留管理庁ウェブサイト（2023）「技能実習制度及び特定技能制度の在り方に関する有識者会議（第12回）」配布資料（2023年12月20日検索取得）、JITCO（公財　国際人材協力機構）ウェブサイト「在留資格『特定技能』とは」（2023年12月20日検索取得）をもとに筆者作成。

特定技能へのキャリアパス

２０１８年12月8日、与野党攻防のなか、いわゆる改正入管法が成立した。[25]漁業もこの対象になっており、新設された「特定技能」という外国人労働者の職種は漁船漁業と養殖業の2種、受入予定人数は向こう5年間で計９０００人である。現行の技能実習生が２０２４年以降育成就労に変更されるとして、そこから特定技能へのキャリアパスは、図４－３に示した通りで、特定技能1号になれば5年間日本で働くことができ、さらに2号になれば期限の定めなく、一定の条件の下で家族帯同も可能になる（本書執筆時点でまだ該当者はいない）。この点も、２０

18年および2024年の法改正で緩和された結果である。

2018年の制度新設時点では、漁業分野の特定技能1号の年間受入予定人数は1800人であった。現技能実習生が1学年900人であることから、もしその全員が試験を受けて合格したとしても、さらに年間900人の元実習生を呼び戻す余地がある。1993年の制度開始以来、累積卒業生が1万人強いると推察されることから、この中からめぼしい人材へと元の雇用主からの働きかけが行われているはずだ。順調に行けば5年後の2023年には9000人の特定技能者が日本で働いているはずだった。

ところが2022年3月現在、特定技能1号の労働者は1638人に過ぎない。これはコロナ禍で人の移動が制限されたことも大きいだろうが、それ以外にも特定技能の給与は技能実習生より高額になるので受け入れ先側の及び腰があるのか、元実習生の側がむしろ日本に戻って前と同じ職種に就くことに魅力を感じないのか、理由はまだ明らかになっていない。

25　正式名称は、「出入国管理及び難民認定法及び法務省設置法の一部を改正する法律」。同日改正漁業法も成立し、本書第1章～第3章はこの解説を兼ねている。

表4-2　日本人の雇用・賃金と漁業の生産性のゆくえ

	短期	長期
日本人の雇用	・減少	・減少
日本人の賃金	・外国人と競合する労働力なら低下 ・異質の労働力なら不変	・最低賃金水準で下げ止まる ・歩合制なら上昇
漁業の生産性	・労働生産性は低下 ・生産コストは低下	・低下

出所：本文および図４－４、４－５のまとめ

日本人と外国人を同質の労働者とみなすケース

特定技能制度により外国人漁業労働者の数は格段に増え、受け入れ枠全数まで雇用されれば外国人労働者数は１万１７００人と、漁業就業者全体の８・７％を占めるようになる。上述したように、いまのところこれは捕らぬ狸の皮算用であるが、実現した暁には日本人の雇用や賃金水準、また漁業の生産性にどのような影響を及ぼすだろうか。直感的には、外国人の参入に押し出される形で日本人の雇用は減り賃金も下がるだろう、安価な外国人材が力仕事も単純労働もやってくれるようになるので、機械が必要なくなり、労働生産性が下がるだろう、と思いがちだ。しかしこの行方を見通すには、外国人労働力の性質をどう見るのかということや、短期・長期でどうなるかなど、いくつかの前提が必要である。以下では外国人の参入が日本人の雇用・賃金と漁業の労働生産性に及ぼす影響を短期と長期で考えてみたい。結論は表４－２に整理した。

需要・供給曲線を使った部分均衡分析でこの様子を示せると良い

図4-4　外国人労働者の参入と漁業生産（等生産量曲線Q、等費用曲線C）

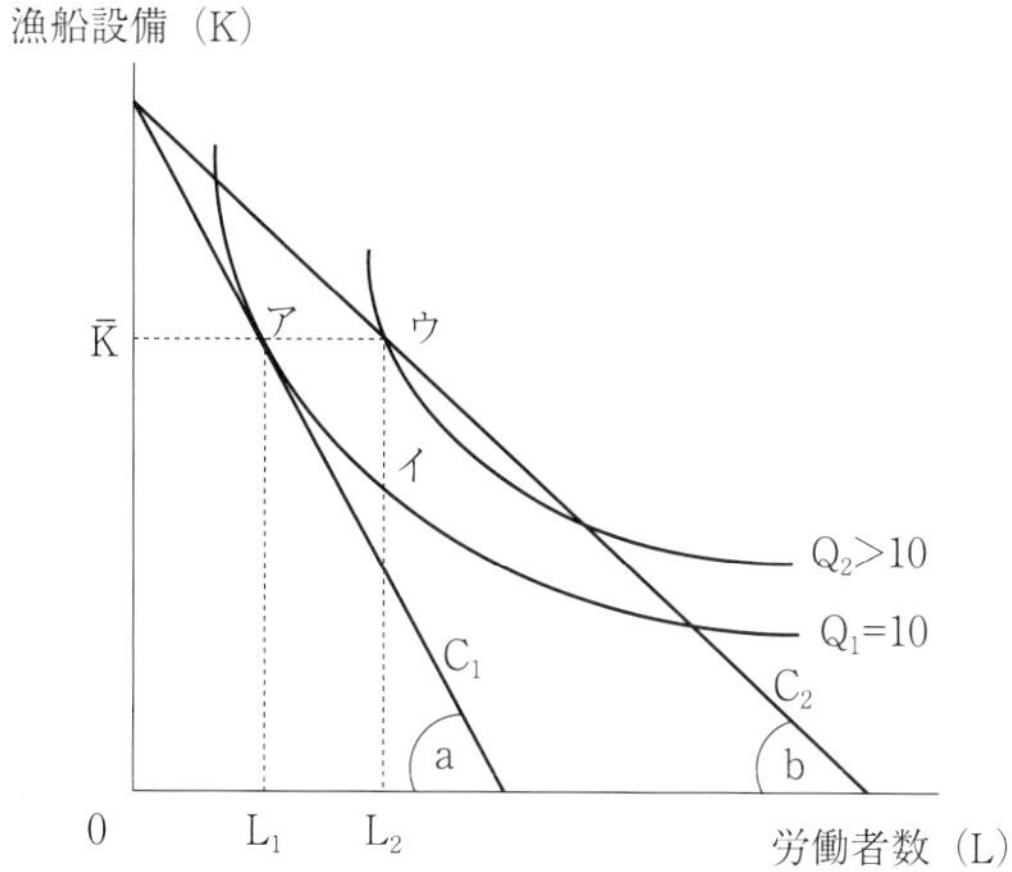

出所：本文説明に添って筆者作成。

のだが、なかなか難しいので、今回は等生産量曲線（Q：isoquant）を用いることとする。漁業生産活動を行うための生産要素としては資本である漁船設備（K：capital、縦軸）と労働力（L：labor、横軸）が必要である。たとえばある漁業経営者が10トンの漁獲量（Q_1＝10）を上げようとすると、そのために必要な漁船設備（K）と雇用労働力（L）の組み合わせを示す等生産量曲線（Q_1＝10）は図４－４のような下に凸の曲線で表せる。性能の良い船や機械設備があれば労働力が少なくても10トンの漁獲ができるし、性能の低い船であっても労働力が豊富にあれば同じく10トンの漁獲ができる。ここで、漁船設備（K）の価格や労働力（L）の価格（＝賃金）はあらかじめ市場で決まっているので、その価格比率（Kの価格で計ったLの価格）を∠aとする。∠-aをもつ曲線C_1上ではKと

Lに要する費用の合計額が同額となる。そのためこの直線は等費用曲線（C：isocost）と呼ばれる。10トンの漁獲を上げるのに最小のコストとなるKとLの組み合わせは、曲線Q_1と曲線C_1の接点アで示される。なお、すでに資本投下した漁船設備は簡単には増減できないので、以後、Kの数量は固定値の$\bar{K}$で示す。

さて、今般の制度改正で、外国人労働者の雇用を増やすことができるようになったとする。[26] 横軸Lは労働者数を示すが、ある漁業経営者がこれまで日本人・外国人を合わせてL_1＝10人の労働者を雇っていたところ、あと10人追加するとしよう。曲線Q_1上の新しい点はイとなるが、この点は曲線C_1と接していないので均衡点ではない。ところで、外国人は最低賃金に近い水準で雇用できるので、これまでと同じ費用をかけたとしても等費用曲線はC_2に移動する。この場合、雇用主にはすでに雇っている日本人の賃金を下げないという選択もあるし、全員最低賃金水準に下げてしまって、それを不服とする日本人が辞めるなら、その欠員をさらに外国人労働者で埋めるという選択もあるだろう。後者になれば、C_2はより外側へシフトアウトし、∠-bは前者よりも小さくなる。新しい均衡点は点ウとなる。漁船設備Kを完全雇用するという制約があるため、等生産量曲線Q_2は、等費用曲線C_2との接点を見出せないかもしれないが、それでも交点である点ウは点アより右上方にあり、同じ費用で10トン以上の漁獲量を上げることができている。この均衡のもとで、労働力は20人、漁船設備は$\bar{K}$であり、Q_2は10トンを上回っている。

このケースを総括すると、短期的には日本人の賃金は下がるかもしれず、日本人の雇用は減るかもしれない。漁業の労働生産性は労働者単位で見ると低下するが、コストベースで見ると上昇する。

日本人と外国人の技能に差があるケース

ここで、これまで働いていた日本人と新しく雇う外国人は質的に別の労働力と考えるべきではないかという疑問が湧く。そこで図４－５では技術労働を担う日本人（Ｇ）と単純労働を担う外国人（Ｌ）という生産要素の組み合わせと漁獲量Ｑの関係について考える。$\bar{K}$は固定しておく。単純労働者である外国人労働者の雇用枠が少なく、L_3人しか雇用できなかったこれまでは、代わりに日本人をG_1人雇用することでQ_1＝10トンを漁獲していた。Ｌの賃金は最低賃金であり、Ｇの賃金はそれよりいくぶん高いので、ＬとＧの賃金比率は∠dであり、この比率のもとでは曲線Q_1＝10

26　実際には外国人労働者を自由に増やせるわけではなく、法律、業界、労組などによる二重三重の縛りがある。法律上は、技能実習生の人数について漁船漁業なら何名、養殖業なら何名と上限が定められている（農林水産省告示第９３７号（２０１７年６月７日））。漁船漁業の業界は、特定技能２号の漁船漁業間での引き抜き自粛と、外国人（技能実習生も含む）の配乗人数は日本人乗組員の範囲内で、という申し合わせを行っている（漁業特定技能協議会・漁業分科会（第１回）配布資料１、２（２０１９年７月30日）。そしてこれらの取り決めを緩和しようとすると、全日本海員組合の抵抗があるかもしれない。

図4-5 単純労働者の増加と漁業生産（等生産量曲線Q、等費用曲線C）

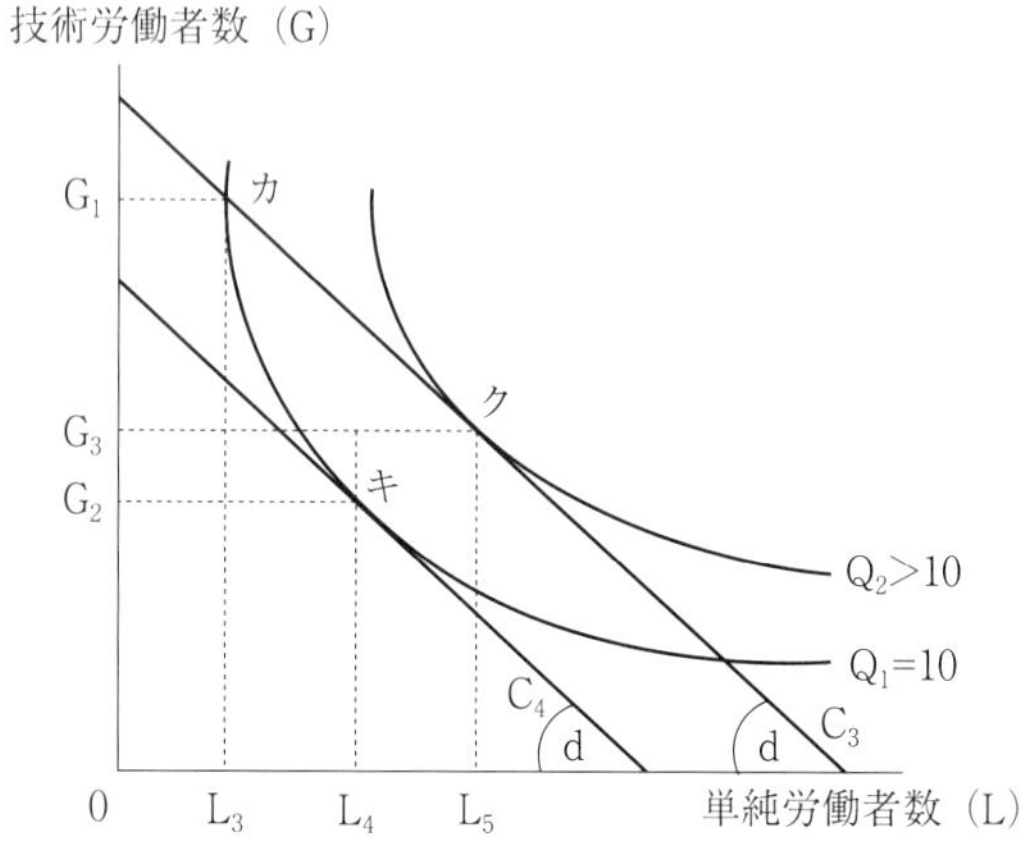

出所：本文説明に添って筆者作成。

と曲線C_4との接点で生産することはできず、交点カで生産を行わざるを得なかった。今や外国人労働者の雇用を増やせるので、GとLを最適に組み合わせることができるようになった。漁業経営者は均衡点を点キ、点クのいずれに設定することもできる。

均衡点キは、以前と同じ生産量である$Q_1=10$トンを、より低い賃金総額$C_4<C_3$で漁獲できている。これは、コストの高いGの雇用を減らして（$G_1 \rightarrow G_2$）、代わりにコストの低いLの雇用を増やした（$L_3 \rightarrow L_4$）からである。均衡点クは、以前と同じC_3の賃金総額でもって、より多くを漁獲する様子を示している。この場合も、コストの高いGの雇用を減らして（$G_1 \rightarrow G_3$）、代わりにコストの低いLの雇用を増やしている（$L_3 \rightarrow L_5$）。いずれのケースにおいても日本人の賃金は下がらないが、日本人の雇用は減る。漁業の労働生産性は最

適でない労働者の組み合わせ（カ）から最適な組み合わせ（キャク）に移動しているので、改善している。なお、外国人労働者の参入によって日本人の雇用が減ることは、一般には憂慮すべきことであるものの、漁業の場合はそれほど懸念すべき問題ではないと言い切って良いだろう。というのは、すでに日本人労働者においても慢性的な人手不足に陥っていたのであり、さらに日本全体として失業率は非常に低い状況にあるので、日本人は他地域の漁業や他業種への転職が可能だからである。

ところで、これまで見た2つのケースはいずれも短期的な帰結に過ぎない。長期的には漁船設備を増減させることもできる。図４－４のケースで労働力を低賃金で豊富に雇用できるならば、資本装備を相対的に減らして、より労働集約的な漁獲方法へシフトするということも考えられるだろう。その場合、漁業の技術革新は停滞し、労働者単位で見た労働生産性はより低下する。図４－５のケースでは、時間の経過とともにLが熟練してGに転換していくことが想定される。長期間就労する外国人がいつの時点かで単純労働者を卒業し、文字通り技能を身につけた労働者に育っていくことは十分期待されるし、そうなると日本人技術労働者と雇用を争うようになっていくだろう。

特定技能には2号として家族帯同で期間も限定されずに滞在できる制度が用意されている。漁業も２０２３年6月に2号の設定を行ったが、まだ実績はない。技能実習生時代から通算8年間も問題なく働く外国人を、もはや単純労働者とか出稼ぎ労働者と呼ぶべきではなかろう。彼らには海技士などの資格を取得して遠洋漁船の幹部候補生になる可能性もある。もしくは空きの出た沿岸漁船の船頭を任されて、母国から来た育成就労者と漁に出たりするようになるのではないか。その頃には日本の生活にも馴染み、日本人女性と結婚して子をもうけているかもしれない。そうなると、図4－2の日本人に対する求人側のニーズを外国人労働者が満たしていくことになり、日本人か外国人かの区別はなくなっていくだろう。

外国人船員が増えたら桶屋が儲かる？

風が吹いたら桶屋が儲かるがごとく、日本に外国人船員が増えることで、意外なところへ正負の影響が出る可能性がある。ここでは他国の雇用主への負の影響と日本人船員への正の影響を紹介する。

外国人漁業労働者がもたらす負の影響は、表4－1③マルシップ船員と④日本以外での労働者確保に及ぶかもしれない。特定技能1号はマルシップより賃金水準が高く、住み慣れた日本の陸上に住めて一時帰国も自由にできるという意味では生活の質も上がるので、声がかかれば下船して日本に戻ってくるだろう。筆者は台湾や韓国の賃金水準や待遇については情報を持ち合わせていないが、第三国へ異動した外国人労働者の中にも、日本に帰れるものなら帰りたいと思う人はいるだろう。一定の技能を持った彼らをマルシップ船や第三国に引き止めるには、賃上げと就労環境の改善を余儀なくされ、まさに世界レベルで雇用主が漁業労働者獲得のための条件改善に向き合わなければならなくなる。

正の影響は日本人船員のミニマム・アクセスという規制から生じる。先述した通り、漁業就業支援フェアの冊子において着業時の初任給はほぼ固定額が記載されているが、5～10年後の所得はたとえば「500万円＋歩合」というように、アバウトにしか記載されていない。これは、先にも述べた漁業の不確実性による。ただ、外国人を雇用する場合はいくら高額を示すとしてもこのような概算で契約することはできないので、最低賃金に張り付いた形で固定給が支給される。

外国人の賃金を低水準で固定しておくと、この漁船に混乗する日本人船員の分け前が増える。そのメカニズムは次の通りである。歩合制をとっている漁船の賃金は低い固定給に水揚げに応じた歩合給を加算する形で決定される。固定給のみの外国人が増えれば増えるほど、余剰利益を分け合う頭数が減るので、1人当たり歩合が増える。それなら単純労働者をすべて外国人にしてしまえば日本人幹部だけで余剰分を山分けできそうなものだが、マルシップ船では全日本海員組合が日本人の雇用を守るために日本人ミニマム定員を定めている。[27] この規制が、同じ単純労働者でも日本人だというだけで収入が増える仕組みを派生させている。

当然、同じ釜の飯を食う外国人労働者がこれを知れば良い気はしまい。しかし辞めればもっと低賃金の仕事が母国で待っているだけであり、日本の最低賃金水準はそれより十分に高いので、この

27　佐々木（2018）249頁参照。

同一労働の下での賃金格差を甘受せざるをえないし、だからと言ってすねて手を抜けば、翌年の契約を打ち切られる恐れがある。日本人労働者保護のための規制が歪んだ形で日本人を利する。

労働生産性は停滞するか?

上述した二つのケースにおいて、短期、あるいは長期で、労働生産性が低下すると結論付けた。折しも世の中にはIT、IOT、AIの嵐が吹いており、漁業にもこの余波で技術革新の風がないてきた(第12章で紹介)。水産庁の掲げる「スマート漁業」は、より少ない漁業者数、より軽い労働強度でもって、より効率的な漁業と生産物の流通を実現し、より高い魚価を目指そうとしている。[28]外国人労働者が増加すると、このトレンドにブレーキがかかるのではないだろうか。

安価な労働力が手に入ると労働生産性を向上させるための資本投資の意欲がそがれるのは、漁業に限ったことではない。一方で、機械いじりの好きな若い外国人がいてくれる方が漁獲機器導入実験はやりやすいし、彼らがいつか日本で貯えたお金を持って本国に帰り、船主になったときには、日本で知った最新鋭の機器やその中古品を購入してくれるに違いない。確たる「エビデンス」があるわけではないが、中古の日本車を改造して組み合わせてパワーアップして、なんとも器用に使っている東南アジアの人々を見るにつけ、これから日本で花開くスマート漁業が彼らの手に技術移転される日は遠くないと思うのである。

参考文献

工藤貴史（２０１７）「２・３　高齢漁業者」農林水産省編『わが国水産業の環境変化と漁業構造――２０１３年漁業センサス構造分析書』農林統計協会、１６１－１７２頁。

佐々木貴文（２０１８）「日本漁業と『船上のディアスポラ』――〝黒塗り〟にされる男たち」駒井洋監修、津崎克彦編著『産業構造の変化と外国人労働者――労働現場の実態と歴史的視点』明石書店、第10章、２３７－２５８頁。

佐々木貴文（２０１９）「漁業における労働力不足と人材確保策――外国人依存を深める漁業のこれからを考える」『地域漁業研究』第59巻1号、31－41頁。

水産庁（２０１８）『平成29年度　水産白書』。

水産庁（２０１９）「漁業特定技能協議会（第1回）配布資料」（水産庁ウェブサイト https://www.jfa.maff.go.jp/j/kikaku/attach/pdf/tokuteikyogikai-4.pdf より２０２３年12月20日検索取得）。

水産庁（２０２２）「漁業技能実習事業協議会（第7回）配布資料」（水産庁ウェブサイト https://www.jfa.maff.go.jp/j/kikaku/attach/pdf/kyogikai-3.pdf　より２０２３年12月20日検索取得）。

水産庁（２０２３）『令和4年度　水産白書』。

法務省出入国在留管理庁（２０２３）「技能実習制度及び特定技能制度の在り方に関する有識者会議（第16回）最終報告書（案）」２０２３年11月24日（https://www.moj.go.jp/isa/policies/policies/03_00005.html より２０２３年12月20日検索取得）。

山内昌和（２０１５）「就業者の推移からみた自営漁業の生産力の将来見通しと政策課題」山下東子編著『漁業者高齢化と十年後の漁村』北斗書房、第2章、47－71頁。

28　水産庁（２０１８）では、「水産業に関する技術の発展とその利用～科学と現場をつなぐ～」とする特集を組んで、ＩＴ技術の漁業への適用事例を紹介している。

第5章

魚市場の謎

車海老の製品差別化

車海老の養殖シーズンを終えて砂を天日干しする熊本県・天草漁協大矢野支所の漁協自営養殖池（2024年2月28日筆者撮影）

はじめに

筆者も大学の授業で使わせていただいている井堀利宏先生のベストセラー教科書『大学4年間の経済学が10時間でざっと学べる』では、「競り人」と題して市場の価格調整メカニズムを説明している。「総需要量、総供給量がぴたりと一致するまで、競る」という見出しのもと、「最終的に需給が一致し、均衡価格が実現します」（井堀 2015、60頁）と書かれている。

競り人が実際にいる例として、井堀先生は魚市場を挙げている。では、実際の魚市場ではこのテキストが説くような完全競争市場が成立しているだろうか。偉大な先生に楯突くとはおこがましい限りだが、筆者はNOと言いたい。[1] そもそも魚市場は完全競争市場が成立するための諸条件、すなわち参入退出の自由、多数の売り手と買い手、情報の完全性、価格と数量の一意的な同時決定、同質財、をどれひとつとして満たしていない。「完全競争市場は仮想的なものなので、実在しないのは当たり前じゃないか」とたしなめられるかもしれない。しかしあまりにも違いすぎるのだ。そして魚市場の仕組みを知れば知るほど「えーそうだったの！　でもどうして？」と謎――アポリア――は深まるばかりだ。

そこで本章では魚市場ミステリーツアーを実施する。小田原から旭川を回り、最後に豊洲のエビ売場へ行く。参加者の方々にもこの謎の多さに共感していただければ、今回のツアーは成功である。

小田原市場にて

筆者の同僚で『ヤフオク！の経済学』の著者、土橋俊寛先生はオークション理論に関する書籍を上梓していながら実際のせりを見たことがないとおっしゃる。オンラインオークション分析の専門家なのでリアルオークションには関心がないかもしれない。しかし筆者は「ぜひ魚市場へせりを見に行きましょうよ。ご研究に役に立つかもしれませんよ」と進言した。魚市場のせりは早朝に行われるので、市場へ行くのに公共交通機関が使えない。[2] しかし先生のお住まいは豊洲市場からそう遠くはなかったので、タクシーを飛ばして行けば良いと踏んだ。ところが豊洲市場の知人から「豊洲ではもうあまりせりをやっていないし、見学できるのはマグロだけ。見たいなら予約を取ってもらわないとね」とそっけない返事が来た。

実際に卸売市場はどこも急速にせり・入札から相対《あいたい》取引へとシフトしており、中央卸売市場での水産物取引金額に占めるせり・入札の割合はわずか12・5％（２０２０年度）にすぎない（農林水産

1　このくだりについては、出版社ＫＡＤＯＫＡＷＡを通じて２０２３年5月17日、井堀先生から引用許諾を得ている。

2　なぜこれほど早朝からやらねばならないのかも、謎の1つである。

省　2022)。まだ全量せり・入札をしているのは、豊洲では生鮮マグロ、車海老、ウニなど数種類で、他は一定割合をせり・入札しているか、相対取引である。「魚市場」という言葉から連想する威勢のいい掛け声は、もはや無形文化財入りしそうなほど珍しいものとなった。

そんななか、まだ比較的せりの比率が高いところがあると知り、前泊して神奈川県の西端にある小田原市公設水産地方卸売市場（以下、小田原市場）へ行くことになった。前日には開設者である小田原市の職員の方から市場の概要を教わり、当日は早朝に着くとすぐ、アジのせりが始まった。魚箱に入れられてブロック状に積まれたアジを20人ほどの人が取り囲んでいる。卸売業者である株式会社小田原市魚市場のせり人が右端のブロックを指して「ハイこれいくら」と言うと仲買人が「ハイいくら」と口々に発声している……ように見えた。間もなくそのうちの1人がせり落とし、自社の札を置いていくそばから次のブロックのせりが行われる。1ブロック当たり10秒かかるかどうかで、あっという間にすべてのアジをせり終えると、仲買人たちはぞろぞろと次の品目に移動する。

仕事を終えたせり人をわれわれと小田原市職員が囲んで質問タイムとなった。土橋先生が「あれはせり下げですか?」と尋ね、せり人が「ハイ、そうです」と答え、筆者と市職員は唖然とした。せり上げているとばかり思っていたからだ。リアルオークションのデビュー戦で、オンラインオークションの専門家が魚市場の専門家をノックアウトした。

せり・入札、相対取引

魚市場の取引方法にはせり・入札と相対取引がある。土橋（２０１８）は多様なせりの形態について説明している。まず上記のようにせり上げとせり下げがある。自分の提示価格をライバルに知られるか否かという違いもあり、基本的に入札の場合は非公表、せりはその場で発声するので公表である。いずれにせよ、価格は事後的には公表される。

どのような基準でもってせりか入札か決めているのかについて、筆者は水産関係者に尋ね回ったのだが、「知らない」「昔からそうなっていた」という答えしか返ってこなかった。ただし土橋（２０１８）によれば、どの方式でも落札価格が変わらないことが先行研究によって明らかにされている。[3] また、絵画のように数量が１点しかなく価格だけ競い合う場合と、価格と数量をセットにして競い合う場合があり、後者を複数財オークションという。これの理論分析はとても難しいそうだ。小田原市場のアジは１ブロックごとにせるので、これは複数財オークションではなく「単一財オー

3　対象となる品物に対する自分の評価額が、他人の評価額に左右されないなどのいくつかの前提が必要である。

図5-1　水産物の流通経路

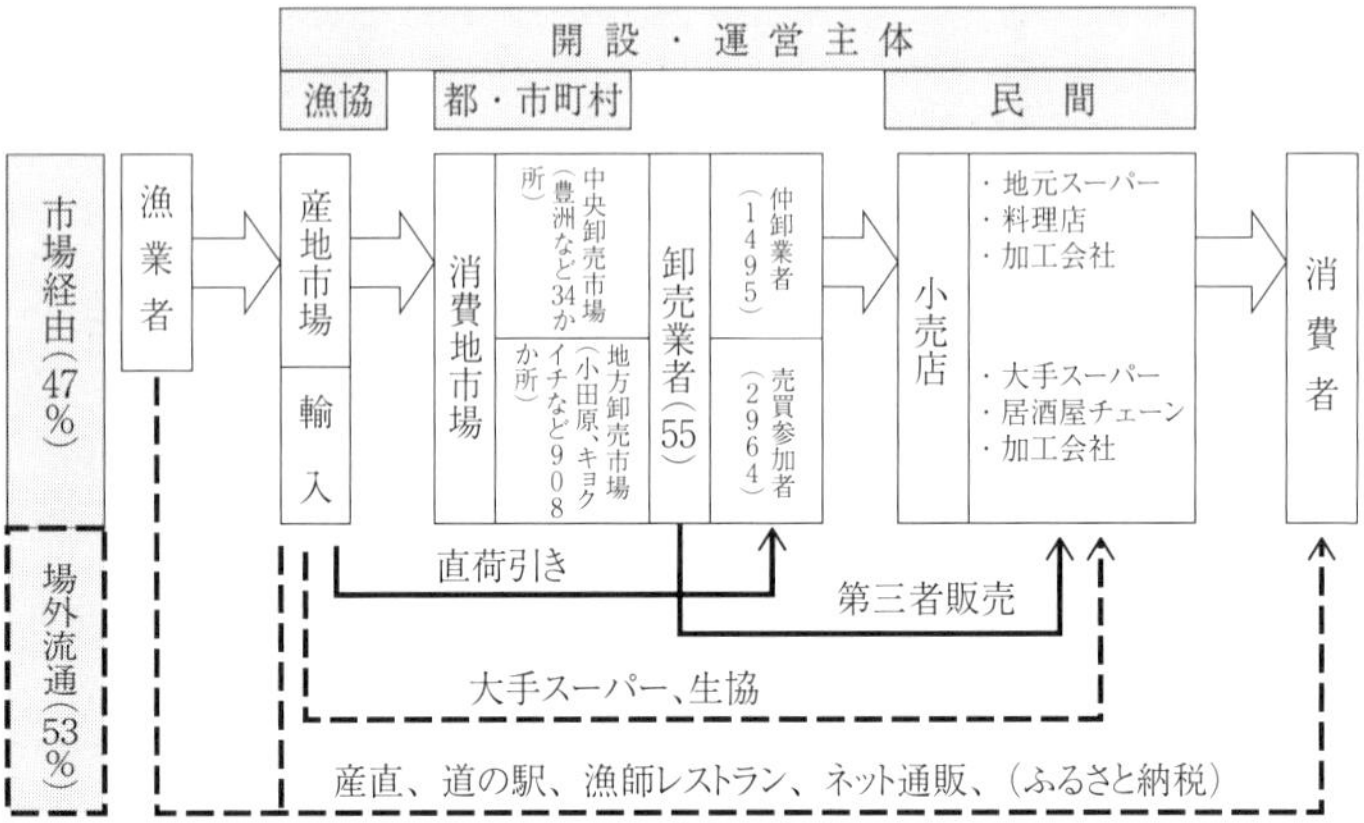

注：地方卸売市場数は水産以外（青果、花き、食肉）を含む。
出所：農林水産省（2022）などをもとに筆者作成。

クションの繰り返しオークション」と解釈するというのが土橋先生の見解だ。その時落札価格がどのように推移していくかは目下研究中とのことである。オークションの世界はこのように謎めいている。

卸売市場では日々、決まった顔ぶれの専門家集団が売買を繰り返しているので、せり合わなくても落としどころがわかってくる。そこで買い手が売り手と個別に交渉して価格と数量を決めることも多くなった。これが相対取引である。価格は事後的に公表される。

水産物の流通経路は図5－1に示すように複雑で、漁業者から消費者に届く間にいくつもの市場といくつもの業者が介在している。産地市場は漁港に隣接した場所に設けられており、漁業者が水揚げした水産物を地元の仲買人に売る。市場を仕切るのはたいてい漁協の職員である。仲買人はそれを地元の量販店や飲食店に売ったり、消費地市場の卸売業者に売ったりする。消費地市場には豊洲に代表される中央卸売市場と小田原市場のような地方卸売市場がある。その違いは大要、市場の規模と規制の強弱にある。

卸売市場法改正に揺れた魚市場

卸売市場にも規制緩和の波が押し寄せてきた。２０１８年６月改正卸売市場法が成立し、２０２０年６月に施行された。国は基本的に、今まで法律で禁じていたことの多くを廃止し、どこまで条例を改正するかを卸売市場に任せることになり、成立から施行までの２年間に、市場開設者である地方自治体では、関係者を集めて条例改正のための作業を行った。

この改正で解禁されたことは、たとえば図５－１に示した「第三者販売」と「直荷引《じかにび》き」だ。中央卸売市場のプレイヤーは、産地仲買人から買ってきた魚を販売する卸売業者（売り手）と、それを購入する仲卸業者・売買参加者（買い手）[4]である。改正前は両者間での取引しか認めていなかっ

4　仲卸業者は購入した魚を業務用需要者に売却し（消費者への販売は認められていない）、売買参加者は自らが経営する量販店や加工場で使う。

たので、卸売業者が仲卸業者以外（たとえば大手スーパー）に直接販売する「第三者販売」は原則禁止されていた。また、仲卸業者が卸売業者を飛び越えて産地仲買人や輸入商社から魚を買う「直荷引き」も原則禁止だった。法改正により、これを解禁するのかどうかは各市場に委ねられた。山本（2019）はこれを「垣根関連の法定削除とルール化要否の市場判断化」と表現している。売り手も買い手も自分は垣根を超えたいが相手には超えてほしくないため議論は尽きない。揉めたあげくに「今まで通り条例では原則禁止としておいて、実際は今まで通り自由にやっていけばいいじゃないか」という形で決着させようとする人もいた。[5] こうして規制緩和は形骸化されることもある。

謎めいた規則は他にも色々ある。卸売業者は「私の品物を売ってくれ」と生産者から頼まれたら断ってはいけない（受託拒否の禁止という。法改正後も継続）。そのため売れ残りを避けるために第三者販売に走るという面もある。仲卸業者は最終消費者には販売してはいけないし、魚市場では原則、魚だけしか売ってはいけないという規則があるので、同じ産地で採れたツマも個包に適した包装資材も店では扱えない。なぜこんなルールができたのか。

そもそも市場《いちば》は、売りたい人たちが品物を持ち寄り、買いたい人たちが欲しいものを手に入れる場所として交通の要所に自然発生した。品不足気味になると売り手の力が強まって不公正な取引が横行する。そこで地方自治体が市場スペースを提供し（公設）、その中での取引ルールを定めた（公営）。このルールに従える人だけに営業を認めるため、参入退出は自由ではなくなる。これで完全競争市場の条件が1つ崩れる。1つの市場に卸売業者は2〜3社、小田原市場は1社である。した

表5-1　市場開設・運営者別市場の例

		開設者	
		公設	民設
運営者	公営	公設公営 ★東京都など ☆小田原市など142	民設公営 （該当なし）
	民営	公設民営 ★大阪府中央卸売市場など数10	民設民営 ☆キョクイチ、栃木県南地方市場など

注：：★は中央卸売市場、☆は地方卸売市場を示す。
出所：淺沼（2022a）、淺沼（2022b）、横浜市中央卸売市場開設運営協議会配布資料（2019年２月21日）などをもとに筆者作成。

がって多数の売り手と買い手という条件も満たしていない。

抜け目のない民設市場

市場の形態については、開設者と運営者を官民どちらが担うかによって、表５－１に示したように公設公営から民設民営まで４つのパターンに分けられるが、中央卸売市場では公設公営が圧倒的多数である。卸売市場法改正によってどの形態を取るかも選べるようになったが、完全な民設民営に切り替えるところはまだ出ていない。淺沼（２０２２ａ）によると、改正前の時点で、運営を指定管理者に委ねる形での「公設民営」を選択する市場が青果を含めて数10か所あり、そのなかで表に掲げた大阪府中央卸売市場が最も成果を上げている。公設市場は参入退出の自由度が民設市場に比べて低いが、そのことがかえってそこに店を構える業者にとってのれんやブランドといった何らかのメリットをもたらすことがあるのだろう。

数少ない民設民営市場の例として北海道・旭川に本拠を置く株式会社キョクイチホールディングスがある。旭川には公設の卸売市場がなかったため、戦後間もない１９４９年、民間資本が旭一《キョクイチ》の屋号で魚市場を作り、翌年には地方卸売市場となった。その後近隣の地方卸売市場を統合したり、冷凍冷蔵庫業や食品加工業を兼業したりするなど、その業態を広げていった。

民設民営の魚市場ビジネスとはどのようなものかに興味を持って同社を取材したところ、卸売市場業という本業から派生したはずの副業が、もはや屋台骨になっていた。[6] 旭川の広大な平原が事業の拡大に自由度を与えたであろうことは、築地や豊洲市場の立地と比べればよくわかる。[7] さすが民営、と感心したのは、早朝にしか使わない水産物の集荷・分荷場を昼間と夕方の数時間ずつ、運輸関係と通販関係の2社に時間貸ししていることだった。自己資金で作った屋内ヤードであるからこそ、フル活用してそこから利益を引き出そうというインセンティブが働く。「キョクイチ見てきました」と市場関係者に言うと、「ああ、あそこは卸売市場というより物流センターだからね」と、自分たちとは一線を画そうとする人もいる。しかし、もう時効なので言うが、築地も体の良い物流センターとしてタダで使われていたのである。

築地も物流センターだった

豊洲に移転する前、市場開設者である都職員の勧めで、夜の10時から夜明けまで築地市場の建屋屋上からヤードを観察させてもらった。上場時間までは間があるので卸売市場の建屋の扉は閉ざされている。しかしトラックが次々やってきて、建屋の壁沿いの路上に荷物を置いていく。別のトラックがやってきて、その荷物を持っていく。おそらく毎日のことなので、この者の荷物は何時ごろこの辺に置く、といった約束がされているのだろう。要は、卸売市場が開いていない時間帯に、築地の通路は物流センターとして使われていたのだ。

築地「場内」なのに「市場」を通さない「場外流通」が行われ、開設者はこれを黙認してきた。かつて、「築地直送」とか「うちは築地から仕入れている」というように築地ブランドを自慢する店があったが、その中にはこういった「場内の場外」を経由した魚も含まれていたのかもしれない。利害関係者も多いため正式に貸し出せるようにする道のりは険しく、公的な開設者にはそんな苦労をしてまで追加収入を得ようというインセンティブもない。キョクイチが場所の貸し出しから利益を得ているのとは対照的だ。

5　この提案は実際に、ある卸売業者のトップから出されている。社名・氏名は伏せる。
6　２０１８年12月25日、（株）キョクイチ訪問時のヒヤリングと取得資料による。
7　寒冷地なりの苦労もある。冬季には外気温が零下20度にもなるため基本的にすべての作業場が閉鎖型で、搬入されてきた野菜が傷まないよう青果市場を暖房したり、冷蔵庫が凍結しないよう断熱材を入れたりしている。

オウンゴールの場外流通

卸売市場の経由率が年々低下している。市場経由率は、分母に国内消費向け食用水産物を、分子に卸売市場取扱高を置いて算出される。1989（平成元）年に74・6%、874万トンだったところ、2019（令和元）年に46・5%、543万トンに縮小した（農林水産省 2022）。これを魚市場の存在意義が薄れてきた証と悲観的に捉えることもできるし、図5－1で見たような多様な流通形態の現れと好意的に捉えることもできる。とりわけネット通販の出現により、地方の漁業者が全国の消費者に直販する道ができたことは意義深い。というのは、多段階流通の特性もあって、2017年の小売価格に占める生産者の取り分は31・6%（図5－2）に過ぎないからである。これでも調査を開始した2008年の24・7%よりは上昇しており、取り分の上昇には産直の進展も貢献をしていることだろう。

　こうして卸売市場を経由しない場外流通の割合が増えているのだが、その理由として、上述した産直や前節で紹介した場内での場外流通に加え、場内業者の兼業がある。卸売市場関係者O氏がため息交じりに語ったところによると、[8] 卸売業者のほとんどは兼業業務として、また自身の子会社を通じて場外流通をしている。大手の仲卸業者も同様である。つまり、市場法改正前から合法的な形で第三者販売や直荷引きをして市場経由率を低下させてきたのは市場内のプレイヤー自身、オウン

図5-2　小売価格に占める流通段階別流通経費の割合（2008年、2017年）

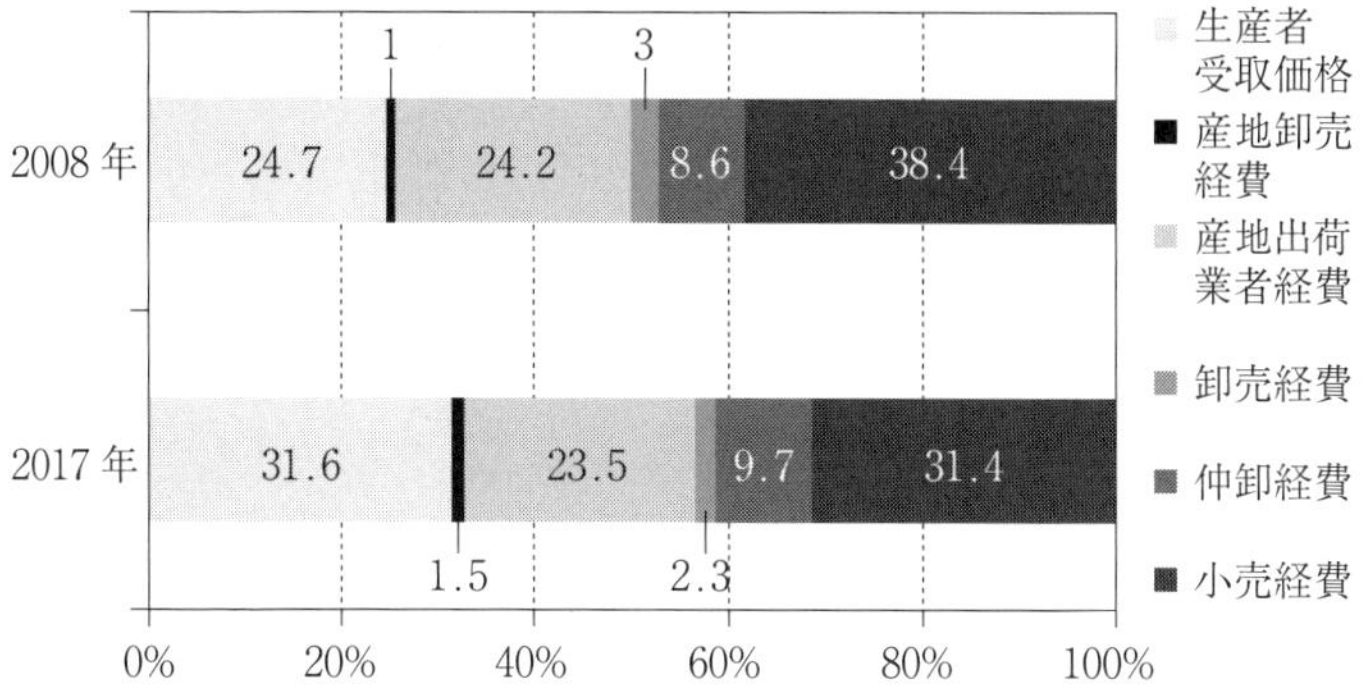

出所：農林水産省「食品流通段階別価格形成調査報告」(2008年、2017年）から作成

ゴールだということだ。なぜ市場を通さないのか？　市場内には「商物一致の原則」があるからである。

市場での取引は現物の目の前で行わねばならないというのが商物一致の原則だ。この規制がＩＴ時代には足かせになっている。遠隔地にある品物の良し悪しをスマホの写真や動画を見て判断することもできるようになっているし、計器を使って鮮度を数値化することもできる。またせり・入札から相対取引に収束していった論理と同様、継続的な商取引の相手であれば品質や数量をごまかすなどという稚拙な行為はあまり起こり得ない。

改正卸売市場法のもとで、各市場には商物一致の原則を廃止するという選択もできた。しかしこの選択は市場内の業者にとって両刃の剣である。廃止すれば子会社など通さなくても堂々と本体の会社でバーチャル取引ができるようになる。物流と値決めの場所を切り離せば、効率的なロジスティクスを組んで鮮度の良いうちにより速く需要先に届けられる。一方で、主戦場である卸売市場は閑散とし、現物を見ているからこそ信用されていた価格形成機能の権威はそがれるだろう。近頃は、漁業者が船上から送ってくる写真つきの漁獲データを料理屋からの注文とマッチングさせ、水揚げ前に送り先別に梱包も済ませ、港で待つ宅配トラックに積み込む、というような新手のＩＴ卸が台頭している。商物一致を捨てることは、こうしたＩＴ系卸業者との競争に直面することでもある。

情報公開と完全情報

「東京都中央卸売市場日報」というウェブサイトには、品目別に前日の数量・価格・販売方法（せり・入札、相対、第三者等の別）の一覧表が掲示されており、誰でも閲覧できる。同サイトには当日の販売予定数量も掲示される。農林水産省食料産業局（２０２２）はこれを情報受発信機能と呼び、市場機能の１つと位置付けている。しかし事後的にウェブサイトに掲示される価格は全卸売業者を総合したうえでの高値・中値・安値の３種類だけである。次節で述べるように、実際の落札価格のバラエティはもっと多いはずだ。結局、限られた人しか立ち入れない取引の現場でさえも、仲間内で情報交換をしなければ他の仲卸業者がいくらで何個買ったのかを知ることはできない。

車海老に見る価格差別化

魚市場では、一物一価ではない。豊洲市場で行われている数少ないせり品目である活車海老のせりを例にこの状況を描いてみよう。ある卸売業者のもとに10社ほどの仲卸業者が集まってせりが行われる。仲卸業者のなかには「顧客のホテルから披露宴用に５００kgの注文をもらっているから、絶対確保するぞ」と勇んでいる業者（A社とする）もいれば、「良いものが安かったら買おうかな」と様子を見に来た業者（B社とする）もいる。お互いにも、また売り手である卸売業者にもそうした胸の内はわからない。情報は不完全である。祝宴のメニューも招待客数も事前に決まっているので、A社は顧客への転売価格ギリギリでも、時には逆ザヤを覚悟してでも５００kgを仕入れなければならないから、せり開始早々に必要な数量を高値でせり落としてしまうだろう。A社がせりから抜けると、価格はだんだん下がっていく。B社は自身が「買っても良い」と思っている価格である「留保価格」よりも低い価格になるまでせりに加わらない。他の8社にもそれぞれの思惑がある。

東京都の前掲ウェブサイトによると２０２３年４月８日、豊洲市場には１７５６kgの車海老が上

8　２０１９年6月18日、電話聞き取り。所属・氏名は伏せる。

図5-3　車海老の落札結果（概念図）

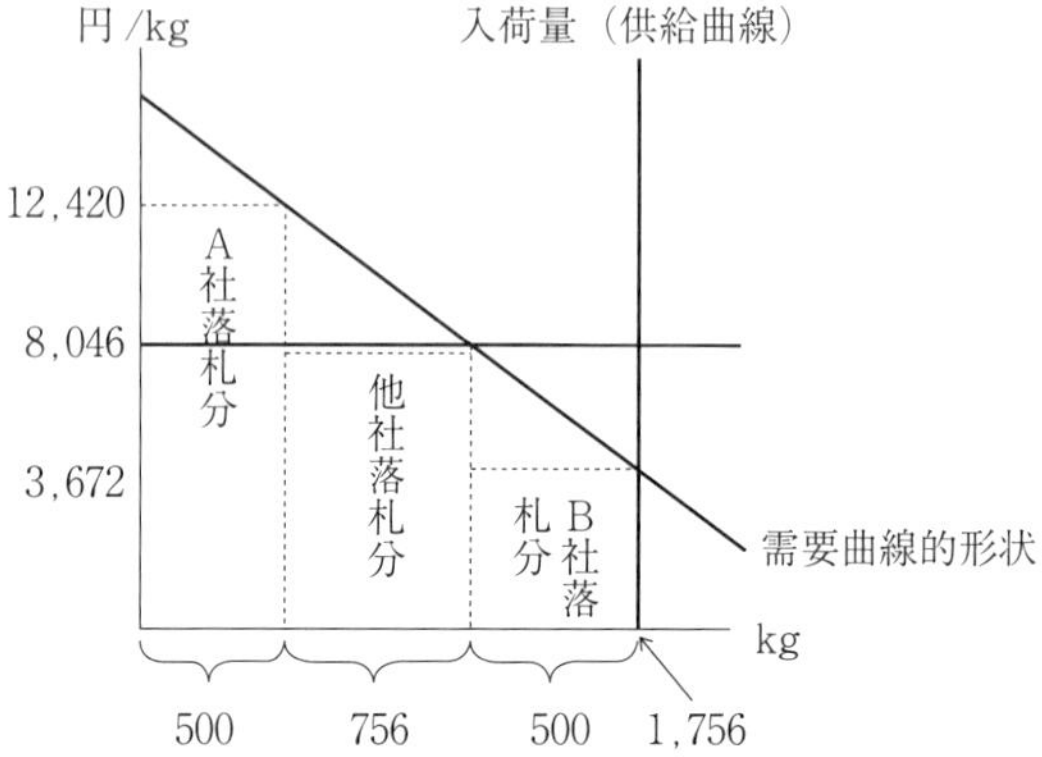

注：養殖車海老の最高価格と最低価格、入荷量は2023年4月8日豊洲市場の実数、他は描図のための仮定。
出所：豊洲市場の実数は東京都中央卸売市場日報。

場され、せりの結果、キロ当たり価格は高値が1万2420円、安値が3672円だった（中値の発表なし）。価格帯別販売数量は公表されていないので、以下の数値はフィクションである。500kg分をA社が最高価格で競り落とし、500kg分をB社が最低価格で、残りを8社がその中間の価格（8046円）で競り落としたとすると、その結果は図5－3のように描かれる。同図には3通りの価格しか描かなかったが、実際には数量と価格の単位はもっと細かく分かれているだろう。それを鑑みて価格の高い順に落札価格（縦軸）と落札数量（横軸）をプロットしていくと、需要曲線のような右下がりの形状になる。

　豊洲市場には7社もの卸売業者がいるのだが、A社は1つの卸売業者のもとで落札できなかったからといって別の卸売業者のもとに走っても確実に買えるわけではない。そのため「今日はここで

図5-4　消費者余剰

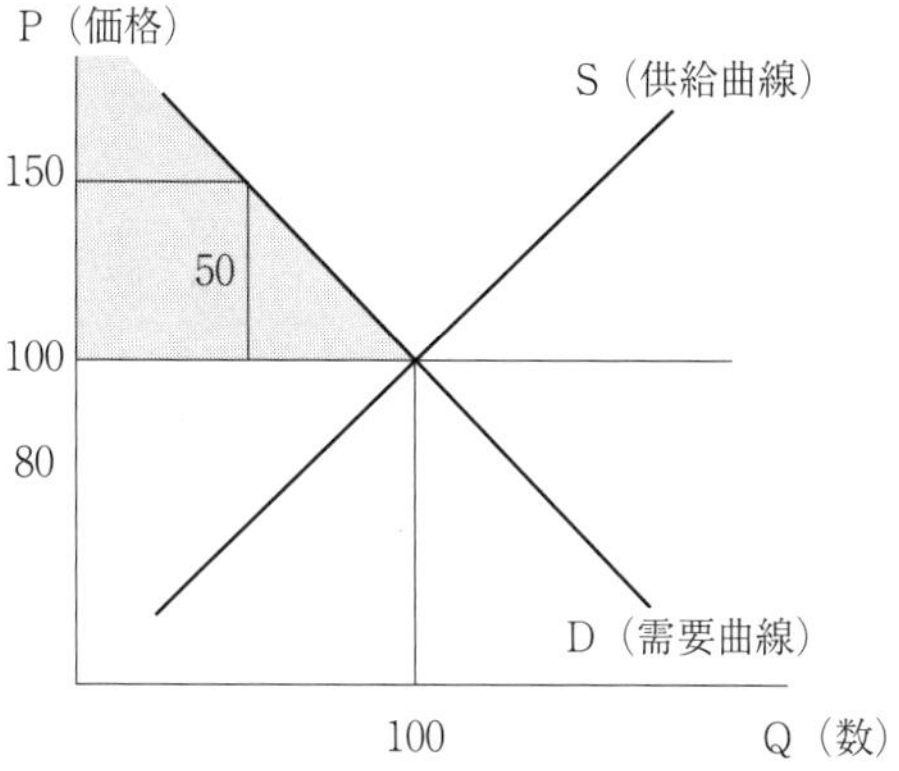

買おう」と決めたが最後、その卸売業者のもとで、自社が支払える限りの上限価格を提示せざるを得ない。その結果、卸売業者が消費者余剰（次節で解説する）のすべてを獲得している。このような価格差別化ができるのは、財が転売不可能で、かつ売り手に多少の市場支配力がある場合である。

価格差別化と消費者余剰

ここで「消費者余剰」とは何か、それをもたらす「価格差別化」とは何かを説明しておきたい。

消費者余剰とは、ある財に対する自己評価額が市場価格より高い場合に生じる差額である。同じ財であってもそれへの評価額は人の需要の強さや嗜好に応じて異なる。図５－４に示したように、ある財を手に入れるためには１５０円／個払っても良いと思う人もいれば、80円／個程度の価値しか見出さない人もいる。完全競争市場では価格は市場で一意的に決まり、それが100円だったとすると、150円の価値があると評価している人にとっては100円しか払わなくてよいので50円分の差額、つまり払わなくて済んだので「お得感」が生じる。100円だと自己評価している人にとっては、購入価格はまさに適正価格で、80円の評価しかしていない人はそもそも100円の値札が付いたその財を購入しない。

大手家具・家庭用品の量販店が「お、ねだん以上。○○○」というキャッチフレーズを掲げているが、この言葉は消費者余剰の存在をうまく言い当てている。そして、さまざまな人の自己評価額を高い順に並べた需要曲線のもとでは、需要曲線と価格の線に挟まれた灰色の部分が消費者余剰の総額となる。

さて、売り手が一人一人のお客に対して異なる価格を付けられる状況にあるならば、150円払っても良いと思う客には150円で売り、100円払っても良いと思う客には100円で売るということ、つまり「価格差別化」をすることができる。これができるのは、転売が不可能であり、売り手が多少なりとも価格支配力を持っている場合である。「差別」などというと、あたかも買い手に損害を与えているように聞こえがちだが、次節で述べる「製品差別化」と同様、そこに否定的な意味はない。

しいて挙げれば、本来買い手が享受するはずだった消費者余剰が売り手に移転したのであって、買い手にしてみれば、お得感を感じられた人はいないものの、そうかと言って騙されて高値をつかまされたわけではなく、自己評価した適正価格で購入でき、お値段通りだったと納得しているだけのことである。売り手は灰色で示した面積を総取りできるので、かなりの超過利潤を得ることができる。

さて、このことを踏まえて図5－3に戻ると、卸売業者が濡れ手で粟のように儲けているように見えてくる。しかしそうでもないかもしれない。もし仕入れ価格が8046円だったとしたらA社から得た売却益（(12,420－8,046)×500）でB社から出た損失（(8,046－3,672)×500）を埋め合わせ、超過利潤はゼロとなる。赤字を出してまでなぜB社に売らねばならないのか。受託拒否は禁止されているので、市場に搬入された1756kgを受け入れなければならず、安売りは嫌だと言って売れ残りを明日まで置いておくと、エビが死んでしまうからである。

車海老に見る製品差別化

前節では1万2420円の車海老と3672円の車海老を簡単化のために同質財と仮定したが、実はそうではなく、細かく製品差別化された財である。したがって本来は図5－3のように1つの図の中に描くべきではなかった。次のような違いがある。

まず、一口に車海老と言っても天然と養殖の違いがあり、天然ものの車海老は東京都の前掲ウェブサイトによると1万4580円／kgの中値がついている。天然ものの評価は相当高い。車海老は同一サイズのものを1kg分箱詰めして出荷される。箱の中には特大サイズなら8尾、標準サイズなら30～40尾納まる。1尾当たりのサイズが大きいほど高値になるが、大きすぎるとまた値が下がる。西日本の産地（章扉写真）からの出荷時には全量生きているのだが、着荷時には死んでしまっている個体もある。箱の中の生存率が高いほど高値がつく。この他にも産地、色目などさまざまな評価軸からセグメント化され、それぞれが近い代替財ではあるが、異なる商材として取り扱われている。[9]

本稿執筆より前に、筆者はある雑誌に車海老のリポートを載せることになった（山下 2019）。そこでまずは食べてみようと思ったが、行きつけの量販店で聞くと、うちには置いていないという。そこで高級スーパーを探し回ったが見つけられなかった。主な仕向け先は高級寿司・天ぷら店という商材で、庶民がただ口を開けて待っていても偶然入って来るものではない。かと言って「車海老ありますか」と銀座の寿司屋に入っていく勇気もない（財力もない）。ネットで買えないかなと検索していて、ふるさと納税という奥の手に行き当たった。長崎県のとある自治体に1万5000円を寄付したところ、返礼品として500g（9尾）の冷凍車海老が送られてきた。

豊洲で車海老を扱う卸売業者と仲卸業者は、両者とも「最近長崎からの出荷が減っている。どうもふるさと納税に回っているらしいのだが」と言っていた。図5-1の場外流通ルートにふるさと納税も追加しておくとしよう。

参考文献

浅沼進（2022a）「進化する「公設民営型」卸売市場――公共性と効率性の共存」『全水卸』2022年7月号

（Vol.392）。

淺沼進（2022b）「公設地方市場の減少と再編――公設と民設の接近、卸売市場カテゴリーの変化」『全水卸』2022年9月号（Vol.393）。

井堀利宏（2015）『大学4年間の経済学が10時間でざっと学べる』KADOKAWA。

土橋俊寛（2018）『ヤフオク！の経済学――オンラインオークションとは』日本評論社。

農林水産省（2022）「令和3年度　卸売市場データ集」（https://www.maff.go.jp/j/shokusan/sijyo/info/attach/pdf/index-163.pdf と https://www.maff.go.jp/j/shokusan/sijyo/info/attach/pdf/index-164.pdf より2023年12月20日検索取得）。

農林水産省食料産業局（2022）「卸売市場をめぐる情勢について」（https://www.maff.go.jp/j/shokusan/sijyo/info/attach/pdf/index-165.pdf より2023年12月20日検索取得）。

山下東子（2019）「国産クルマエビの需給分析　豊洲市場における養殖の評価軸」『月刊養殖ビジネス』2019年6月号、4－7頁。

山本尚俊（2019）「卸売市場制度の改革と「卸・仲卸二段階制」の揺らぎ――水産物卸による垣根乗り越えの動機と含意に注目して」『地域漁業研究』第59巻2号、97－104頁。

9　天草で車海老養殖を手掛けるクリエーションWEB PLANNING社社長の深川沙央里氏によると、生産者名も価格に影響を及ぼすという。また2019年頃から急速冷凍機の性能が上昇したことに伴い、卸売市場への活車海老出荷量を冷凍での直販・ふるさと納税向け出荷量が上回ったという。2022年11月23日メール書簡による。

第6章

生物多様性

ご当地サーモンがやってきた

メスの腹から取り出した魚卵にさけ孵化場職員が慣れた手つきで精子を混ぜ込む（宮城県・南三陸町にて2018年11月1日　筆者撮影）

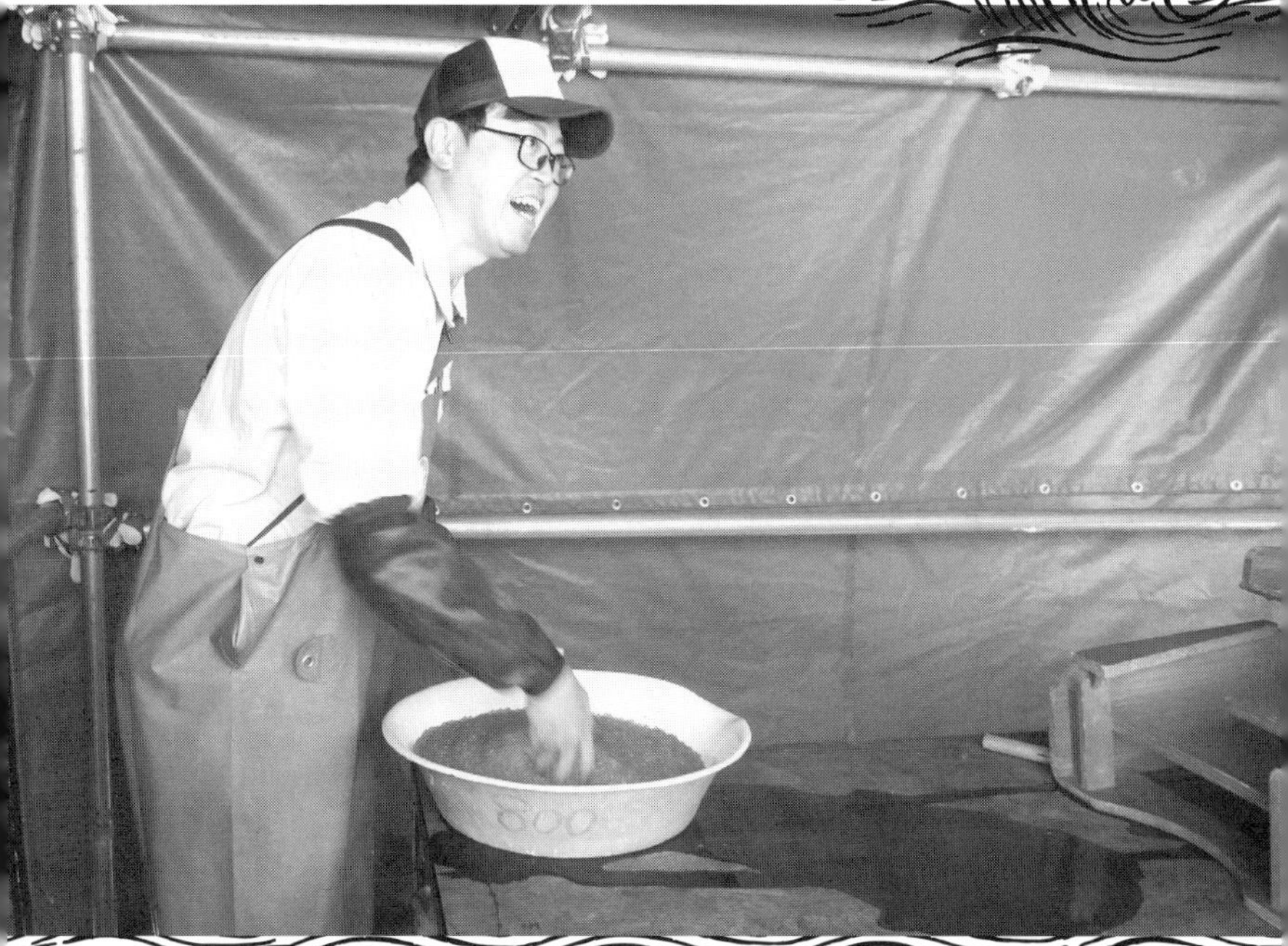

図6-1　主な魚介類の年間購入量とサケ単価の推移

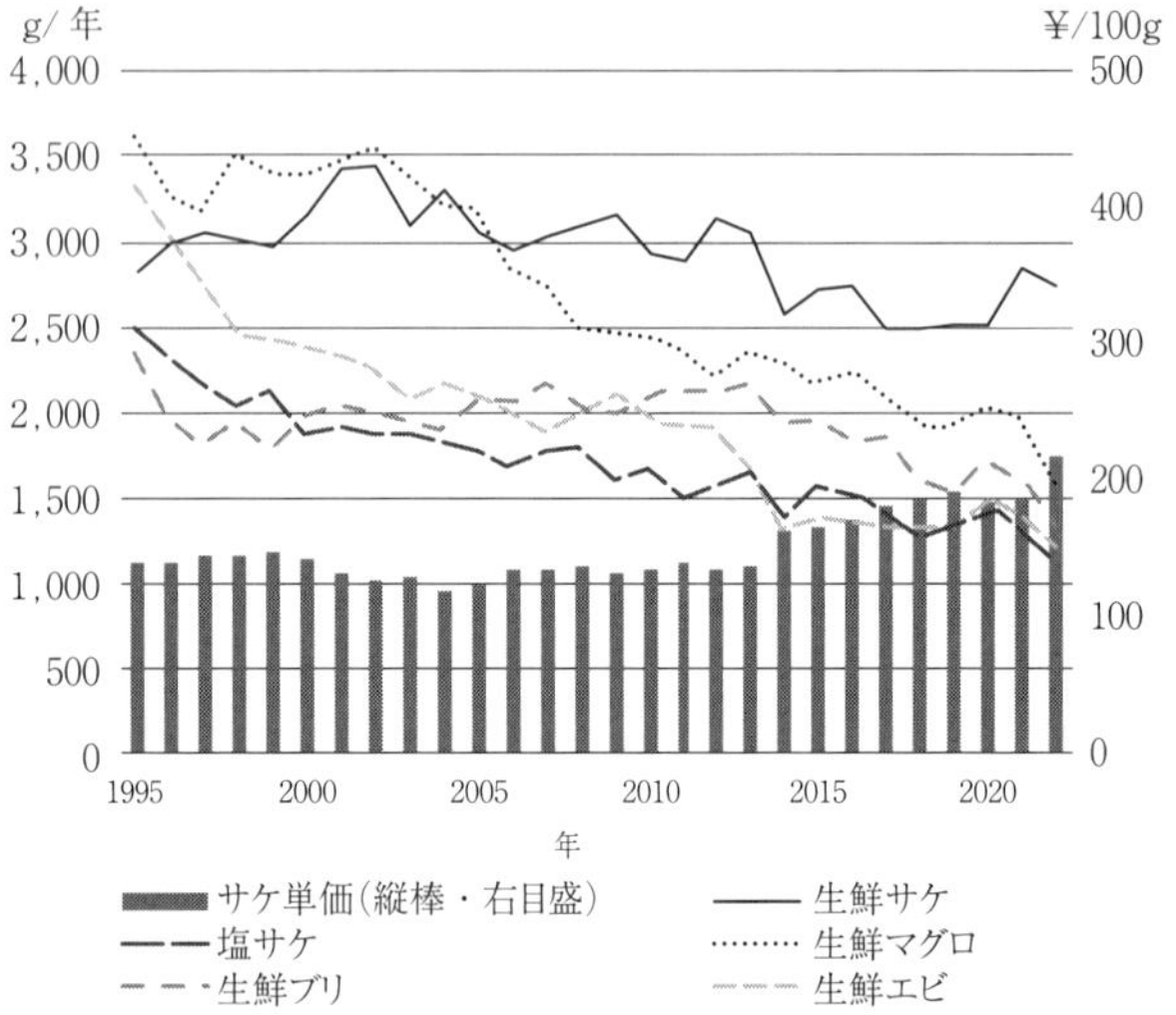

出所：総務省「家計調査」（二人以上の世帯）から筆者作成。

はじめに

消費者の魚離れが進むなか、サケは健闘している主要な食材である。図6－1に示す通り、生鮮サケと塩サケを合わせると、1人当たり年間購入数量・金額は2022年3・9kg・7159円と魚介類の中では最大品目である。特に生食商材となってから消費が伸びた。日本全体では2022年の国内消費仕向量が35万トン、自給率が37%で、魚介類全体の自給率（54%）より低いのは、サケが好まれすぎて国内供給が追い付いていないせいでもある。[1]

サケは天然漁獲、養殖生産、輸出、輸入、漁場も海面、内水面と漁業統計ジャンルのすべてにお目見えするが、このような例は珍しい。人気の釣り種目でもあり、イクラも採れる。日本で獲れる天然のサケは生食できないが、輸入される養殖サーモンは生食でき、どちらも日本人の食生活にすっかりなじんでいる。そこで本章ではサケ・サーモンに焦点を当て、その光と影を浮き彫りにしたい。

シロサケ（秋鮭）の一生

筆者は関西の生まれなので、東京で暮らし始めた頃は、秋になるとスーパーでのぼりまで立てて「秋鮭」というものが売り出されるのを物珍しく思ったものだ。アキサケ（秋鮭）とは、産卵のため日本の河川を遡上してくるシロサケを指す。[2] 秋に遡上するのでアキサケと言う。身肉を食べるよ

1　２０２２年の国内生産量（海面漁業912＋海面養殖業202＋内水面漁業99＋内水面養殖業65）＋輸入量（２３００）－輸出量（１２８）。数値の単位は１００トン。出所は国内生産量が農林水産省「漁業・養殖業生産統計（令和４年）」、輸入量・輸出量が農林水産省「農林水産物輸出入情報（令和４年12月）」（原典は財務省「貿易統計」）。サケの自給率は上記数値から算出、魚介類の自給率は農林水産省「食糧需給表　令和４年度」による。

2　シロサケの標準和名は「サケ」で、「シロサケ」は通称だが、一般名としての「サケ」と混乱するので、本章では標準和名を用いず、「シロサケ」（＝アキサケ）を用いる。

りイクラを採るのが主目的な面もある。図6－2はサケの増殖河川を示している。太平洋では茨城県以北、日本海では石川県以北の、少なくとも261の河川にサケが遡上しており、東日本がいかにサケの恵みに満たされているかが実感できる。[3]

シロサケの一生を簡単におさらいしておこう。9月～12月、シロサケが河川で産卵・放精すると、親はそのまま息絶える。やがて卵がかえって稚魚となり、3～4か月を川で過ごした後、春先に雪解け水とともに川を下る。河口付近にさらに2～3か月滞在した後外洋に出て、オホーツク海からアラスカ湾までの北緯高緯度地域で索餌・回遊しながら2～8年を過ごす。9月～12月に産まれた川、すなわち母川《ぼせん》へ回帰し、産卵・放精し、息絶える。[4] 母川への回帰時期は産まれて4年後が最も多い。物理的には外洋を回遊中に漁獲することができ、かつて日本でも北洋さけ・ます漁業が盛んに行われていたが、サケ資源は回帰する沿岸国のものであるという「母川国主義」が海洋秩序となったため、制度上、回遊中に漁獲することはできなくなった。

イクラと白子で待遇に違い

イクラは食用と増殖用の2つの用途のため採取される。母川を目指して戻ってきたサケの一部は、目当ての川を上る直前に、河口付近に仕掛けられた定置網で漁獲される。[5] これは食用である。漁獲後手際よく雌雄に分類され（もちろん分別は熟練の技）、オスはそのまま加工業者に販売、メスは別

図6-2　さけ・ます増殖河川とふ化場マップ（2004年度）

出所：国立研究開発法人水産研究・教育機構 北海道区水産研究所ウェブサイト「増殖河川とふ化場マップ（平成16年度）」（https://salmon.fra.affrc.go.jp/zousyoku/mapH16/rvr_hty_map_h16.htm）より2023年12月20日検索取得し、北海道と本州の配置図を結合した。

室に案内してイクラを取り出す。イクラは丁重に加工・販売され、残ったサケの身肉はまとめて売られる。実は卵や白子を宿したサケの身はあまり高品質ではない。食べずに放っておけという意味でホッチャレと呼ばれたり、猫も食べずに通り過ぎていく魚という意味でネコマタギとも呼ばれたりする。一生のうちに何回も産卵する魚が多いなか、サケは一生に一度だけ子どもを産み、その後は死亡するため、川を遡上して産卵・放精するためのエネルギーだけ残しておけば、あとの養分をすべて子孫に明け渡しても良いからである。

　イクラを採取するもう1つの理由は増殖のためである。定置網をすり抜けて遡上を開始したサケは川の中下流でウライという仕掛けによって採捕され、隣接する採卵場に運ばれる。イクラは全量採取されるが、ここでは一部の白子にも活躍の場が与えられる。筆者が見学した宮城県南三陸町の志津川岸の採卵場での人工受精作業はといえば、たらいの中に腹から取り出した何尾分ものイクラをたっぷりと入れ、その上から洗面器に絞り出したクリーム状の白子をたらし、ゴム手袋をしたふ化場職員がゆっくりかき混ぜるというものだ（章扉写真）。「こんなことで命が宿るのか？」と疑いたくなるほど、その作業は大雑把に見えた。その後ふ化場に運ばれて、流水の中で発眼卵から稚魚になり、5cmほどの大きさに育つ春先に、河川から放流する。[6] この後は天然のシロサケと同じルートをたどる。定置網もウライもすり抜けることができたサケはごく少数だが、それらはさらに河川を遡上して自然産卵する。

ふ化事業に負のスパイラル

ふ化場は図6－2に示すように全国に261か所（2004年）あり、その半数が北海道にある（水産研究・教育機構　水産資源研究所　さけます部門 2022）。自然産卵に任せるより効率がよいという考えからサケの遡上河川のほとんどに設立されてきたが、近年運営費用のひっ迫もあり、その数は徐々に減って2021年には220か所になっている。ふ化場の運営費は河口で食用に漁獲したサケの販売金額のうち4％程度を徴収することによって賄われている。[7] しかしこのふ化事業に暗雲が立ち込めている。問題はサケの回帰率が低下してきていることにある。

サケの回帰率は当該年のサケ来遊数を4年前の放流尾数で除して求める。回帰率は2004年に

3　この図は2004年時点でのさけ・ます増殖河川を示したものであり、これ以外にもサケが遡上する河川はある。261という数値は増殖河川に設けられた2004年当時のふ化場の数である。後述するように、増殖事業は縮小傾向にあり、2021年は220カ所となっている。

4　マルハニチロ・ウェブサイト「サーモンミュージアム鮭なんでも辞典 サケの回遊ルート」（https://www.maruha-nichiro.co.jp/salmon/jiten/jiten03.html より2023年12月20日検索取得）より。

5　このほか刺網や釣りでも漁獲されるがその量は少ない。

6　ふ化場で発生するネコマタギも加工用に販売され、有効利用されている。

4・19％程度だったのが、以後低下し、直近の2022年には1・93％程度にまで落ち込んでいる。この間、放流尾数は2000年の18・3億尾から2018年の17・8億尾に減ったが、4年後の来遊尾数は7600万尾から3400万尾へと激減している。[8] 当然漁獲量が減り、ふ化場の収入も減るため、運営が厳しくなるだけでなく、ふ化場が採取できるイクラの数も減ってしまうため、4年後の来遊数も減ることがあらかじめ予想される、という負のスパイラルだ。

生物多様性への配慮

ふ化事業を見直そうという議論はあちこちから出ている。外敵のいないふ化場で餌まで与えて育てているから、河川に放流した途端、待ち受ける魚の格好の餌食になるという意見もある。[9] また、生物多様性の観点からふ化方針を見直す考えもある。環境省によると生物多様性は①生態系の多様性、②種の多様性、③遺伝子の多様性の3つのレベルからなるが、[10] このうち③遺伝子の多様性に関して、井田（2013、31頁）は「一部の親魚の中流域への放流を行うだけで、野生に近い部分集団の維持が可能となる」と提案し、森田・大熊（2015、193－194頁）は、「家魚化の問題を回避し、遺伝的に健康な放流種苗を担保することや、自然再生産そのものを活用した漁業資源造成も検討する必要がある」と述べている。

自然産卵で産まれて、母川に戻るサケの数は来遊尾数の1～3割にすぎないが、[11] 自然産卵の回帰率は孵化場の回帰率より高いので、もっと獲り残すべきだということである。[12] 産卵後に息絶えたサケの死骸が河川に取り残されることになるが、それもまた他の生物の餌として、土や水の養分として生態系の一部を構成している。獲り残したサケの死骸が放置されることも生物多様性のうち①生

7　サケ定置漁業者のほか、漁協や市町村も一定金額を支払っている。（一社）日本海さけ・ます増殖事業協会ウェブサイト（http://www.nihonkai-sake-masu.or.jp/index.html）、（公社）北海道さけ・ます増殖事業協会ウェブサイト（http://sake-masu.or.jp/html/01-01.html）、（ともに２０２３年12月20日検索取得）を参考にした。

8　水産研究・教育機構ウェブサイト「主な道県におけるサケの放流数と来遊数及び回帰率の推移」（http://salmon.fra.affrc.go.jp/zousyoku/fri_salmon_dept/ok_relret.html より２０２３年12月20日検索取得）による。２０２２年は本書執筆時の最新データであるためこれを掲示したが、その前の３年間の来遊数はもっと少なく、回帰率はもっと低い（１・12～１・24％）ことを注記しておく。地域別では概して北海道の回帰率が高く、２０２２年も３・05％が回帰したが、本州の回帰率は０・12％と例年に比べても低くなっている。

9　春日井（２０１１）によると、２００４年、北海道・植別川における人工ふ化魚の河川内回帰率が０・００６７％であったのに対し、自然産卵魚の回帰率は０・２９８１％と人工ふ化魚の45倍であった。

10　環境省ウェブサイト「生物多様性とはなにか」（https://www.biodic.go.jp/biodiversity/about/about.html より２０２３年12月20日検索取得）より。

11　清水幾太郎氏の２０１８年６月18日書簡より。

態系の多様性や②種の多様性の観点から見れば無駄なことではないという考え方もできる。

ふ化場においても、採取したイクラはよほど未成熟でない限り全量ふ化に向けていたが、白子はかつて体格の良いオスを選別して利用していた。今日ではオスもメスと同等数使うようにして、③遺伝子の多様性を確保するようになっている。[13]

ネコマタギの復権

サケは北緯高緯度地域に生息する魚種だったため、熱帯域や南半球の人々にはなじみがなかった。また、北半球といえども中国や韓国の河川への遡上量は少ない。[14] サーモン養殖が盛んになって生産量が増え、食の多様化によって新しい素材に食指が動く人が出てきて、サケが世界中で消費されるようになった。しかし養殖サーモンは高級品だ。そんななか、日本のネコマタギが安いことが世界的に知られ、買い付けが入るようになった。2003年のシロサケの北海道産地市場価格は180円／kgで、同時期のノルウェーサーモンの輸入価格533円／kgに比べて格段に安い。豊漁で安価だったこの年には約6・4万トンが中国、タイ、台湾に輸出されていたが、2022年時点では北海道産地市場価格が784円／kgに上昇し、輸出量は約1・3万トンに減り、それらは日本からベトナム、中国、タイに輸出されている。[15]
サケの漁獲量が減ってサケ本体の価格が上昇すると、身肉を捨てたり輸出したりせず、日本国内で大切に使おうという機運が生まれてきた。伝統的な加工方法が見直され、山形県・青森県で鮭とばという乾燥肉が、北海道で鮭節が生産されるようになった（清水２０１８）。他の部位についても、サケの皮をおつまみとして売り出したり、頭からＤＨＡ・ＥＰＡなどの油やコンドロイチンを取り

12　北海道の千歳川にはサクラマスも遡上する。天然魚を保存すべきだという考えに基づき、２００９〜２０１０年に行った調査結果が水産研究・教育機構 北海道区水産研究所ウェブサイト「千歳川上流域サクラマス調査」（http://salmon.fra.affrc.go.jp/zousyoku/chitose/chitose.htm#02より２０２３年12月20日検索取得）に掲載されている。

13　注11に同じ。

14　中国では黒竜江（アムール川）に、韓国では半島の東岸にある蹌津江から杵城市までの間の１１８河川に遡上する。中国については清水（２０１１）に「黒竜江産（地元産）のシロザケやイクラ」（13頁）との記述がある。韓国については関（２００５）より。

15　北海道産地市場価格、２００３年はe-Stat「平成15年水産物流通統計年報」（https://www.e-stat.go.jp/stat-search/files?page=1&layout=datalist&toukei=00500228&tstat=000001015640&cycle=7&year=20030&month=0&tclass1=000001019834&tclass2=000001033338）から、２０２２年は漁業情報サービスセンター「水産物流通調査」（https://www.market.jafic.or.jp/）から、「漁港別品目別上場水揚量・価格」の北海道太平洋北区計と北海道日本海北区計のさけ上場水揚げ量・価格を取り、その加重平均値を示した。２００３年、２０２２年の輸出入価格はともに農林水産省「農林水産物輸出入概況」（https://www.maff.go.jp/j/tokei/kouhyou/kokusai/）（原典は財務省貿易統計）から取得した。いずれも２０２３年12月20日検索取得。

図6-3　サケ・マスアイテムのポジショニング

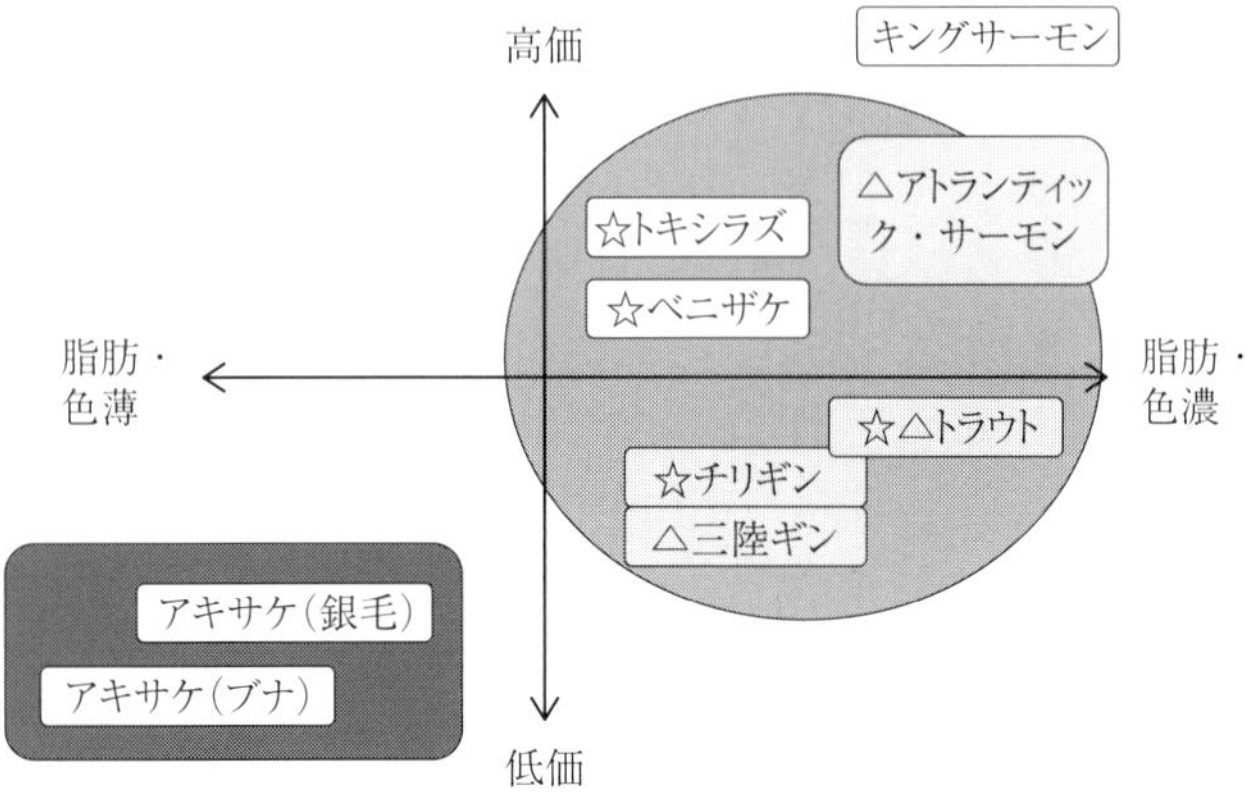

注：図中の白抜きは天然、灰色は養殖を表す。☆印は塩蔵原料、△印は刺身用を表す。
出所：佐野（2014）、p.35。

出したり、中骨は缶詰に、白子の抽出物も利用されるようになっている。こうしてネコマタギは希少性が認識されて、ようやく経済財として復権しようとしている。

ここまでシロサケについて綴ってきたが、日本、とりわけ北海道にはこのほかにもカラフトマス、サクラマス、ベニザケが遡上する。サケ流通の研究者で食通でもある佐野雅昭氏が作成したサケ・マスアイテムのポジショニング（図6－3）を参照しつつ、サケの種類を確認しておこう。ただし、サケは種類が多いうえに同一種でも呼び名が多々あるので、すべて紹介されているわけではないことをあらかじめお断りしておく。本章でこれまで力説してきたシロサケ（アキサケ）は低価格・低脂肪で残念なポジショニングである。「ブナ」とは例のネコマタギのことで、「銀毛」とは生殖器官が発達途上なため身肉に養分があるものをいう。これらは円内にある上位グループと代替性がない。円内のトキシラズもシロサケだが、まだ未成熟なため身肉が美味しい高級品だ。アトランティック・サーモン（以下、大西洋サケ）とトラウト以外はパシフィック・サーモン（太平洋サケ）に分類される。図に描かれていないカラフトマス、サクラマスも太平洋サケである。

世界の主流は養殖生産

世界のサケ養殖は、大西洋サケと、ニジマスに代表されるトラウトで盛んに行われている。大西洋サケの天然漁獲量は非常に少なく、生産量の99・９％が養殖である。トラウトは元々内水面で一生を過ごす「陸封型」のサケ・マス類を指していたが、今日では海面養殖も行われるもので、世界の生産量１０６万トン（２０２１年）の99・９％が養殖である。[16] これに対して太平洋サケは天然ものの占める割合が81％と高い。シロサケ、ベニザケは天然のみであり、養殖対象となっているのはギンザケ、キングサーモン、カラフトマスである。このうち統計上ではキングサーモンの養殖はニュージーランドのみで、カラフトマスはロシアのみで確認でき、ギンザケを養殖しているのは日本

16　ＦＡＯの統計「FishStatJ」による。以下同じ。

図6-4　サケ・サーモン生産国の地理別・天然養殖別・魚種別マッピング（2021年）

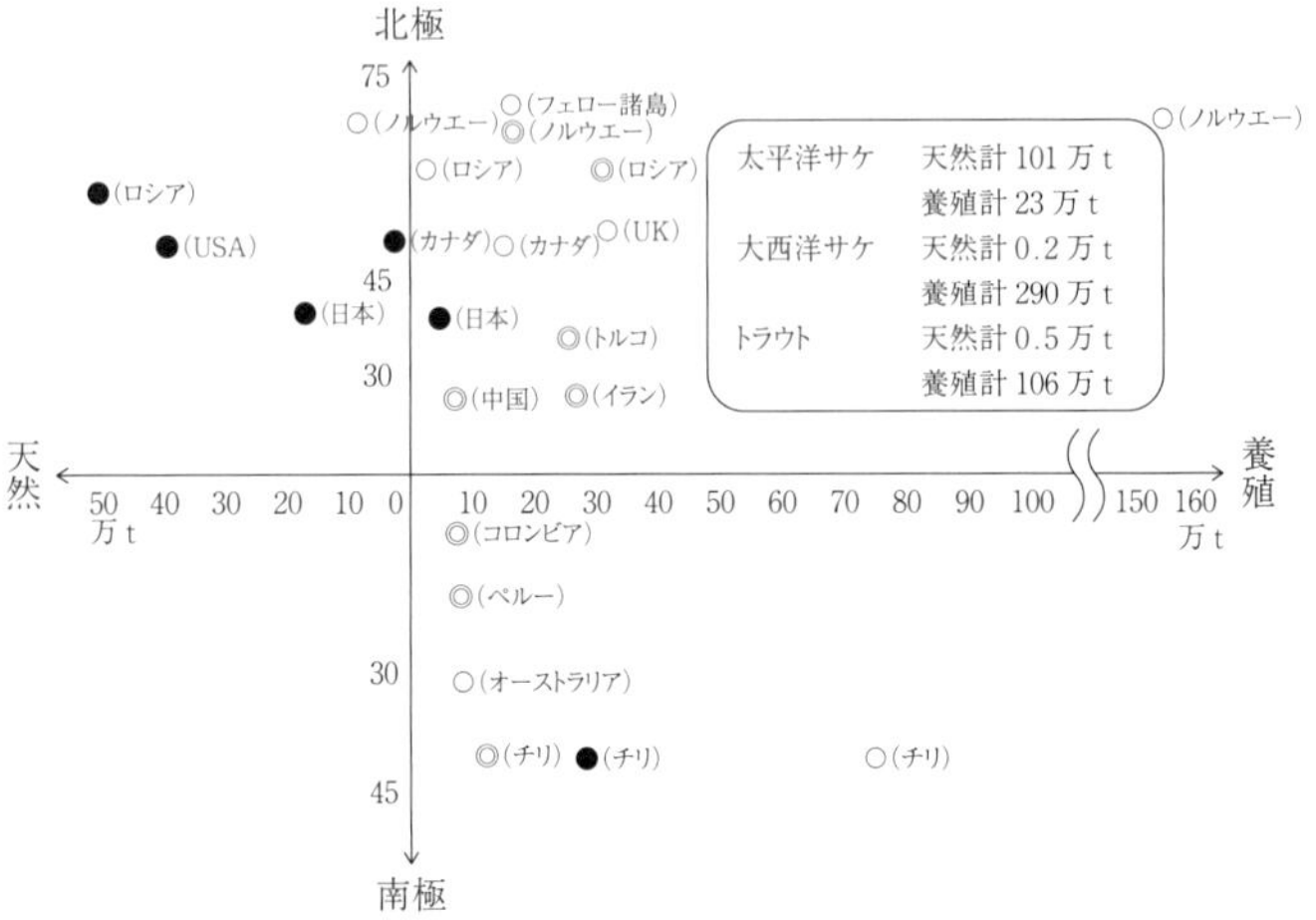

注：●は太平洋サケ、○は大西洋サケ、◎はトラウト（主として淡水）を示す。
出所：Fishstat J, 2021年から筆者作成。

とチリである。

ここで世界の中での日本のサケの生産をポジショニングしておこう。天然物では日本はロシア、米国に次ぐ第3位のサケ大国であるが、世界の主流は養殖生産であり、その規模は文字通り桁違いに大きい。これを視覚的に示したのが図6－4で、筆者渾身の作品なのだが、難点は一目瞭然とはいかないことである。少し説明させてもらおう。

図の左側に天然、右側に養殖生産量をマッピングした。原点から左右に離れるほど生産量が多い。縦軸は緯度（北緯と南緯）で生産国のおおよその位置を示している。既述のようにサケは大要、太平洋サケ、大西洋サケ、トラウトに分かれるが、太平洋サケに●印、大西洋サケに

○印、トラウトに◎印をつけることで種類を視覚的に表現した。この図から、天然サケは第4象限にしかなく、北半球の限られた国でしか獲れないこと、サケが遡上する国の中で日本はかなり低緯度にあることがわかる。天然サケがずいぶん南まで戻ってきてくれるのは水温が低いためなので、千島海流、リマン海流などの寒流に感謝しておこう。

天然ではロシアの54万トンが最大だが、養殖生産では大規模養殖をするノルウェーが156万トンと群を抜いている。ノルウェーはフィヨルドを利用した大生産地として発展した。マリンハーベスト社など3社で生産量の半分を占めるガリバー型寡占となっている（池田 2013）。ノルウェーではこの大西洋サケのほかにニジマスも10万トン生産している。

チリギンと宮城産銀ザケ

ノルウェーに次いで養殖生産量が大きいのがチリで、大西洋サケ、太平洋サケ（チリギン）、トラウト（ニジマス）を合わせると同国での生産量は100万トンとなる。チリでのサケ養殖の発端は1980年代に国際協力事業に基づき日本のふ化技術を移転して開始したギンザケ養殖の開発輸入だった。こちらもパタゴニアのフィヨルドを養殖場にしている（清水 2009）。「チリギン」と呼ばれる塩ザケは量販店の定番商品であり、チリギンの輸出量12万トンのほとんどを日本が輸入している。一方、大西洋サケはチリギンの3倍以上の生産量があり、チリの目はもはや世界に向いているのだ。チリの養殖場もノルウェーほどではないが大規模で、マリンハーベスト社が首位を占めている（池田 2013）。成長産業化を目指す日本としては、開発輸入から始まったのに本家である日本を追い抜いたチリの養殖戦略も研究すべきだろう。

チリ以外では、南半球（図6-4の横軸より下）に養殖生産実績のある国は少ない。次に示すように、北半球では結構な数の国々が養殖生産をしていることを勘案すると、南半球の国々ではまだサケを食べる習慣が根付いていないからかもしれない。

さて、その北半球では、多くの国が5万トン未満の規模で養殖を行っている。図が混み合うので描き切れなかったのだが、アイスランド、フランス、米国、デンマークが3~5万トン、ポーランド、スペイン、ニュージーランド、フィンランド、スウェーデン、ドイツが日本（1・9万トン）と同程度の生産をしている。図に入れた中国は日本の倍の3・6万トンの規模である。これらのうち2000年以降にサケ養殖を始めた新規参入組はアイスランド、スウェーデン、ニュージーランド、中国で、他国は昔から養殖していた。特にこのところはトラウト（ニジマス）の生産が伸びている。次に述べる「ご当地サーモン」は日本だけのものではなく、世界の津々浦々に存在するのかもしれない。

日本のギンザケ養殖は三陸で行われてきた。岩手県と宮城県の内陸部の養魚場で稚魚を育て、海水温が下がる10月末に宮城県の海面養殖場へ移し、4月~8月の出荷時期まで飼育する。発眼卵は当初米国から輸入していたが、防疫上の観点から輸入が禁止され、北海道にある2か所の養魚場で飼育した稚魚を用いるようになった。１９９２年のピーク時には２・２万トンを生産し６００円台／kgで出荷していたが、品質・価格面で後発のチリギンに押され、生産量は半減、価格も４００円台／kgに下落していた[17]。ところが意外なことがきっかけとなり、サケ養殖が再び、日本全域に広まっている。

ご当地サーモンがブームに

きっかけは２０１１年の東日本大震災だった。東北と言っても内陸部の養魚場の被害は限定的で、ギンザケの稚魚はまだ生き残っていた。３月に大震災が起きたので、翌４月から出荷を始めようにも宮城県の海面養殖場が使えない。そこで緊急避難的に稚魚を新潟県の佐渡島の海面で受け入れてもらうこととし、宮城県の技術者もかけつけて育成を試みたところ、出荷サイズに育った。「何だ、日本海側でも養殖ができるじゃないか」ということで、翌年には鳥取県の境港も被災地の稚魚を受け入れてサケ養殖を始めた。サケ産地ではなかった場所でサケを生産することから、「佐渡サーモン」とか「境港サーモン」などと産地名を付して販売されている。

17　山尾（２０１３）14‐15頁、佐野（２００３）２０８‐２０９頁を参照。

一方、岩手県で生産した行き場のないニジマス稚魚を緊急に受け入れたのは香川県である。同県ではハマチ養殖が盛んだが、海水温度が15度を切る12月～5月に養殖できないというハンデを背負っていた。サケは寒い所の魚だから、15度以下が適温である。そこで、ハマチを引き上げた後、遊休している養殖いけすで試験的に飼育してみたところ、育った。1つの養殖いけすで2種類の生産物を生産するので二毛作である。漁業の二毛作という物珍しさも手伝って、「讃岐さーもん」という商品名とともに注目を集めている（長田 2018）。

ご当地サーモンは2022年4月現在、北海道から鹿児島県まで全国で78ブランドが生産されている。[18] 2018年4月に『月刊 養殖ビジネス』誌が「ジャパンサーモン市場の幕開け」という特集を組んだ時点では50ブランドだったので、4年あまりで28ブランド増え、自然の海や池、海水を使わない陸上養殖も数か所で始まっている。[19] 養殖されるサケの種類はギンザケ、ニジマスが中心で、他にサクラマス、イワナ、大西洋サケ、キングサーモンも養殖され始めている。産地によってサケの味にそれほど違いが出るわけではないが、餌を工夫したり異種を掛け合わせてハイブリッド化したりして、どこも地域色を出そうとしている。マスコミでも時折ご当地サーモンの取組が紹介されることから、今後も供給地が増え、需要面でも旅先でご当地サーモンを食べるとか郷里のサーモンを取り寄せるなどと広がりが出て、市場が拡大すると期待される。

サケにオランダ病?

ご当地サーモンは、漁業起死回生の１つの起爆剤になるだろう。それにつけても不可解なのは、なぜ今までサーモン養殖に手を出さなかったのかということだ。日本人は自らチリでのサーモン養殖に進出し、ノルウェーの大成功を見ていながら、そしてサケを好んで食べる厚い消費者層がすでに存在することがわかっていながら、国内のサケ養殖は宮城県の銀ザケのみに留まっていた。サケの天然資源に恵まれすぎて養殖しようと思わなかったのか、北の魚だから魚類養殖の盛んな西日本の養殖業者の目に止まらなかったのか。自由に養殖種目を変えられない日本の漁業権制度にも原因はある。[20]

筆者は常々、「水産業は日本のオランダ病ではないか?」と疑っている。「オランダ病」とは資源

18　『みなと新聞』「ご当地サーモン78銘柄生産量一挙掲載」２０２２年5月11日号。

19　２０１5年のブランド数は、長田（２０１８）5頁（原典は今井智氏作成）による。閉鎖式陸上養殖場でのサーモン養殖については山本（２０２２）による。ノルウェーの企業も日本での陸上養殖に参入している。

20　漁業権制度については本書第2章で解説している。

が豊富な国がそれを輸出することで国際収支が黒字化し、為替レートが切り上げられ、資源以外の貿易財の国際競争力が低下し、他の生産部門の縮小と失業を招く現象を指す（速水2000、119－121頁）。石油ショック下のオランダで天然ガスが開発され、国際収支は改善したが、かえって国内産業の衰退と失業の拡大を招いた経験に基づいて、この名がつけられた。天然資源を持つ国の陥りやすい罠として知られている。かつて筆者がオランダ病について学んだときには、そもそも日本には天然資源がないから、オランダ病とは無縁なのだと教わった。しかし漁業資源・水資源があるではないか！

サケにオランダ病を当てはめるのは大げさすぎるし、水産物貿易に国際収支を動かすほどの力はないが、貿易や為替レートなど、マクロ経済への影響の部分を飛ばして考えるなら、当てはまらなくもない。日本で養殖業がもっと発展し、国内供給の柱となるだけでなく、輸出産業にさえなりうるポテンシャルがあるにもかかわらず、他の養殖大国――ノルウェーしかり、チリしかり、中国しかり、東南アジア諸国しかり――の後塵を拝するようになった原因は、天然魚が豊富だったからではないかと思われてならない。本章の冒頭に示した通り、サケは関東・北陸以北のあらゆる川を遡上してくる自然の恵みである。獲れすぎたサケをどう保存して食べようかに腐心することはあっても、ほんの最近まで養殖しようという発想には至らなかったのだろう。

これは水産物全般に当てはまることだ。すでに世界では漁業生産量の46％を養殖生産が占めているが、日本では23％にとどまっている。[21] 四方を海に囲まれて海岸線が長く、内陸部にも清涼な水がたっぷり流れていて、養殖漁場候補地はごまんとあるのに、しかも養殖業を発展させるのに必要な技術――エンジニアリングもバイオテクノロジーも――は日本のお家芸ではないか。

ただし、裏を返せば養殖業を軸とした成長産業化のポテンシャルは高いということでもある。これから日本は養殖の時代、そのけん引役がご当地サーモンだ、と考えると未来が明るくなる。

成長産業化への課題

検討すべき課題もある。第１は生産規模の小ささである。図６－４に示した諸外国の養殖規模と比べるまでもなく、１ブランド当たりの養殖生産量は長野県（信州サーモンと推測される）の１２０0トン（２０２２年）が最大で、国内計でも６５００トンと、宮城県の海面で行われる銀ザケ養殖生産量１・７万トンと比べても小規模である。[22] やがてブランドが林立し、物珍しさが失われていくと、価格の低下に伴って規模の経済性を考慮した産地内・産地間の統合が始まるだろう。

第２は生物多様性の問題である。ギンザケは北米からの移入種であり、サクラマスの発眼卵は北海道など天然サケが遡上する地域から調達しているため、本州の養殖場にとっては外来種である。

21　ＦＡＯの統計「FishStatJ」による。

網の破損や高潮などで養殖池や海面いけすから魚が逃げ出すと、地元の固有種を駆逐したり、固有種と交配して生態系を撹乱させたりする危険がある。[23]水産研究・教育機構　北海道区水産研究所さけます資源研究部（２０１７）も、北海道の種卵を本州などへ長距離移動させることを極力避けるべきだとの見解を示しており、その理由として在来個体群の持つ遺伝的多様性・固有性の喪失、防疫上のリスクを上げている。しかしすでに交配種を養殖しているところもある。今後、稚魚の供給量が増えるにつれて遺伝子の多様性が損なわれないかにも目配りする必要がある。

第3に魚病の蔓延を懸念する研究者もいる。米国ではすでに成長が早くなるよう遺伝子組み換えを施されたサケが開発されているが、魚病対策においても遺伝子組み換えが1つの手段になる可能性がある。これをわれわれが受け入れるかどうかも今後の問題だ。

欧米の富裕層の間には天然回帰の動きがある。養殖魚自体の薬物汚染、養殖魚がもたらす海洋汚染や生物多様性などの外部不経済を考慮して、天然のサケを好んで購入する層である。[24]日本の消費者にもこうした意識が芽生えたなら、養殖サケブームにブレーキがかかるだろう。サケ養殖は生物多様性問題と隣り合わせであることを認識するとともに、日本の天然サケ資源の保全にも配慮することが必要となる。

参考文献

Shimizu, Ikutaro（2018）"Impacts on farmed salmon escape onto Pacific and Pacific Salmon invasion in Atlantic

(Proceedings)," The 33rd International Symposium on Okhotsk Sea & Polar Oceans, pp.307-310.

池田成己（２０１３）「ノルウェーサーモンの養殖管理とマーケティング」『アクアネット』２０１３年11月号、32－35頁。

井田齊（２０１３）「サケ増殖事業を考える」『アクアネット』２０１３年11月号、26－31頁。

春日井潔（２０１１）「自然産卵するサケの回帰」『試験研究は今』№６８４、１－２頁。

佐野雅昭（２００３）『サケの世界市場―アグリビジネス化する養殖業』成山堂書店。

佐野雅昭（２０１４）「日本をとりまくサケビジネスの動向」『北日本漁業』42号、29－38頁。

清水幾太郎（２００９）「秋サケを巡る環境変化に増殖事業の現場はどう対応してきたか」『漁業と漁協』第47巻８号（通号５５８）、22－25頁。

清水幾太郎（２０１１）「中国におけるサケ類の流通消費」『SALMON 情報』第5号、12－14頁。

清水幾太郎（２０１８）「サケ定置網漁業による六次産業化と漁村活性化のための課題」『地域漁業研究』第58巻1号、20－29頁。

22　内水面のマス類養殖（長野県）と海面の銀ザケ養殖（宮城県）の比較である。前者は水産庁（２０２２）「令和4年　漁業・養殖業生産統計」の２（３）内水面養殖業県別魚種別収穫量を、後者は１（７）県別養殖魚種別収穫量を参照した（https://www.maff.go.jp/j/tokei/kouhyou/kaimen_gyosei/より２０２３年12月20日検索取得）。この統計には内水面養殖品目としてはにじますとその他のます類の2項目のみ、海面養殖品目としてはぎんざけのみしか統計項目が立てられていないため、これら以外のサーモン養殖の生産実態は把握できていない。

23　Shimizu（2018）は米ワシントン州と英スコットランドで生じたこの問題に言及している。

24　米国製の鮭缶に、「天然のサケ」という表示がされているものがある。

水産研究・教育機構　北海道区水産研究所　さけます資源研究部（２０１７）「さけ・ます増殖事業における種卵の長距離移植に対する考え方」２０１７年9月14日付、１－12頁（https://www.fra.go.jp/shigen/salmon/publications/files/isyoku.pdf より２０２３年12月20日検索取得）。

水産研究・教育機構　水産資源研究所　さけます部門（２０２２）「さけます人工ふ化放流計画集録（令和４年度）」。

関二郎（２００５）「韓国におけるサケの増殖事業と研究」『さけ・ます資源管理センターニュース』第15号、８－11頁。

長田隆志（２０１８）「「ご当地サーモン」の急増と差別化の課題」『月刊養殖ビジネス』２０１８年4月号、４－７頁。

速水佑次郎（２０００）『新版　開発経済学――諸民国の貧困と富』創文社。

森田健太郎・大熊一正（２０１５）「サケ：ふ化事業の陰で生き長らえてきた野生魚の存在とその保全」『魚類学雑誌』第62巻2号、１８９－１９５頁。

山尾政博（２０１３）「特集　東日本大震災からの水産業の復興　銀ザケ養殖産業の場合」『漁業と漁協』第51巻７号（通号６０５）、14－17頁。

山本義久（２０２２）「閉鎖循環式陸上養殖　我が国の現状と事業性評価」『月刊養殖ビジネス』２０２２年8月号、11－17頁。

第7章

資源ナショナリズム

マグロは誰のものか

パヤオ監視役のパンプボートが漁獲した日本向け刺身用キハダを運搬する力持ちの荷役（フィリピン・ゼネラルサントスにて1997年9月2日筆者撮影）

はじめに

「マグロが食べられなくなる日も近い」という言説は繰り返されてきた[1]。日本ではマグロの家庭内消費量はサケに次いで2番目に多いが、食べていても大丈夫だろうか。図7－1に日本でよく消費されるマグロ5種をポジショニングした。これらはいずれも刺身や寿司ネタとして生食で食べられるが、トロが取れるかどうかで2グループに分かれる。高脂質グループは腹身の部分が大トロ・中トロなどのご馳走となるうえに、赤身の部分も色の濃い高級品である。一方、低脂質グループであるキハダの身肉はピンク色で、ビンナガの肉色はもっと淡い。

マグロは世界中の海にいるが、高脂質グループは日本市場・日本食市場でのみ高く評価される。そのため日本に売ることを目的に漁獲される。資源が危ういと言われているのはこのグループである。低脂質グループは刺身向けと缶詰向けの2つの用途があり、後者は世界市場に向けられる。

このように、一口にマグロといってもグループ別に市場の構造が異なるが、どちらの市場でも需給両面で日本の存在は大きい。そこで本章ではマグロ漁業とマグロ消費が引き起こしている諸問題を取り上げるとともに、さまざまな形でのマグロの「私物化」現象について考える。

図7-1　主要なマグロのポジショニング

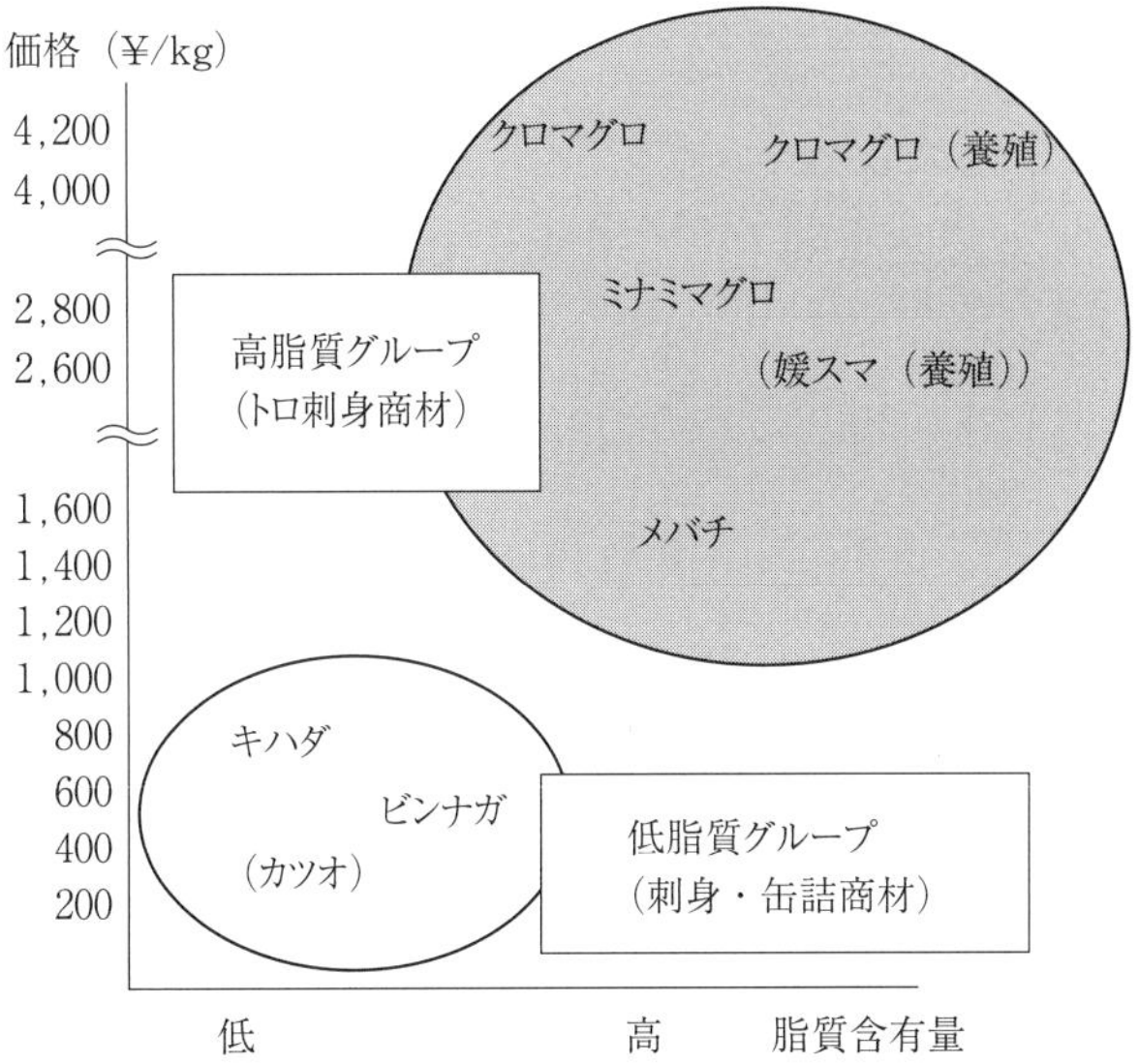

注：脂質は文部科学省「食品成分データベース」に基づき、可食部100g中の含有量で１g以下を低脂質、それ以上を高脂質としたが、スマのデータは掲載されていないので筆者予想値。価格は農林水産省「水産物流通調査」より2022年12月の生鮮・冷凍卸売市場価格の加重平均値をプロット。ただしクロマグロは生鮮のみ、ミナミマグロは冷凍のみ。括弧書きした媛スマについては本章後段で、カツオについては次章（第８章）で説明する。

出所：各種資料より筆者作成。

図7-2　主要なマグロの漁獲量推移

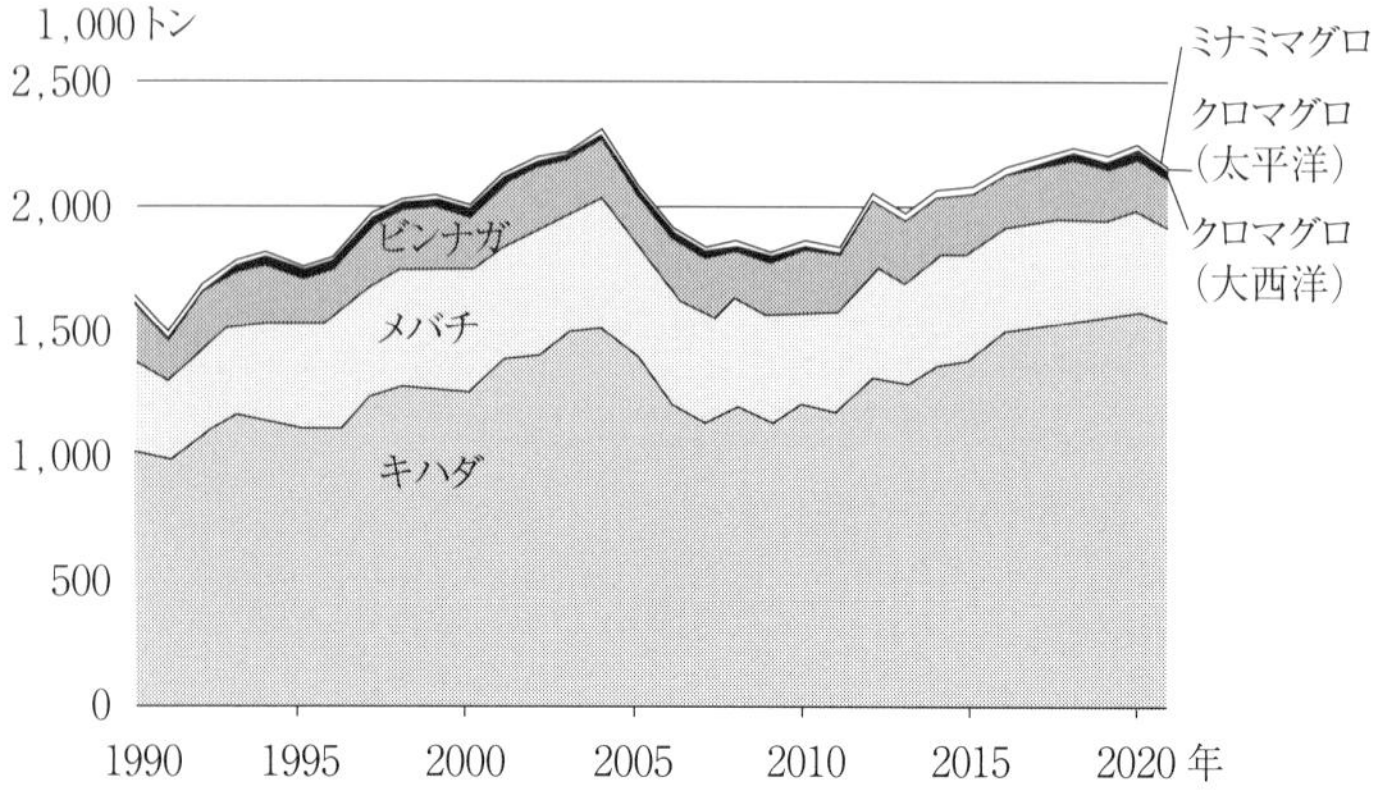

出所：FishstatJから筆者作成。

何かと話題の太平洋クロマグロ

図7－2に近年の世界の天然のマグロ漁獲量の推移を示した。ここ数年はマグロ5種合計で220万トン前後で推移しているが、なかでも高脂質グループのクロマグロやミナミマグロは合わせても5～6万トンと、他のマグロに比べて非常に漁獲量が少ない。これはもともとなる資源量が少ないことに加えて、漁獲制限がかかっているためである。クロマグロは北緯高緯度地域を回遊しており生息地別に大西洋クロマグロと太平洋クロマグロに分かれる。大西洋クロマグロは厳しい漁獲量管理の結果資源量が増えたのだが、日本近海に回遊する太平洋クロマグロの雲行きはあやしい。

日本列島を巡るように回遊している太平洋クロマグロは、2021年、IUCNレッドリストの準絶滅危惧種に掲載され[2]、乱獲は国際的にも非難を浴びている。正月の初セリで高値がついて話題になる大間のマグロも、完全養殖で名をはせた近大マグロも、稚魚が乱獲されて問題になっているメジマグロも、みな太平洋クロマグロである。利害関係者が多いので管理措置を決める会議が難航する。しかも日本国内だけでルールを決められない。なぜならマグロは以下で説明するように地域管理機関が国際管理しているからである。

マグロのように海洋を広範囲に回遊する魚は「高度回遊性魚種」と呼ばれる。１つの国が資源を減らさないよう努力しても、他国の沿岸で獲られてしまったら効果はなくなるため、その魚が遊泳する範囲にある関係国が集まって「地域管理機関」を設立し、共同で管理することとなっている。[3]マグロに関しては図７－３に示した５つの地域管理機関が設立されており、各機関内で資源評価に

1　古くは魚住（２００３）、星野（２００７）らがクロマグロを絶滅危惧種に指定することの是非について議論し、近年でもＷＷＦ、グリーンピースなどがインターネット上で警鐘を鳴らしている。ＷＷＦ「マグロをめぐる問題」２０１０年1月1日付（https://www.wwf.or.jp/activities/basicinfo/129.html）、グリーンピース・ジャパン「マグロが絶滅したらやばい、３つの理由」２０１６年7月13日付（https://www.greenpeace.org/japan/campaigns/story/2016/07/13/4513/）、ともに２０２３年12月20日検索取得。

2　ＩＵＣＮウェブサイト（https://www.iucnredlist.org/ja/species/170341/170087840より２０２３年12月20日検索取得）による。

3　こうしたルールは国連海洋法条約（ＵＮＣＬＯＳ）に基づいている。

基づいて資源管理措置を実施する。ICCAT（大西洋クロマグロを管理）やCCSBT（ミナミマグロを管理）では地域全体で獲ってよい量（漁獲可能量）を設定し、それを国別に割り当てている。割当を受けた国はその量を国内の漁業者に個別に割り当てるか、競争で獲らせて上限に達したところでその年の漁を終わらせている。日本は長年後者の方法でやってきたのだが、恥ずかしいことにかつてミナミマグロの漁船が過少報告をしており、実際の漁獲量は国の割当量をはるかに越えていたことが判明した。そのため2006年からは漁船ごとの個別割当に移行させられた。大西洋クロマグロも同時に個別割当に移行した。漁獲した魚にタグをつけて日本での水揚げ時に水産庁の担当者が照合するなど、過ちを繰り返さないための努力を余儀なくされている。

マグロは共有資源だが……

既述の通り高度回遊性魚種であるマグロは、自国の沿海で獲れるからといってもその国の漁業者が好きなだけ獲ってよいものではない。地域管理機関のメンバーみんなの国際共有資源である。これは、回遊しない魚については排他的経済水域（EEZ）を設定した沿岸国が、こと水域内に限っては漁獲する権利を有することと対照的である。ただし第1章（サバのIQ）で議論したように、ひとたび漁獲量の個別割当が実施されると、泳いでいるうちからマグロの何トン分かはその漁船のものになる。資源管理上、個別割当は有効な手段だが、「なぜ、お宅の漁船のものなのか？（しかも、

図7-3　マグロの資源管理を行う地域管理機関（設立年）と管轄海域

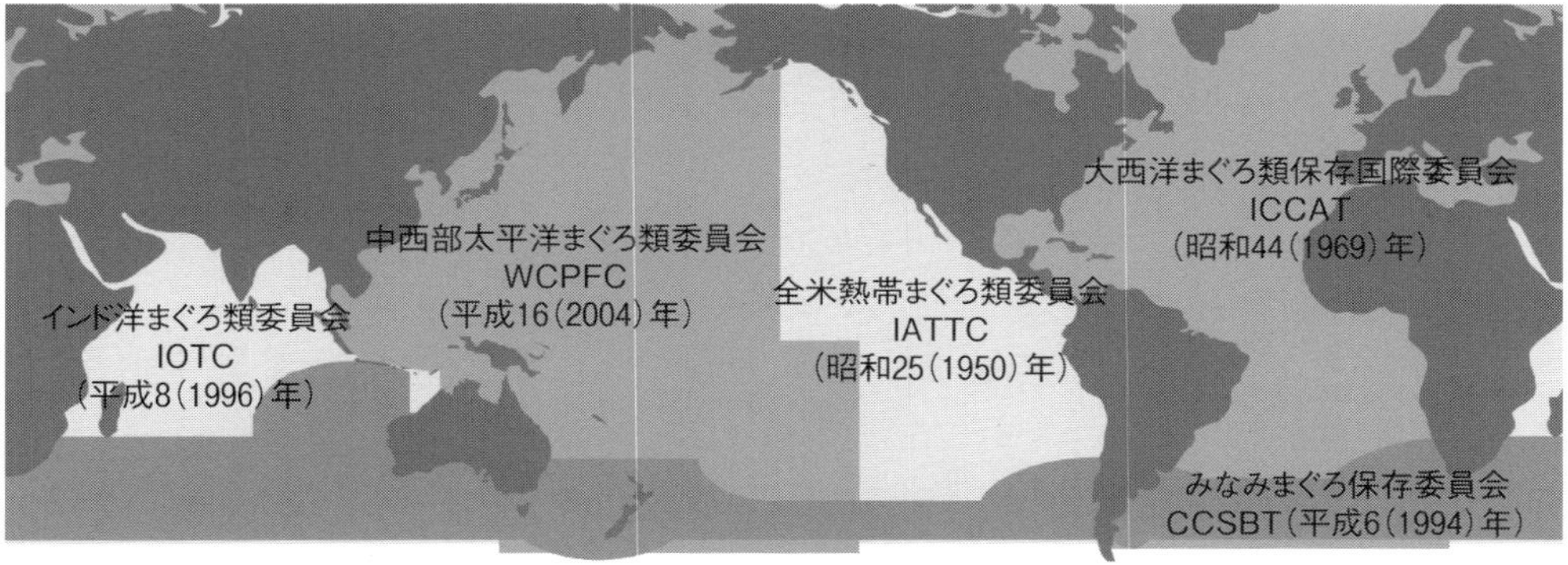

出所：水産庁（2021）『令和４年度　水産白書』「図表４－９　カツオ・マグロ類を管理する地域漁業管理機関と対象水域」より水産庁の許可を得て抜粋（https://www.jfa.maff.go.jp/j/kikaku/wpaper/r04_h/trend/1/t1_4_5.html#u より2023年12月20日検索取得）。

表7-1　太平洋クロマグロの漁獲割当量

漁獲量（t）	WCPFC	うち日本
2002-04年平均	16,041	12,897
うち30kg以上	6,591	4,882
うち30kg以下	9,450	8,015
漁獲可能量（2018年〜）	11,316	8,889
うち30kg以上	6,591	4,882
うち30kg以下	4,725	4,007
漁獲可能量（2022年〜）	12,334	9,621
うち30kg以上	7,609	5,614
うち30kg以下	4,725	4,007

出所：水産庁プレスリリース（2017）「中西部太平洋まぐろ類委員会(WCPFC)第14回年次会合の結果について」、同（2021）「同第18回年次会合の結果について」から作成。

かつて過少報告していたくせに?・）」と問い直すと、納得がいかない面も出てくる。[4]

しかも日本は「納得がいかないのはこっちのほうだ」と、諸外国から思われているかもしれない。というのは、日本は実質上唯一、すべての地域管理機関のメンバーになっているからである。[5]沿岸国に加えて、その地域で漁業をする国民のいる国が地域漁業管理機関のメンバーになることができ、機関によって6〜51か国・地域のメンバーを有している。日本は地域管理機関が設立される前からその地域でマグロを獲っていた実績があるため、メンバーの地位を獲得できている訳だ。その結果として漁業国としての相対的地位が低下した今日でも、日本への漁獲割当量は多い。[6]

5つの地域管理機関のうち日本が沿岸国でもあるのはWCPFCだけである。日本の排他的経済水域で漁獲するマグロもこの管理下にあり、太平洋クロマグロの管理が喫緊の課題となっている。

ＷＣＰＦＣで決まった太平洋クロマグロの漁獲量と日本国内での割当を表７－１に整理した。30kg以上の大型魚の漁獲枠は２０２１年、前年までの水準から15％増加された。またこの表に見るようにこの地域の漁獲枠の大半が日本に割り当てられている。２０２２年からはこの漁獲枠の遵守を徹底すべく、日本国内においても大臣許可漁業者に獲ってよい量の上限を割り当てるＩＱ（個別割当）制度が導入された。このことについては本書第1章で紹介した。本書執筆時はまだ制度導入の

4　第1章（サバのＩＱ）で紹介したように、水産庁は２０２０年12月に施行した改正漁業法において、より多くの魚種に個別割当制度を導入する方針を打ち出している。

5　韓国もすべてのメンバーではあるがＩＣＣＡＴから漁獲割当を受けていない。ＥＵはＣＣＳＢＴの「拡大メンバー（6か国外）」であり、米国は入っていない。その他4機関にはＥＵ、米国、中国も入っている。

6　たとえばＣＣＳＢＴの２０２１年から3年間の日本への年間割当量はオーストラリアとほぼ同量の６１９７トンで、全体の35％を占める。ＣＣＳＢＴウェブサイト「ホーム　みなみまぐろの管理措置　総漁獲可能量」（https://www.ccsbt.org/ja/content/total-allowable-catch）より２０２３年12月20日検索取得。ＩＣＣＡＴの２０２３年からの3年間の日本への年間割当量は東西水域合計３７７８トンで全体の８・７％を占め、ＥＵに次いで多い。水産庁「ＩＣＣＡＴ（大西洋まぐろ類保存国際委員会）「年次会合」の結果について」２０２２年11月22日付（https://www.maff.go.jp/j/pr/event/attach/pdf/kaigi_release_2211-19.pdf）より２０２３年12月20日検索取得。日本が主たる輸入先であることが、日本に相当分を割り当てさせる交渉力として働いているとも推測される。

初期なので、割当量に対する漁業者の不満、上限を超えた漁獲などの混乱が生じているが、数年もすれば落ち着くのではないかと思われる。[7]

漁獲量の減少は漁業者にとっては死活問題だ。というのも、松野ら（2010）によると、クロマグロの需要の価格弾力性はおおむねマイナス1・2～マイナス1・5の間にあるため、供給量を絞っても価格はそれほど上がらず、結果、売上が減る計算になるからである。マグロ漁業者を休業・転廃業させるコストを誰も負担できない。

大間のマグロは一本釣り漁法

日本では、5つの漁法で3つの市場に向けてクロマグロを獲っている。まず有名どころとしては、テレビ番組でお馴染みの大間のマグロがある。津軽海峡を遊泳するマグロを一本釣りで捕えるもので、大きければ大きいほど高値がつく。たとえば1尾50kgのマグロが5000円／kgで売れれば、25万円になるが、1尾100kgならその倍以上の値段がつく。とくに年末に大物を釣り上げると、豊洲の初セリで一攫千金だ。しかし一本釣りは漁法としては効率が悪く、ひと月に1尾しか釣れないこともあるらしい（＝テレビ情報）。

マグロを獲るための他の漁法として、釣り針を同時に何本も引くので一度により多く獲れるのが「はえ縄」と「曳き縄」である。はえ縄は大型のマグロを狙い、曳き縄は小型のマグロを狙う。対して「まき網」は魚群を大きな網で巻き取るので一挙に多く獲れて効率がよい。しかし大型のマグロを狙って巻いたまき網に小型のマグロがかかってしまうこともある。そもそも小型を狙うこともある。

「定置網」は網を固定して通りがかった魚が入るのを待つ漁業である。魚を追いかけまわす漁業よりエコだと優等生扱いされていたのだが、ここに小型のマグロが入ってしまうことから問題児となった。「定置網を外せ」と警告しても、漁業者側は「マグロを狙っているのではない。他の漁獲もあるから外せない」と抵抗する。曳き縄のように初めから小型のマグロを狙う漁業なら、漁獲割当に達したら漁獲を停止させれば良いのだろうが、狙ってもいないのに入ってきた小型マグロのために10数人もの従業員を抱え何10種類もの魚を水揚げする定置網漁業を停止させられるのは納得がいかない、ということである。小型マグロの漁獲制限はよほど深刻なようで、2023年4月からは遊漁によるメジマグロの釣りまで禁止となった。[8]

7　大間のマグロにも漁獲枠が割り当てられていたが、2021年8月頃からその枠を大幅に超過して漁獲していたことが経済ジャーナリストの調べにより明らかになり、有名産地なだけに世間でも話題になった。樫原（2023）参照。

8　水産庁ウェブサイト「クロマグロ遊漁の部屋」（https://www.jfa.maff.go.jp/j/yugyo/y_kuromaguro/kyouryokuirai.html）より2023年12月20日検索取得。

3つの市場の危うい均衡

クロマグロには3つの市場がある。順に見て行こう。クロマグロは約3年で30kgまで成長し再生産可能となるため、30kg以上のマグロを成魚、それ以下を未成魚という。成魚になった国産クロマグロは豊洲をはじめとする消費地卸売市場を経由して高級料理店へ行く。これが1つ目の市場である。

一方、メジマグロとかヨコワと呼ばれる未成魚には食用と養殖用の2つの市場が形成されている。未成魚は成魚よりキロ当たり単価が低いが、クロマグロの味はする。そのため、知る人ぞ知る安価なご馳走として定着していた。ところが2013年、当時水産庁の次長だった宮原正典氏は、「メジマグロを食べるのをやめよう!」とメディアを通じて消費者に直接訴えかけた。[9] 当時、漁獲規制はまだ導入されておらず、価格メカニズムも逆方向――成魚より安いからもっと食べたい――にしか作用しないなか、単刀直入に呼びかけたのである。

この訴えは、漁業者と消費者の間の情報の非対称性を解消する役割を少しは果たしたのではないか。漁業者はクロマグロ資源が減少していることも、未成魚を獲りすぎると将来の資源に悪影響を及ぼすことも知っている。ただ、自分だけが獲り控えても他の漁業者が獲ってしまうから、目の前にあれば獲るのである。こうして共有地の悲劇は起こる。[10] 流通業者も漁業者に近い情報は持っているが、「クロマグロなのに安いよ」は格好のセールスポイントになるため、消費者に売る。消費者は「安くておいしいメジマグロ」に大喜びするだけで、背後で生じている悲劇を知るよしもなかった。情報を与えることで非対称を是正するとともに消費者の行動を変えることができたわけである。ただ、メジマグロを知らなかった消費者の「へえ、そんなのがあるの。お安いんなら今度食べてみたいな」という新規需要を掘り起こした可能性も否定できない。

３つ目の市場、つまり未成魚のもう１つの需要先がマグロ養殖場である。こちらは食用よりも魚体の小さいヨコワが漁獲対象となる。筆者が訪ねた愛媛県のある漁村では、釣りでヨコワを生け捕りしてくるのが高齢漁業者の小遣い稼ぎになっていた。１尾３０００円ほどで近くのマグロ養殖場が買い取ってくれる。１日５尾も獲れればほどよい収入になる。この養殖場では、まき網で獲ったヨコワも網に入れたまま曳航し、いけすに入れている。３年程度かけて30kg超の出荷サイズにまで育てる。こうしたクロマグロ養殖場は２０２３年３月現在、九州・四国を中心に１８６か所あり、

9　『ＯＰＲＴニュースレター』第62号（２０１３年10月号）に「賢い消費者がマグロを救う」として宮原次長（当時）のインタビュー記事が掲載されている。

10　共有地の悲劇の意味については、速水（２０００、２９６頁）がHardin（1968）を引用して次のように解説している。「共有資源とは、一般に公共財の性格のうち非排除性はあるが、非競合性にかける資源を指す。このような資源については、使用について何らかの規制がない限り、すべての利用者が「ただ乗り」をしようと先を争い、その結果、資源の枯渇を招いてしまう」。

この年、58万尾（うち39万尾が天然種苗）の稚魚が投入された。2022年の養殖生産量（2・1万トン）は天然クロマグロの漁獲可能量（0・96万トン、表7－1）の2倍に上っている。[11]

「未成魚を食べるのはいけないが、養殖に回すのならよい」と言えるだろうか。マグロ養殖はマグロの青田買い、つまり早い段階での共有資源の私物化である。未成魚をわざわざ生け獲りすることは、たまたま網にかかって死亡したメジマグロを食用にするのとは動機が異なる。3年もの間餌をやってから出荷しても採算が合うのは天然成魚の希少性が価格を押し上げているからであり、天然成魚の価格が上がれば上がるほど、養殖マグロビジネスの利ザヤは増える。食用のメジマグロの価格もそれなりに上がるだろう。そして未成魚を漁獲すればするほど天然成魚は希少になり、価格が上がる。3つの市場の間では、こうした悪循環がもたらす危うい均衡が成立しており、市場同士が漁獲意欲を高めあうというアポリアが存在している。

近大まぐろへの期待と課題

この問題に終止符を打ってくれるのが「近大まぐろ」、すなわち天然種苗に頼らない完全養殖で、2004年から出荷が始まっている。2022年の出荷量は1149トンで、養殖マグロ全体の6%に過ぎないが、数量も養殖に占める割合も年々増加傾向にはある。[12]近畿大学だけでなく、大手水産会社をはじめとする民間企業も相次いで進出し、市場は広がっている。水産庁は今後、天然の未成魚を原料とするマグロ養殖場の新設を認めない方針のようでもあり、将来的には養殖においては完全養殖マグロが主流となっていくだろう。さらなる成長産業化に期待したい。

ただし、養殖には別の課題として餌問題がある。魚の重量を1kg増やすのに必要な餌の重量を増肉係数という。たとえばノルウェーサーモンは1・2、ブリは2・8であるのに対して、マグロは14〜17と高い[13]。これは、サーモンやブリには水分の少ない加工飼料を用いるのに対し、マグロにはアジ、サバなどの生餌を与えているためでもある。これではいくら資源に優しい人工種苗だといっても、養殖マグロを1kg食べるより、天然のアジ・サバを10kg食べたほうが資源に優しいのは明らかだ。マグロの餌も研究開発中であろうが、増肉係数を下げる研究にも期待したい。

11　データは水産庁プレスリリース「令和4年における国内のクロマグロ養殖実績について（速報値）」2023年3月31日付（https://www.jfa.maff.go.jp/j/tuna/maguro_gyogyou/attach/pdf/bluefinkanri-9.pdf）より2023年12月20日検索取得。

12　水産庁、注11プレスリリース参照。

13　水産庁（2014）、高橋（2017）のデータ。近畿大学水産研究所ウェブサイトでは係数は13としている。

図7-4　愛媛大学のスマ次世代育種システム

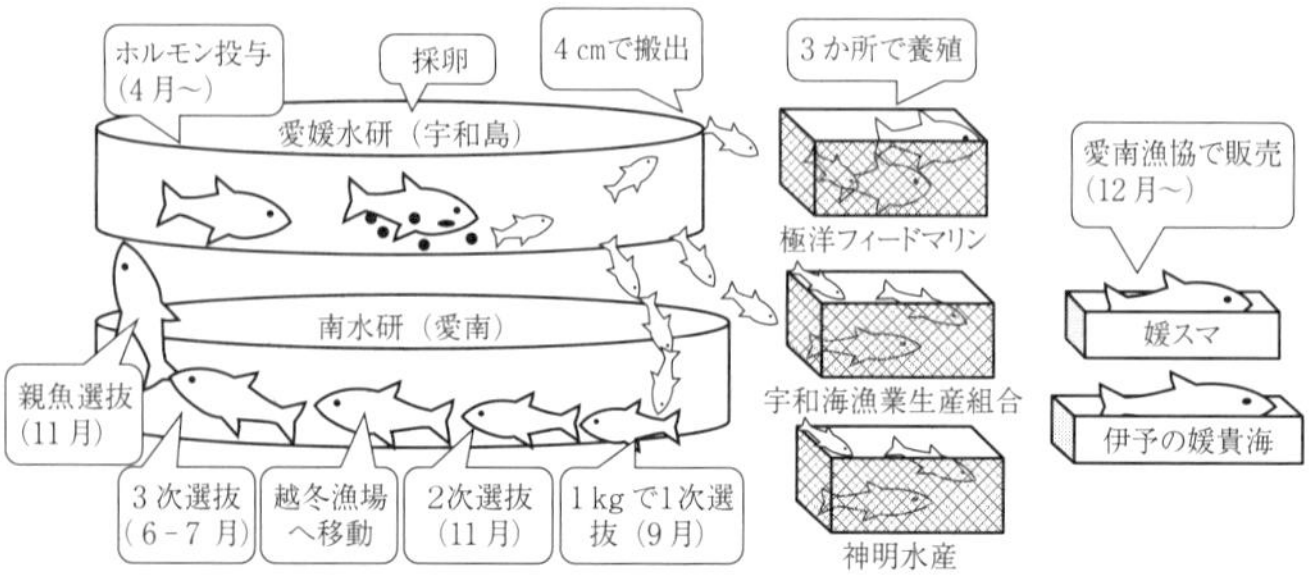

出所：ヒヤリング・文献をもとに筆者作成。

近大の次は愛媛大か？

養殖魚の世界でも大学を舞台に生き馬の目を抜くような開発競争が行われているのだな、と思わされる事例に出会った。それは愛媛大学南予水産研究センターが中心となって行っているスマの完全養殖と選抜育種、すなわち「スマ次世代育種システム」である。[14] その概要は図7－4に示したとおり、研究開発と商用利用を並行的に行っている。

スマはマグロの一種でEastern Little Tunaともカワカワとも言われる。日本であまり馴染みがないのは、相模湾以南にしか生息していず、大きな群れを作らないので、鮮魚として日本市場にほとんど出回っていないためである。暖かい所に生息しているということで、確かに筆者のフィールドワーク先だったフィリピンにEastern Little Tunaはあった。あちらでは、カツオと同じ扱いで缶詰工場に売られると聞いていたので、まさかクロマグロの向こうを張るような立派な魚とは思ってもいなかった。

系統的にはクロマグロの親戚筋にあたるので、味はクロマグロに似ており、養殖すると背側が中トロ、腹側が大トロのような状態になるという。しかも魚体はクロマグロのように大きくはならず、ブリより小型であるため、ブリの養殖いかだを転用して飼育することができる。センターがある愛媛県南部沿岸はブリとマダイの養殖が盛んな地域なので、いかだも漁場も共用できる。飼育期間もクロマグロが３年かかるところ、スマは８か月で出荷サイズに育つ。独自の基準に達したスマには「媛《ひめ》スマ」やその上位ブランドの「伊予《いよ》の媛貴海《ひめたかみ》」という商品名がつき、その需要先は都市部の高級料理店である。クロマグロでは大きすぎて一尾仕入れることができない料理店でも、スマなら一尾仕入れて、お客様に見せながらさばき、刺身や寿司に供することもできるだろう。何とも都合の良いクロマグロ代替財である。

しかも、「選抜育種」しているので、今後ますますコストパフォーマンスが向上し、おいしくなっていくという。これもクロマグロと比べるうえでの優位性になる。クロマグロの場合、完全養殖はできているものの養殖魚の選抜はできていないようだ。しかしスマは魚体が小さく個別に扱える

14　以下本節の記述は愛媛大学南予水産研究センター教授後藤理恵氏のヒヤリング（２０２３年４月18日）、書簡（２０２３年３月15日、６月15日、２０２４年１月11日）、同氏から提供を受けた文献、農林水産省（２０２１）に基づく。より詳細については山下（２０２３）に記載した。

ので、個体を識別して、餌をよく食べる個体、給餌効率のよい個体を選抜して残したり、味覚試験をして味の良い個体の卵を採取して再生産したりできる。つまり何世代か時間をかけながら――と言っても世代交代期間はクロマグロの半分――、生産者にとって育てやすく、早く出荷サイズになり、しかもおいしいスマを残していけるのである。

ここまで長所が並ぶと、もうスマに軍配を上げざるを得なくなるではないか。最終的な勝負がつくのかどうかは別として、こうして養殖魚の開発にも競争があること、それがわれわれ消費者の選択肢を増やすとともに、資源への漁獲圧力や環境負荷を減らす方向にもおおむね作用することを意識しておきたい。

ツナ缶界のキングはビンナガ

クロマグロをはじめとする高脂質グループが世界の漁獲量に占める割合（前掲図7-2）は、メバチ（19・7％）を合わせても2割に過ぎない。これら3種に共通する特徴は、IUCNレッドリストの絶滅危惧種に指定されていることと、日本が主な消費地であることである。トロの刺身を好むという日本人の特殊な嗜好が資源の減少とどのような因果関係を持つのかはまだ解明されていないが、日本市場がなければ、これらは他のマグロと同等かそれ以下の扱いしか受けられなかったことは確かだ。世界的にはマグロの主要な用途は缶詰であり、クロマグロ、ミナミマグロのように身肉の色が濃く、脂肪分の多いマグロは缶詰原料としては良質でないからである。

低脂質グループに話を移そう。既述のようにキハダやビンナガは元々の資源量が高脂質グループに比べて豊富である。しかし、ＩＵＣＮでは準絶滅危惧種に掲載されている。カツオだけは低懸念で漁獲量もまだ豊富である。

缶詰原料としては身色が薄い方が好まれるため、ビンナガが最も高級品である。ただし味の優劣はあまりない。日本では食品表示法の規定に従って魚種が記載されているので、缶の中身がビンナガか、キハダかカツオかがわかる。ぜひ食べ比べてみていただきたい。外国の缶詰では、ビンナガ（Albacore）はそれと書かれているが、他はカツオを含めてTunaとしか表示されていないことが多い。しかも日本での市場価値が認識されるまでは、大西洋クロマグロも十把一からげでツナ缶に使われていた。メバチもメバチと気づかれないまま混入されており、それがメバチの資源減少の原因となっている。というのは、メバチの未成魚はカツオやキハダの群れと一緒に行動する習性があるため、缶詰用にまき網で漁獲する際に混獲されてしまうのである。[15]

15　まき網漁業の問題については山下（２０１４）参照。

FADs[16]の功罪

カツオやキハダは群れで泳ぐが、大海原で群れを見つけるのは容易ではない。1つのよりどころが「木付《きつ》き魚《うお》」で、流木の下に小魚が集まり、その下にカツオやキハダが集まる。この習性を利用して、人為的に木付き魚の群れを形成してしまうのがFADsである。発祥はフィリピンともインドネシアともいわれている。初期のそれは流木を真似た竹製の筏をコンクリートのアンカーとロープで結んだ牧歌的なもので、1〜2年の間に腐食や消失することを前提とした使い捨てだった。しかし徐々に進化して鋼材やプラスチック素材を使用するようになり、耐用年数も長期化している（図7－5）。筆者が調査した1999年当時は、FADsの下に集まるカツオを他社船に盗られないよう監視役として地元のパンプボート漁船が雇われていた。パンプボートはFADsの下にやってくるキハダを手釣りで獲ることを許されており、漁獲物は生マグロとして日本に輸出されていた。漁船が海に投げ入れたキハダを競り場まで担いでいく荷役の姿は地元の名物だ（章扉写真）。近年ではさらに進化してブイに無線をつけて自社のFADsを遠隔監視できるようになっている。

つまり、いったんFADsを設置したら、そこに集まったマグロやカツオは設置した漁業会社のものという既成事実ができあがるのである。公海の魚は無主物先占が原則であるところ、FADsの設置によって漁獲前から所有者が決まる。乱獲を防止するために地域管理機関（図7－3）のW

図7-5　2000年頃のパヤオ（FADs）

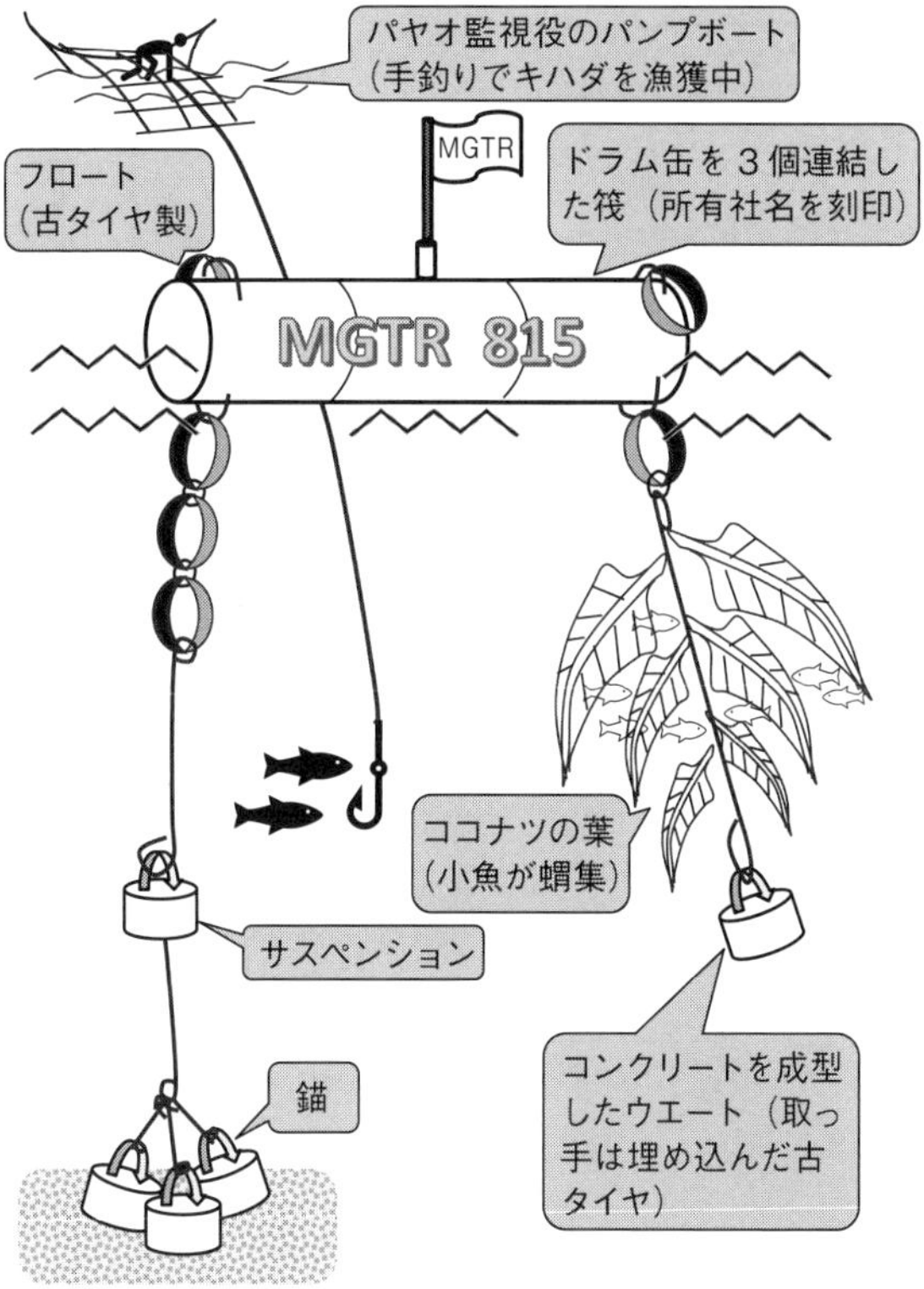

出所：MGTR 社（フィリピン）におけるヒヤリングと目視（1999年９月３日）をもとにして、Aprieto（1995）p.103、Department of Agriculture（Philippines）（2012）p.7を参照して筆者作成。

CPFCやIOTCはFADsの台数上限をまき網船１隻につき350台に制限している。約千隻あるまき網船の半数がFADsを利用しているといわれていることから、おびただしい数のFADsが洋上に据えられていることが想像できよう。共有資源であるはずのマグロの私物化は、ＦＡＤｓを用いることによっても生じている。[17]

小島嶼《とうしょ》国の資源ナショナリズム

低脂質グループのマグロは世界中の温帯～熱帯域に広範囲に生息している。しかし、とくに資源量が豊富なのが中西部太平洋地域である。ハワイ－グアム－ニュージーランドを結んだ三角形の海域には約30の小島嶼国や海外領土が点在している。絶海の孤島を中心に半径２００海里（３７０㎞）の円を描いて排他的経済水域を設定できるので、どの国も国土面積とは不釣り合いの広大な経済水域を有している。そして、そのうち８つの独立国の経済水域がカツオ・マグロの通り道になっている。

そうした国々にはカツオ・マグロを大量に獲る船も大量の漁獲物を消費する国内市場もない。一方、缶詰用に獲りたい米国、スペイン、韓国、中国、台湾船や刺身用・鰹節用にも獲りたい日本船が押し寄せる。これらの国々との交渉を通じて、島嶼国は自国資源の価値を認識し、そこから最大の利益を引き出そうと考え始めた。これが資源ナショナリズムの台頭である。大国揃いの漁業国と対等に交渉するために、１９８２年にはカツオ・マグロが獲れる国々が集まってＰＮＡ（ナウル協定）を組織し、以後は海外の漁船の加盟国への入漁条件について協調行動を取っている。２００７年からは、それまで従量制だった入漁料を、１隻１日当たりの定額とする隻日数制度（ＶＤＳ）に切り替えた。これによって日本船の入漁料負担は１・６倍になったという。[18] 漁業国にとっては入漁条件の悪化にほかならないが、裏を返せば島嶼国が自国資源をコントロールできている証拠である。ただし、ＶＤＳは資源の持続可能性を担保するうえでは問題なしとしない。このことについて改めて、国連のＳＤＧｓ（Sustainable Development Goals：持続可能な開発目標）に絡めて第8章で議論したい。

参考文献

Aprieto, Verginia. L.（1995）*Philippine Tuna Fisheries Yellowfin and Skipjack*, The University of the Philippines Press.
Department of Agriculture（Philippiens）（2012）"National Tuna Fish Aggregating Device（FAD）Management Policy".（行政文書）（https://www.bfar.da.gov.ph/wp-content/uploads/2021/04/FAO-No.-244-s.-2012.pdf より２０２３年12月20日検索取得。）

16　Fish Aggregating Devices の略で、パヤオ、集魚装置、浮き魚礁ともいう。
17　ＦＡＯ（国連食糧農業機関）はＦＡＤｓに関心を寄せ、その功罪について頻繁に論じている。
18　中前（２０１３）による。ＰＮＡウェブサイト（https://www.pnatuna.com/content/pna-vessel-day-scheme より２０２３年12月20日検索取得）および水産庁（２０１７）によれば、２０２３年は加盟国合計で4万５６３３日分を、最低料金８０００ＵＳドル／日隻（２０１４年の決定額）で販売している。

Hardin, Garrett（1968）"The Tragedy of the Commons," *Science*, 162(3859), pp.1243-1248.

魚住雄二（２００３）『マグロは絶滅危惧種か』成山堂書店。

樫原弘志（２０２３）「大間産マグロ不正流通問題、「隠された漁獲」徹底解明を」『日刊水産経済新聞』２０２３年2月21日付。

水産庁（２０１４）『平成25年度　水産白書』。

水産庁（２０１７）『平成28年度　水産白書』。

高橋正征（２０１７）「実用人工種苗に求められる性質」『アクアネット』２０１７年6月号。

中前明（２０１３）「海外まき網漁業――現状と可能性」『水産振興』第47巻3号、40－56頁。

農林水産省（２０２１）「愛媛大学の「媛スマ」完全養殖システム（連載　発掘！凄モノ情報局　大学農系学部に潜入！　第14回）」『ａｆｆ』２０２１年12月号。

速水佑次郎（２０００）『新版　開発経済学――諸国民の貧困と富』創文社。

星野真澄（２００７）『日本の食卓からマグロが消える日――世界の魚争奪戦』日本放送出版協会。

松野功平・原田幸子・多田稔（２０１０）「クロマグロの需給動向と完全養殖技術の経済的可能性」『近畿大学農学部紀要』第43号、1－5頁。

山下東子（２０１４）「海外まき網漁業の現状と展望」多田稔・婁小波・有路昌彦・松井隆宏・原田幸子編著『変わりゆく日本漁業――その可能性と持続性を求めて』北斗書房、第1章、2－16頁。

山下東子（２０２３）「養殖にスポットライトを！――媛スマのできるまで」（ベーシック経済学と水産マーケット第24回）『全水卸』２０２３年7月号（Vol. 398）、14－19頁。

第8章

SDGs

太平洋島嶼《とうしょ》国はカツオ海道

キリバスの首都があるタラワ島全景。中央右に見える島を貫く直線が滑走路（フィジー航空機内より２０１８年９月６日筆者撮影）

はじめに

ＳＤＧｓ（Sustainable Development Goals）の機運が高まっている。これは国連が２０１５年に定めた17項目の持続可能な成長目標である。このなかで、「平和と公正」「貧困撲滅」といったもっともらしい目標の合間に「水とトイレ」という具体的すぎる目標があるのは唐突感がなくもない。しかし太平洋島嶼国を見て回ったところ、ＳＤＧｓの目標が違った観点から見えてきた。[1]「水とトイレ」は「平和と公正」と同じくらい、いやもっと大事かもしれないくらいだとわかった。そこで本章では、多少漁業を逸脱しつつも、太平洋の島々を例に小島嶼国がＳＤＧｓの目標と持続的な成長をどう達成していけるのかを考えたい。不思議なことに、島嶼国のことを知れば知るほど、ＳＤＧｓはこの国の人々のために作られたのではないかと思えてくる。

ところで、太平洋島嶼国のことを、われわれとは関係のない遠い国だと思いがちだ。しかしその国々は、私たちにとって身近な観光地であるハワイ－グアム－ニュージーランドを結んだ三角形の中にほぼ納まる。日本人が選ぶちょっと高級な新婚旅行先であるパラオでは「しんぶん」「べんとう」といった日本語が現地語として定着しており、ミクロネシア連邦のチューク島では沈没した日本の軍艦を探検するツアーにオーストラリアの猛者が結集し、キリバスには日本軍が残した戦車が今も朽ちたまま放置されていて、それはジブリ映画に登場する光景にも似ている。確かに行くには遠いのだが、決してわれわれと無関係な場所ではない。

太平洋島嶼での建国

世界地図で見る太平洋は何もない大海原に見えるが、実はその中に数多くの小島が点在している。それらの島々には、今フィリピン、オーストラリア、パプアニューギニアなどの国がある場所を三千年以上も前に出て、航海してきた人々が定住し、沿岸の乏しい海産物と陸の作物を利用して、長らく自給自足的な生活を営んできた。16世紀ごろ、ヨーロッパの探検家たちがやってきて島を「発見」、宣教師がキリスト教の布教をし、捕鯨船が水と食料の補給をし、やがて植民地として領有されることになった。[2]

日本も第一次世界大戦期よりパラオ、ミクロネシア連邦（ＦＳＭ）などいくつかの島々を統治し、

1　筆者は２０１７年から２０２３年の間、６回に分けて、太平洋島嶼国・地域（グアム、パラオ、ＦＳＭ、マーシャル、キリバス、ソロモン、バヌアツ、フィジー、サモア、トンガ、ハワイ）を視察した。各々１～２日、首都（州都）に滞在して通信と漁業関係の視察をしただけであるが、人々の気質、土壌、作物などの違いを感じ取ることができた。支援いただいた（株）ＫＤＤＩ総合研究所、（公財）海外漁業協力財団に感謝する。

第二次世界大戦中には軍事基地も作った。戦後は欧米の戦勝国、オーストラリア、ニュージーランドが島々を再び植民地化、あるいは信託統治した。その島々が1960年代以降、数島という小さな単位で独立していった。その結果、表8‐1に示すように、国土面積にすると日本の一県にも満たず、自国通貨も持たず、人口も数万人の独立国家が林立することになった。[3]独立後も島内での民族争いや勢力争いが時折勃発し、サイクロンなどの自然災害にも脆弱で、産業を成立させるほどの土地や水にも恵まれず、経済的自立は難しいところが多い。しかし経済的に自立できないことを強みに変えて、したたかに独立国家を維持している。

島の陸地と海洋資源

先進諸国がかつては植民地として、今日では友好国としてこれらの国々に取り入ろうとするのは資源があるからである。さてどんな資源があるのだろうか。

陸上資源の有無は、おおよそ島の成り立ちと関係があるようだ。火山の噴火でできている島は、ハワイの島々を想像していただければわかるように、面積が比較的大きく、土が肥沃で、なかには川や滝をもつ島もある。そこではサトウキビや胡椒のプランテーション、近年ではノニ栽培などが行われており、それらが商品作物として貿易を成立させている。

一方、サンゴ礁でできた島は白砂とコバルトブルーのラグーンをもち、景観上は海外ビーチリゾートのパンフレットに載っている「南海の楽園」そのものだが（章扉写真）、土地が狭いうえに栄養価が低いため、農業には適さない。淡水へのアクセスも、ひたすら雨水の貯め水に頼るしかない。美しいラグーンで用を足す人もいる。だから「水とトイレ」は大事なのだ。しかし、そんな痩せた島であるナウル、パラオ、ミクロネシア連邦（ＦＳＭ）では鳥の糞とサンゴを原料とするリン鉱石が産出され、それを目当てに先進諸国の起業家が押し寄せた時代もあった。[4]

これらの資源開発が一巡し、先進諸国の人々の目が太平洋諸国から遠ざかろうとした矢先の１９８０年代、新たにもたらされたのが海洋資源である。その根拠は「国連海洋法条約」にある。１９９４年の発効に先立ち、１９７０年代末から２００海里体制は始まった。沿岸から最長２００海里

2　本章、特に本節の記述は吉岡・石森（編著）（２０１０）、印東（編著）（２０１５）に基づくところが多い。これらの書籍は数10名の著者が分担執筆しているため、引用の際にその著者名と章題を記載すべきところであるが、参考文献リストが長大になるため編著者名と該当ページを記載することとする。

3　表８－１には太平洋島嶼の国々を列挙したが、このなかでパプアニューギニア（以下ＰＮＧ）は異質で、日本より広大な国土と豊かな鉱物資源を有している。ＰＮＧの北側島嶼部が地理的にソロモン諸島、バヌアツと連なって、太平洋島嶼（メラネシア）を形成している。そのため本章で島嶼国と言うときはＰＮＧ以外の国々を想定する。

4　印東（編著）（２０１５）３０５－３０６頁参照。

名目 GDP（百万USドル）	1人当たりGDP（USドル）	独立年	通貨
218	12,084	1994	USドル
404	3,573	1990米信託統治終了	USドル
257	6,111	1986米国自由連合	USドル
227	1,765	1979	豪ドル
26,595	2,673	1975	キナ、トヤ
1,632	2,306	1978	ソロモン・ドル
981	3,073	1980	バツ
4,296	4,647	1970英連邦として独立	フィジー・ドル
155	12,390	1968	豪ドル
60	5,370	1978	豪ドル
896	6,275	NZ領	NZドル
857	3,919	1962西サモアとして独立	サモアン・タラ
472	4,451	1970英連邦として独立	パ・アンガ
43	25,014	1974NZ自由連合	NZドル
328	19,264	1965NZ自由連合	NZドル

内の各国ガイドブック（https://pic.or.jp/tourism/tourism-info/）より2023年12月20
目 GDP、1人当たりGDP（名目）は2021年、国連統計をGlobal Noteウェブサイ
ただしトケラウのGDPは同国ウェブサイトで2017/18年統計を、ニウエのGDPは
洋諸島センターと『高等地図帳』二宮書店（2015）から作成。

表8-1　太平洋島嶼国・地域（抜粋）の概要

地域	国名	国土面積（km²）	国土の目安	人口（万人）
ミクロネシア	パラオ共和国	416	猪苗代湖の４倍	1.8
	ミクロネシア連邦（FSM）	701	琵琶湖の1.04倍	11.4
	マーシャル諸島共和国	181	霞ヶ浦	4.2
	キリバス共和国	811	琵琶湖の1.2倍	13.1
メラネシア	パプアニューギニア（PNG）	462,000	日本の1.25倍	1,014.3
	ソロモン諸島	29,785	岩手県の２倍	72.4
	バヌアツ共和国	12,190	新潟県	32.7
	フィジー共和国	18,270	岩手県の1.2倍	93.0
ポリネシア	ナウル共和国	21	田沢湖	1.3
	ツバル	26	新島	1.1
	トケラウ	12	諏訪湖	0.2
	サモア独立国	2,935	東京都の1.3倍	22.2
	トンガ王国	720	琵琶湖の1.1倍	10.7
	ニウエ	259	徳之島	0.2
	クック諸島	240	徳之島	1.7

出所：国名、国土面積、独立年、通貨は国際機関太平洋諸島センターウェブサイト
日検索取得（許諾済み）。ただしトケラウは同政府ウェブサイト。人口、名
ト（https://www.globalnote.jp/post-2588.html）より2023年12月20日検索取得。
同国ウェブサイトより、ともに2023年12月20日検索取得。国土の目安は太平

（約370㎞）までの海洋が沿岸国の排他的経済水域（EEZ：Exclusive Economic Zone）であり、EEZ内の海底鉱物資源や海中の漁業資源の利用については沿岸国に排他的な権利が与えられる。どの国も絶海の孤島群であるという「立地条件の良さ」が幸いして、各国はおよそ国の規模に似つかわしくない、広大なEEZを管轄することになった。

ポツンと1つ島があるだけで、その島がもたらすEEZの面積は最大で43万㎢となり、日本の国土面積（38万㎢）を上回る。日本がそんなに小さいことにも、EEZがそんなに大きいことにも驚かされるが、その結果、図8－1に示すように太平洋の赤道付近には各国のEEZがびっしりと敷き詰められている。広い太平洋といえども、その海洋資源はどこかの国が排他的権利を有しているのである。

気になるのはどんな海洋資源があるかである。海底鉱物資源はあるかもしれないが、まだ開発・利用されていない。海洋観光資源は、その景観や過ごしやすい気候（日本の夏より低温・低湿度でエアコン不要）、珍しい貝やサンゴ、熱帯魚など十分ある。しかし先進国からのアクセスが悪いうえに土地・水・電力が不足しているため、この先どう開発してもハワイやグアムほどの観光客収容力を創り出せそうにない。そして食用の水産資源はというと、沿岸に熱帯性の魚介類が生息しているものの、熱帯域の特徴として豊度は低い。

図8-1　太平洋島嶼国の排他的経済水域（EEZ）とPNA加盟国

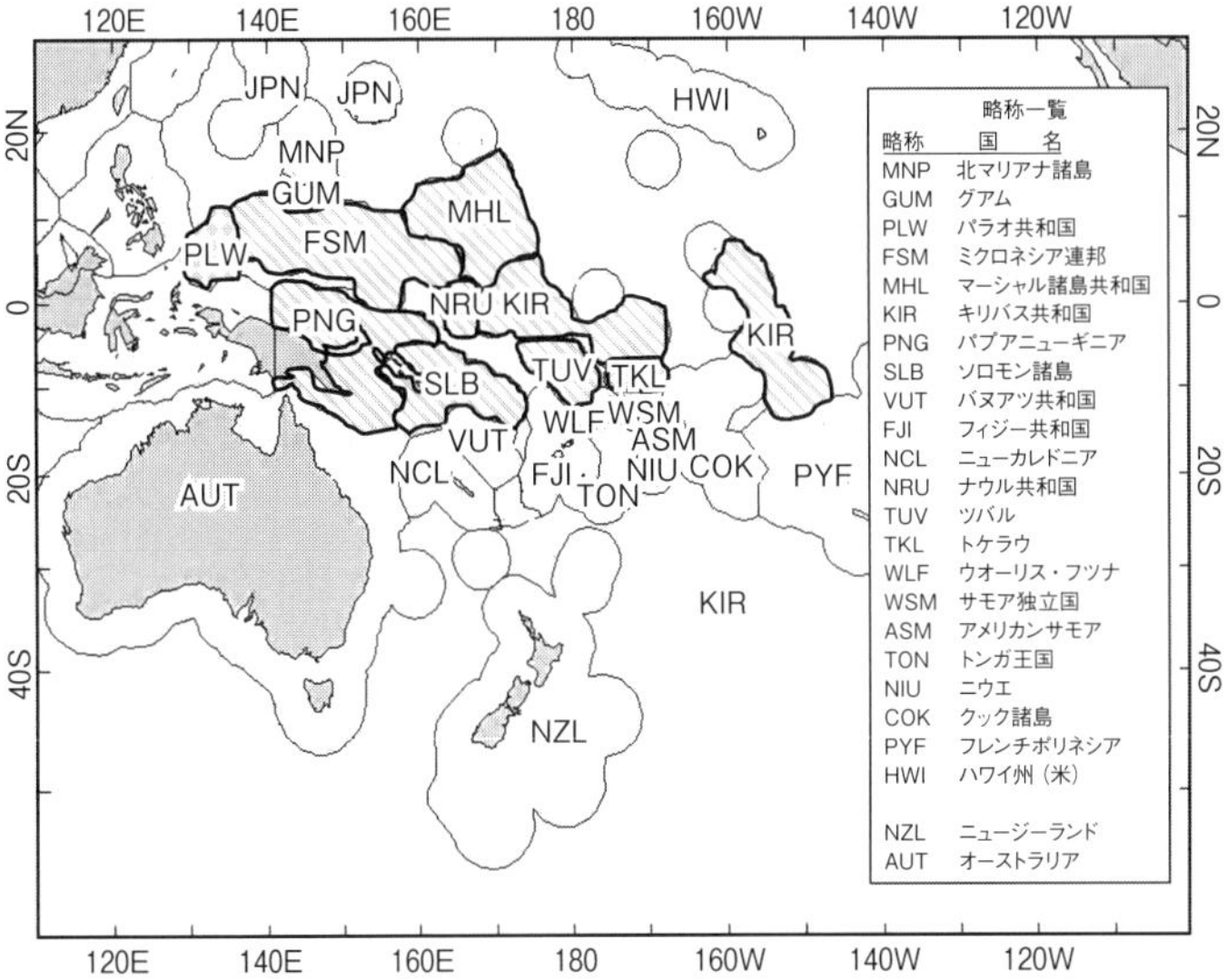

注：各国（地域）の略称はISO3166-１に準拠。ハワイは米国の州名の略称。太線はPNA加盟国。うち斜線は2016年のカツオ等漁獲量10トンかつ入漁料収入2000万USドル以上。

出所：WCPFC, *TUNA Fishery Yearbook 2010*の地図に筆者加筆。

200海里体制とカツオ資源

ただし、沿岸国が自前の船では行けないほど遠く離れた海域がカツオ・マグロの通り道になっている国がある。表8－2には国別のカツオ・マグロ漁獲量とそれらのうち外国船が獲った割合を掲載した。図8－1の太枠で囲んだ国々の所管するEEZ内をカツオ・マグロがよく通過する。漁獲量の内訳でいうと、カツオが7割弱、マグロ（キハダ、ビンナガ、メバチ）が3割強であるため、本章のタイトルを「カツオ海道」とした。

カツオ海道沿いの国々はカツオ

表8-2　太平洋島嶼国・地域のカツオ等漁獲量と入漁料（2019-21年平均）

	国名	総漁獲量（トン）	国内船漁獲量（トン）	入漁料（百万USドル）	国内加工量（トン）	雇用者数（人）	推定VDS配分割合（%）
PNA加盟国	PNG	458,103	211,710	107	111,942	13,520	28.1
	キリバス	469,138	211,049	129	1213	1,019	21.8
	FSM	167,532	169,109	71	39,656	643	20.7
	ソロモン諸島	100,391	52,190	35	28,052	3,414	10.0
	マーシャル諸島	43,326	92,065	31	13,450	1,084	9.2
	ナウル	131,844	81,825	46	—	126	4.8
	ツバル	96,739	15,909	29	—	125	3.4
	パラオ	2,670	837	8	—	34	2.0
	トケラウ	10,191	120	13	—	7	(1000日)
非加盟	クック諸島	19,015	4,229	9	130	88	—
	バヌアツ	4,358	51,761	2	1603	953	—
	トンガ	1,747	217	2	2525	296	—
	フィジー	7,948	12,212	2	41,744	3,696	—
	サモア	1,689	2,476	1	4,381	339	—
	ニウエ	239	0	1	—	4	—

注：コロナ禍の漁獲量変動を考慮して、数値は3か年平均とした。PNA加盟国のうちトケラウは後でスキームに参加。2021年のVDS総日数は45,033日だが、国別日数は公表されている最新である2010年の配分枠を記載。国内船漁獲量は総漁獲量の内数のはずだが、そうなっていない国もある。雇用者数は零細漁業を除く漁業、加工、政府雇用者。

出所：総漁獲量から雇用者数まではRuaia et al.（2022）から2023年12月20日検索取得。推定VDS配分割合はPNA（2010）から算出、VDS総日数はPNA（2020）による。

を欲しがる漁業国に獲る権利を与え、その対価として入漁料を得る。この地域で漁獲実績のある主な漁業国・地域としては、韓国、台湾、日本、米国、中国、エクアドルが挙げられる（ＦＦＡ　２０２３）。漁獲物は、日本船が鰹節と刺身用に自国に持ち帰るほかは、運搬船がタイ、スペイン、フィリピン、エクアドルなどに集積するツナ缶工場の近くの港に直接水揚げする。一方、国内加工量が多いＰＮＧ、ソロモン諸島、フィジーなどは国内のツナ缶工場でそれなりの数の雇用を生み出している。ちなみにこれらの国々は火山島なので、土地も水もあるため、ツナ缶工場を稼働できる（おまけにフィジーにはサンゴ礁の離島まであり、そこはこの地域有数のマリンリゾートとなっている）。サンゴ礁でできた島国にとってこれはうらやましい限りで、自国でもツナの加工場を持ち、雇用を創出できないものかと願っているが、土地、水、電力などのインフラが不十分なためなかなか実現は難しい。

たくさん獲らせれば入漁料収入も多くなるのだが、多数の漁業国と多数の小島嶼国との間で一対一の入漁交渉をすると、政治力・交渉力に長けた一部の漁業国が自国漁船に有利なように話をまとめてしまう。そこで小島嶼国は情報交換と団体交渉をするための機関として、８か国からなるナウル協定（PNA：Parties to the Nauru Agreement）、17か国からなるフォーラム漁業機関（FFA：Pacific Island Forum Fisheries Agency）などの国際機関を設立した。すると漁業国はこの機関の運営や資源調査を買って出る。各国の交渉窓口にも、交渉の代行をしてあげますよと漁業国の人々が入り込む。そこで、目の前に現れたのは自国に利益をもたらしてくれる善人なのか、善人の衣を着た悪人なのかを見定めることが小島嶼国の官僚にとって重要な仕事になる。

定額料金制のＶＤＳ

入漁料は、一般には漁獲量に応じてその売却額の一定割合を沿岸国に支払うという形をとるものだ。しかし漁獲量の過少申告は日常茶飯事であるし、そもそも島嶼国の港に水揚げするわけではないので、監視のしようもない。[5] 入漁料の相場は売却額の５％程度と言われてはいるが、交渉によって上がりも下がりもする。しかも漁獲量や魚価が変動すれば入漁料収入も変動する。このような不透明かつ不安定な入漁料徴収方法に代わって、１隻当たり出漁日額を徴収するＶＤＳ（Vessel Day Scheme）が考案された。漁獲量に応じて変動する従量料金制から１日いくらの定額料金制への移行により、入漁料収入が格段に増えた。

ＶＤＳシステムを採用しているのは表８－２に示したＰＮＡ加盟国だ。漁業国のまき網漁船１隻がＥＥＺ海域で操業する際、島嶼国が１日当たり最低１万１０００ＵＳドルという定額の入漁料（Access Fee）を徴収する。ＰＮＡは年間のＶＤＳ総日数を定めたうえで、漁獲実績に応じてそれを加盟国に配分する。そして加盟国はその枠内の日数を、入漁申し込みをしてきた漁業国の漁業会社に配分する。２００７年に開始されて以来料金は徐々に引き上げられ、２０１５年からは１万１０００ＵＳドルになっている。どの国も、いかに入漁料を吊り上げられるかに腐心し、入札や数年にわたる長期契約を結ぶことで入漁料収入の高値安定を狙っている（FFA 2019）。

ＰＮＡ全体でのＶＤＳ枠日数は２０２１－２０２３年、年間４万５００５日で、このうちトケラウ枠１０００日を除いた４万４００５日が他の加盟国に割り当てられている。[6]この日数にＶＤＳの最低日額を乗じて得られる年間ＶＤＳ収入総額は約５億ＵＳドルとなる。まき網船にとって定額制の入漁料システムは経営リスクを伴うが、逆にＰＮＡ加盟国には安定をもたらす。PNA（2020, p.20, p.33）によると、ＰＮＡはまき網船１日１隻当たりの入漁料差し引き後の平均利潤をＶＤＳ料金とほぼ同一の１万２０８５ＵＳドルと予想しているので、漁業国と島嶼国が資源から平等な分け前を得ていると自負しているようだ。そのため、自身が発明したこのスキームを「世界に誇る成功例」と高く評価している。

各国への配分日数については近年の資料には明示されていないため、表８－２には公表されてい

5　ルールに従って漁獲しているかを監視するための要員としてオブザーバーを乗船させるという制度があるが、船の５％にしか義務付けられていないので、監視が行き届くわけではない。これを10％にまで引き上げると後述するＶＤＳの配分枠を増やしてもらえるというスキームもある。『日刊水産経済新聞』「まき網ＦＡＤｓ規制緩和」２０２３年12月13日付による。

6　ＰＮＡウェブサイト“The PNA Vessel Day Scheme”（https://www.pnatuna.com/content/pna-vessel-day-scheme）より２０２３年12月20日検索取得。なおＶＤＳ総日数はＰＮＡではＴＡＥ（Total Allowable Effort）と呼ばれるが、本文ではこの呼称を省略する。

る過去の配分日数を割合として記載した。

カツオで潤う国家財政

小島嶼国にとって入漁料収入は国家財政を背負えるほど大きい。人口13万人、GDP2・27億USドルのキリバスにおいて、入漁料収入は2019－2021年平均で1・29億USドルであった（表8－1、表8－2参照）。同国の2024年財政戦略（Government of Kiribati 2023）によると、2023年予算は、表8－3に示すように予算規模3・2億豪ドル（2・2億USドル≒300億円）で、うち漁業関係の収入が2億豪ドル（1・4億USドル≒178億円）と国家収入の62％を占める。[7] 同国のEEZをたまたま通過するカツオの群れが、同国財政、ひいては同国経済を支えているのである。

VDSスタート年であった2007年の入漁料収入は2500万豪ドルにすぎなかったが、2012年には5800万豪ドルに、2015年には1・6億豪ドルに、2023年には1・9億豪ドルへと膨れ上がった。財政余剰金らしきものも230万豪ドル生じている。[8] 今後もキリバスの軒先を通るカツオが錬金術のごとくキャッシュフローをもたらして、国を潤してくれるだろう。

これほど財政が豊かになればもはや援助など必要ないのではないかと思われるが、キリバスへの援助の申し出は絶えない。というのは、漁業国としては自国の漁業会社が少しでも有利な条件で確

表8-3　キリバスの歳入と歳出（2023年予算）

歳入	100万豪ドル	歳出	100万豪ドル
所得税	14.7	政府部局費	144.1
法人税	16.3	他の政府支出	63.6
物品税	13.0	公債費	4.4
消費税	35.5	非正規職員用補助金	9.5
漁業許可料（入漁料）	191.4	コプラ補助金	28.0
漁業転載料	8.1	失業手当て	30.1
その他漁業収入	0.5	他のプロジェクトと援助	38.7
配当	4.9	余剰	2.3
利子	0.5	（集計上の不突合）	0.1
その他収入	9.1		
援助（世銀）	12.1		
援助（アジア開銀）	7.6		
援助（NZ）	2.5		
援助（豪）	1.0		
援助（EU）	3.6		
計	320.8	計	320.8

注：公債費はdebt servicingの訳、非正規職員用補助金はLeave Grants for Non-ER postsの訳。
出所：Government of Kiribati（2023）p.14から作成。

実にＶＤＳの枠を獲得するために援助をしたいのであり、どの国も同じように考えるため、囚人のジレンマ[9]に陥り、援助合戦が展開されるからだ。キリバスの財政報告には約２７０万豪ドルの援助の内訳として、高い順に世界銀行、アジア開発銀行、ＥＵ、ニュージーランド、オーストラリアが掲載されているが、この他に非金銭的支援もある。日本は橋を改修したり糖尿病の予防指導を行ったりしているし、さまざまな技術支援や人的支援案件が各国から持ち込まれている。あちこちから押し寄せる支援メニューを自国ニーズとすり合わせるのも官僚の重要な仕事のひとつである。

その自国ニーズとは、雇用機会の確保である。島嶼国はどこも、自国船がカツオを獲り、国に持ち帰って加工するようになってもらいたいと望んでいる。ＶＤＳは外国船用と自国船用の二重価格になっており、外国船に売れば１万１０００ＵＳドルで売れるＶＤＳを、安値であっても自国船があるならそれに優先的に割り当てたいというのは、各国政府の漁業担当者共通の認識であった。

筆者は島嶼国政府の漁業担当官と面談した際、「自国船だとＶＤＳ価格が割引になる。外国船に獲らせて入漁料収入を最大化し、その上がりを国民に分配したほうが経済効率がよいと思うが」と投げかけた。答えは判で押したように、「雇用を創出して社会を安定させることが最重要だから、自国船で獲り、自国に持ち帰って加工をしたいのだ」というものであった。

キリバスの２０２０年国勢調査によると、15歳以上の人口７・２万人のうち働く意思のある人が３・４万人で、そのうち何らかの仕事のある人は３・０万人である。失業率は13・１％になり、これはかなり高い数値である（日本は２・５％程度）[10]。残り３・８万人のうち「仕事が見つからないし、やりたくないし、求職していない」ことを、働かない理由に挙げる人も３・２万人おり、うち９０００人はいわゆるニートである。失業率の定義上、この人々は失業者に含まれない[11]。こうした社会構造のもとでは、ツナ資源からキャッシュフローを得られるチャンスを多少棒に振ってでも、自国に産業と雇用を作り出したいという社会政策が優先されるのだろう。

漁業国とてただ手をこまねいているわけではない。船を島嶼国船籍にして、その国の人を何人か雇えば、島嶼国の漁業担当者はＶＤＳに割引料金を適用してくれるのだから、お安いご用だと考える漁業国はあるだろう。その結果、島嶼国からの船籍転換要求は着々と実現し、表８－４に示すようにＰＮＡ加盟国水域にＶＤＳ船船として登録しているまき網船２４０隻のうち、ＰＮＡ加盟国船籍船は77隻にのぼる（２０２３年）[12]。

7　ＧＤＰと政府予算がほぼ同額となっているが、ＧＤＰは国連統計（２０２１年）、政府予算は文中に示した出所から取っている。

8　FFA（2019）の会議報告は、投資ファンドのマネージャーが来てＶＤＳ収入の運用について議論したと伝えている。この状況はかつてナウルがリン鉱石採掘で描いた「夢の金利生活国計画」（印東（編著）２０１５、３０６頁）の状況と類似している。

9　囚人のジレンマとは、ライバル同士が協力せず利己的に自分の利益のみを追求しようとすると、結果的にお互いに低い利潤しか得られなくなるという現象をさす。たとえば伊藤（２０１８）２９９－３０４頁を参照。

10　Republic of Kiribati, National Statistics Office, Ministry of Finance（2021）の表Ａ25からの筆者による再計算。公式失業率は11・３％だが、労働市場に出てきていない労働力非対象者としてカウントされる３・８万人のうち、「求職中だが見つからない」（２８９人）、「やりたいが仕事が見つからないし、求職していない」（４０１人）を加えた。

11　妊娠・子育て中の女性がこの範疇に入るのは想像がつくが、そう答えた女性の数は１・９万人、男性の数は１・３万人であり、女性の数と比べても相当数の男性がこの範疇に入っている。

表8-4　まき網船籍別VDS登録船舶数（2023年）

	国名	登録船舶数
PNA加盟国	ミクロネシア連邦	24
	ソロモン諸島	17
	PNG	12
	キリバス	8
	マーシャル諸島	8
	ツバル	5
	ナウル	3
	PNA 計	77
非加盟	韓国	31
	日本	30
	台湾	25
	中国	23
	バヌアツ	21
	フィリピン	17
	米国	6
	エルサルバドル	4
	エクアドル	3
	クック諸島	2
	スペイン	1
	非加盟計	163
	合計	240

出所：PNAウェブサイトRegistered vessels（https://www.pnatuna.com/registered-vessels）より2023年12月2日現在までの登録船舶数を同日検索取得。

MIRAB経済

海外からの援助に頼る太平洋島嶼国の経済はMIRAB経済と呼ばれる。これはニュージーランドの経済学者ジェフリー・バートラムが唱えたもので、移住（MIgration）、海外送金（Remitance）、援助（Aid）、官僚機構（Bureaucracy）への過度の依存を象徴したことばである。[13]

政府への援助は上述した漁業目的のものだけに留まらない。たとえば米国からパラオ、FSM、マーシャル諸島へは、軍事拠点を置く見返りとも言われる巨額の援助金であるコンパクト・グラントが付与されている。また、中国は、２０１９年に入ってからキリバスとソロモン諸島に対して、国交を台湾から中国に切り替える見返りとも言われる多額の援助金と医療などの非金銭的支援を投入してきた。二者択一の選択に直面した両国は、２０１９年９月に相次いで国交を中国に切り替えた[14]。

当然、米国やオーストラリアなどの大口パトロンはこの決断を良しとしていない。しかし、だからと言って援助を切り上げたりしたら、それこそ中国の思うつぼである。このことを島嶼国側でもわかっているから、当事者であるにもかかわらず、大国間の緊張関係から漁夫の利を得ているのである。

なお、キリバスのように一国のＧＤＰに比べて政府の財政規模が大きい「大きな政府」になって官僚機構への過度の依存をするのは自国民を公務員として雇用するという雇用対策の意味もある[15]。表８－３に示す通り、あらかじめ職位と人数について国会で承認を受けたＥＲ（Establishment Register）公務員への給与が大半を占めると思われる「政府部局費」のほかに、非正規職員を雇用

12　たとえばＦＳＭ船籍の船のなかには船名にＴＡＩＹＯの付く船が3隻ある。日本に限らず、自国まき網船の船籍を島嶼国に移転した国は多いと推察される。
13　吉岡・石森（編著）（２０１０）１７５－１７６頁、２５７－２６１頁参照。
14　PACNEWS（2019a）とPACNEWS（2019b）より。

する予算「非正規職員用補助金」も計上されている。こうして官僚機構が肥大化し、その運営費を入漁料と援助が賄う構造ができあがっている。

沿岸漁業は家事の1つ

一方、民間の人々の暮らしに目を向けると、公務員のような定職がなく、その時々にやれる仕事をしている人も多いようだ。それを裏付けるのが、太平洋島嶼国の出入国カードの職業欄である。そこには「職業」ではなく、「あなたが主として行っている仕事」を記載するようになっている。これにより、飛行機に乗るような立場の人でもいくつかの仕事を掛け持ちして生計を立てていることが推測できる。

ツナ資源がマネタイズされる沖合漁業と対照的なのが沿岸漁業である。再びキリバスの2020年国勢調査を見ると、どうも漁業は職業というより、家庭菜園のような位置づけにあるらしい[16]。15歳以上の市民が行った家計のための経済活動として、2・7万人が農業を、1・1万人が漁業を上げている。また、これら食料生産の仕事以外の選択肢として「保存食づくり」「自家用水の取水」「自家用薪集め」「家事の道具作り」「自宅の建築」がある。

また、同年の別の統計では漁業を行った件数は9665件となっており、そのうち自家用専用が6717件と大半を占めるのに対し、販売を専業にする者はわずか74件である。つまり、キリバスでは魚を獲ってくるのは家事労働の１つであり、漁獲物はマネタイズされない。

Adams（2012）によると、漁業では網、釣り、突き棒、手摘みなどの漁法により、熱帯域の魚やサバ類、貝類を漁獲している。自家消費が主なので、漁獲量の統計は取られていない。年間１人当たりの消費量は72～２０７kgと推計されていることから、年間漁獲量は11～20万トンと推察される[17]。同氏は島嶼国の漁業は慣習法上の漁業権に基づいており、魚市場も発達していないことから、さほど獲り過ぎてはいないと述べている。これは地域の首長の家計が代々、土地と接続する水域を所有・管理し、地域住民は許可を得て使わせてもらうという、島嶼国の水域利用制度に基づいている。

15　ＦＳＭのコスラエ州では公務員の勤務時間は9時～15時と短く、土曜は家の仕事をする日（この日は家の前を掃除する子供たちを多く見かけた）、日曜は宗教上の安息日（この日の朝は教会へ向かう家族を多く見かけた）である。これは限られた量しかない有給の仕事を島民で分かち合うという考えに基づいているという。２０２３年9月１－４日、現地ヒヤリングと視察による。

16　Republic of Kiribati, National Statistics Office, Ministry of Finance（2021）の表Ａ25、Ｅ３による。

17　キリバス２０２０年センサス、表Ｅ５にも漁業種類の記載があるのだが、現地語であり訳がわからなかったため Adams（2012）を援用する。

SDGsに照らしてみれば

表8－5において、SDGsの17の目標を小島嶼国に適用してみた。小島という脆弱な環境で暮らしてきたからか、あるいはそれ以前からの伝統なのか、小島嶼国の人々には自分だけが貯め込むのではなく、持たざる者に分け与える相互扶助の精神がある。これはSDGsの№2（飢餓をゼロに）を達成し、№10（平等）の目標を実行する優れた慣習だが、儲けが出ても蓄財できないので、汗水たらして精一杯働くことが骨折り損になるというモラルハザードが生じる。

外務省によると2023年3月末現在、キリバス、ソロモン諸島、ツバルが後発開発途上国（LDC）と認定されている。[18] しかしこれらの国々の首都に、目立った物乞いもスラム街も見かけなかった。その秘訣の1つが上述した相互扶助の精神であることは疑いないとして、もう1つがMIRABのMIとR、つまり海外移住者（Migration）からの送金（Remittance）である。海外移住にも長期・永久に移住する人と、半年から数年出稼ぎに行く人がいる。行き先はオーストラリア、ニュージーランド、ハワイ、グアムなどで、定住組の中にはやがてアメリカ本土に渡る人もいる。学校教育が英語で行われているため、英語圏で働くことに言葉のうえでの支障がない。

「一所懸命働く覚悟はある。その代わり便利で豊かな暮らしを手に入れたい」と望む人が海外に移住するのではないか、と筆者は想像する。そうすると高学歴の人、働き者の人が島から去ってい

表8-5　SDGsの17目標と太平洋島嶼国の課題

番号	目標	重要度	課題
1	貧困をなくそう	○	出稼ぎ、移住可能
2	飢餓をゼロに	○	自然災害で隔絶時の対策
3	すべての人に健康と福祉を	○	糖尿病罹患者が多い
4	質の高い教育をみんなに	○	離島で困難な高等教育
5	ジェンダー平等を実現しよう	△	女性高官は存在。地域の慣習による
6	安全な水とトイレを世界中に	◎	サンゴ礁の島で深刻
7	エネルギーをみんなにそしてクリーンに	◎	頻繁な停電、エレベータなし
8	働きがいも経済成長も	△	相互扶助の精神が足かせに
9	産業と技術革新の基盤をつくろう	△	基盤となる土地・水不足
10	人や国の不平等をなくそう	△	賃金格差に利点もあり
11	住み続けられるまちづくりを	◎	持続可能性の確保必要
12	つくる責任使う責任	△	プラスチックゴミの処分場なし
13	気候変動に具体的な対策を	◎	荒天と海面上昇
14	海の豊かさを守ろう	◎	持続可能な漁業
15	陸の豊かさも守ろう	○	豊かでない土壌の改良
16	平和と公正をすべての人に	○	時折勃発する政治的混乱
17	パートナーシップで目標を達成しよう	○	すでに多国間で樹立

注：重要度と課題は筆者の私見による。
出所：番号と目標は外務省ウェブサイト「持続可能な開発のための2030アジェンダ」（https://www.mofa.go.jp/mofaj/gaiko/oda/sdgs/pdf/000270935.pdf）より2023年12月20日検索取得。

く。とはいえ、国に残る親族への送金は欠かさず、折々にはたくさんのお土産を抱えて帰省したり、家族を移住先に招待したりすることを忘れない[19]。

出稼ぎの功罪

また出入国カードの話に戻ると、出国目的のチェック欄が「就業」、「教育」、「親族を訪ねる」、「帰国」、「その他」の5択になっている国がある。観光や商談のために外国に行くことは想定されていないようで、本当に観光や商談に行く人は「その他」にチェックを入れるしかない。島嶼国の人が外国に行くのは移民・出稼ぎのためであることが、ここからも推測できる。

一族の生計が苦しくなってきたら、その都度立て直しのために誰かが出稼ぎに行くという働き方がある。子どもを高校に行かせるために出稼ぎした、という話も聞いた。こういう人は短期で稼いで帰国する。トンガで繰り返し聞いた出稼ぎ先はタスマニアでのフルーツピッキングである。11月から半年間の実りのシーズンにタスマニアで働き、その稼ぎを持って帰れば、トンガでは住居用の土地か、中古車が1台買えるという。土地さえあれば、家は親類縁者が協力して作ってくれるそうで、多額の費用を要するわけではない。また中古車があればタクシー業がやれるそうだ。

オーストラリアとトンガで賃金と物価水準が大きく異なり、しかも受け入れ側に繁忙期の半年間だけ来てほしいというニーズがあるので、両者のニーズがマッチして、このような出稼ぎ労働が成り立つのだろう。ＳＤＧｓの№10は国の間の不平等もなくそうと呼びかけているが、このケースでは不平等だからこそ短期間の単純労働で母国に富を築けるのである。

筆者が２日間借り切った運転手付きレンタカーの通訳として、40代の女性が乗り込んできた。彼女は翌月から初めてタスマニアに行くんだと、緊張の面持ちで筆者に身の上話をした。夫の急逝で若くして寡婦となってしまったこの女性は、これまで親族の世話になっていたので母子で路頭に迷うこともなかったが、子どもたちを高校に行かせてやりたいし、いつまでも居候するわけにもいかないから、まとまったお金を作ろうと思い始めたのだという。この話を聞いたとき、筆者は「何だ、親族が子どもたちを預かってくれるんなら、もっと前から毎年出稼ぎに行けばよかったのに。そうしていたら、今頃どんな大地主かタクシー会社社長になれていたことか！」と、思わずトンガの大地主になった自分の姿を想像した。

しかしそうは問屋が卸さない。稼いだ金は親族やコミュニティで分け合うので、いくら働いても個人の手元には必要な分しか残らないのである。この社会では、ＳＤＧｓの№10の「国の不平等」

18　外務省ウェブサイト「貿易と開発　後発開発途上国」２０２３年３月31日付（https://www.mofa.go.jp/mofaj/gaiko/ohrlls/ldc_teigi.html より２０２３年12月20日検索取得）。なお、同ウェブサイトによるとソロモン諸島は２０２４年にＬＤＣを卒業する予定。

19　吉岡・石森（編著）（２０１０）１８４頁、１９７－２００頁参照。

があり、「人の不平等」がないおかげで、No.1（貧困）と2（飢餓）はまぬかれても、それと引き換えにNo.8（働き甲斐）やNo.9（産業基盤）を押しとどめようとする社会的圧力がある。ＳＤＧｓの17の目標群は一見したところ二律背反するように思えないのだが、今の太平洋島嶼国では同時達成が難しいアポリアなのである。

島と海まで売りますか？

ソロモン諸島との外交関係を樹立した中国は早速動き始めた。PACNEWS（2019c）によると、中国の国営企業であるChina Sam Enterprise Groupはソロモンの地方政府との間である契約を締結した。ソロモンのツラギ（Tulagi）島全体とその周辺海域の排他的な開発権を中国企業に付与するリース契約だ。リース期間は75年で更新可能であるという。これでは島と海を売り渡したも同然ではないか。

ツラギ島は首都ホニアラのあるガダルカナル島と商人の島と言われるマライタ島の間に位置する島で、第二次世界大戦中は英国や日本が軍事基地を置いた戦略的地域である。合意文書によると、China Sam社はここに軍民兼用のインフラ、具体的には漁業基地、オペレーションセンターを建設し、空港の新設ないし拡張をする。また、ソロモン諸島初となるオイル・ガス・ターミナルをこの地に建設する用意もある。中国との国交が樹立してから1か月にも満たない間に地方政府が締結した島全体のリース契約に住民はショックを受け、米国外交筋に通報したという。

リース料は明らかにされていないが、そのお金がツラギの人々に万遍なく行き渡れば、今後は出稼ぎも、少ない稼ぎを分け与える辛さも軽減するのではないか。道路や電力供給は格段に改善し、暮らしは快適になるし、安定的な電力供給があれば冷凍庫に食料をため込んで災害に備えられる。働きたければ、その軍事基地や空港に雇用機会があるだろう。勉強熱心な子どもは奨学金を得て中国の大学で学び、卒業後は中国とソロモンの懸け橋として活躍するだろう。中国人観光客が直行便を仕立てて「南海の楽園　ツラギ」に押し寄せることは疑いない。すると観光産業が立ち上がる。こうしてリース契約はツラギの経済を長期にわたって活性化させ、ＳＤＧｓの目標をいくつも達成してくれることだろう。

しかし……カツオを獲る権利をばら売りする行為は良くて、島を一括販売する行為は良くないと言いたいのだが、そのもっともらしい理由が見つからない。太平洋島嶼国の成長のためにも、本章の課題であるＳＤＧｓに照らしても、ツラギ島の決断のほうに軍配が上がってしまうことを、残念ながらいかんともし難い。

参考文献

Adams, Tim（2012）“The characteristics of Pacific Island small-scale fisheries,” *SPC Fisheries Newsletter*, No. 138.
FFA（2019）“Fisheries Management: Overview of PNA Official's Annual Meeting,” FFA Trade and Industry

News, 12（2）.（https://www.ffa.int/download/ffa-trade-and-industry-news-2019/?wpdmdl=3910&refresh=65b841b0073631706574256&ind=1653297652568&filename=FFA%20Trade%20and%20Industry%20News_12.2_Mar-Apr_2019.pdf より２０２３年12月20日検索取得。）

FFA（2023）Value of WCPFC-CA Tuna Fisheries 2023.（エクセル統計表）（https://www.ffa.int/download/wcpfc-area-catch-value-estimates/ より２０２３年12月20日検索取得。）

Government of Kiribati（2023）Ministry of Finance & Economic Development, Fiscal Strategy for the 2024 Budget, Executive Summary.（https://www.mfed.gov.ki/sites/default/files/Fiscal%20Strategy%20for%20the%202024%20Budget.pdf より２０２３年12月20日検索取得。）

PACNEWS（2019a）"Kiribati re-establishes ties with China," PINA（Pacific Islands News Association）２０１９年９月23日（１）号。

PACNEWS（2019b）"China, Solomon Islands eye enhanced cooperation in multiple areas," PINA（Pacific Islands News Association）２０１９年10月10日（２）号。

PACNEWS（2019c）"China is leasing an entire Pacific Island. Its residents are shocked," PINA（Pacific Islands News Association）２０１９年10月17日（１）号。

PNA（2010）"Parties to the Nauru Agreement," Vessel Day Scheme（VDS）report to the Seventh Regular Session of the Western and Central Pacific Fisheries Commission（WCPFC7）.（https://meetings.wcpfc.int/node/7249より２０２３年12月20日検索取得。）

PNA（2020）*PNA Year Book 2020*.（https://www.pnatuna.com/sites/default/files/PNAO%20Year%20Book%202020_0.pdf より２０２３年12月20日検索取得。）

Republic of Kiribati, National Statistics Office, Ministry of Finance（2021）2020 POPULATION AND HOUSING: General Report and Results, ２０２１年７月版。（https://sdd.spc.int/digital_library/republic-kiribati-2020-population-and-housing-general-report-and-results より２０２４年１月30日検索取得。）

Ruaia, Thomas, Steve Gu'urau and Lily Wheatley（2022）FFA Economic and Development Indicators and

Statistics: Tuna Fisheries of the Western and Central Pacific Ocean 2022.（https://www.ffa.int/download/economic-development-indicators-and-statistics/ より２０２３年12月20日検索取得。）

伊藤元重（２０１８）『ミクロ経済学（第３版）』日本評論社。

印東道子（編著）（２０１５）『ミクロネシアを知るための60章（第２版）』明石書店。

吉岡政德・石森大知（編著）（２０１０）『南太平洋を知るための58章　メラネシア　ポリネシア』明石書店。

山下東子（２０２１）「家事と外交が併存する太平洋島嶼国の漁業」『Ocean Newsletter』第５０７号（https://www.spf.org/opri/newsletter/507_2.html より２０２３年12月20日検索取得）。

第9章

絶滅危惧種

ウナギの親子市場と外部不経済

高知県・須崎市からのふるさと納税返礼品のうなぎ蒲焼。小が125g、大が275g
（自宅にて2021年1月21日筆者撮影）

はじめに

2019年のワシントン条約[1]締約国会議を前に、ニホンウナギが同条約の絶滅危惧種に指定されるのではないか、そうなると海外からの輸入が約80%を占める現状では、もうウナギが食べられなくなるのではないかとやきもきさせられた。難を逃れたかに見えた2019年はウナギの稚魚であるシラスウナギの大不漁、2020年は比較的豊漁、2023年はまた大不漁となり、3年ごとに開催される会議の議題と毎年のシラスウナギの捕れ高変動に一喜一憂させられる日々が続いている。そこで本章では、なぜウナギは減ったのか、どうすれば絶滅を食い止められるのか、流通業者や消費者にできることはあるのか、という視点から、ウナギ市場の実態を整理し、解決策を探る。

ウナギは減っていく運命にある。「なぜなら皆好きだから!」という理由もあるが、筆者の見立てによると子であるシラスウナギ市場と親である銀ウナギ市場が相互に「外部不経済」を及ぼし合って、「共有地の悲劇」を繰り返しているからである。そこへもってきて、「絶滅危惧種ビジネス」のメカニズムがいたずらにウナギ需要を掘り起こし、そのために引き起こされた価格上昇が供給を刺激している。これは典型的なアポリアだが、脱出口は見えてきている。問題の抜本的解決策は、クロマグロのように完全養殖を商用ベースに乗せることである。しかしこれにはまだ時間がかかる。そこで、それまでのつなぎとして、もっと大きくしてから出荷することを提案したい(章扉写真)。

流通と、何より消費者がこれを受け入れてくれるなら、意外に早期に負のスパイラルから抜け出せそうで、うまくすれば次のワシントン条約締約国会議にも間に合う。

ニホンウナギの天然サイクル

日本で主に食べている「ニホンウナギ」は夏季にマリアナ諸島沖で産まれ、黒潮に乗って年明けに日本の沿岸にシラスウナギ（以下シラスと言う）の形でたどりつく。[2] 図９－１にそのサイクルを示した。シラスは体長６㎝、重さ０・２ｇの糸切れ状をしている。河口や河川、時には田んぼの用水路でえさを食べながら成長する。日本の河川での滞在期間は平均８年だが５～15年の幅がある。

1　正式名称は、「絶滅のおそれのある野生動植物の種の国際取引に関する条約」（Convention on International Trade in Endangered Species of Wild Fauna and Flora：CITES）。付属書Ⅱに掲載されると、輸出するためには科学的助言等に基づく輸出国当局発給の許可書が必要となる。水産庁（２０２３）11頁より。

2　本節の記述は水産庁（２０２３）、全日本持続的養鰻機構（２０２３）、および２０１８年４月10日に実施した水産庁ヒヤリングに基づく。本章はこの水産庁ヒヤリング内容を多用しているので、本文中では水産庁ヒヤリング（２０１８年４月10日）と記載する。

図9-1　ニホンウナギの天然サイクル

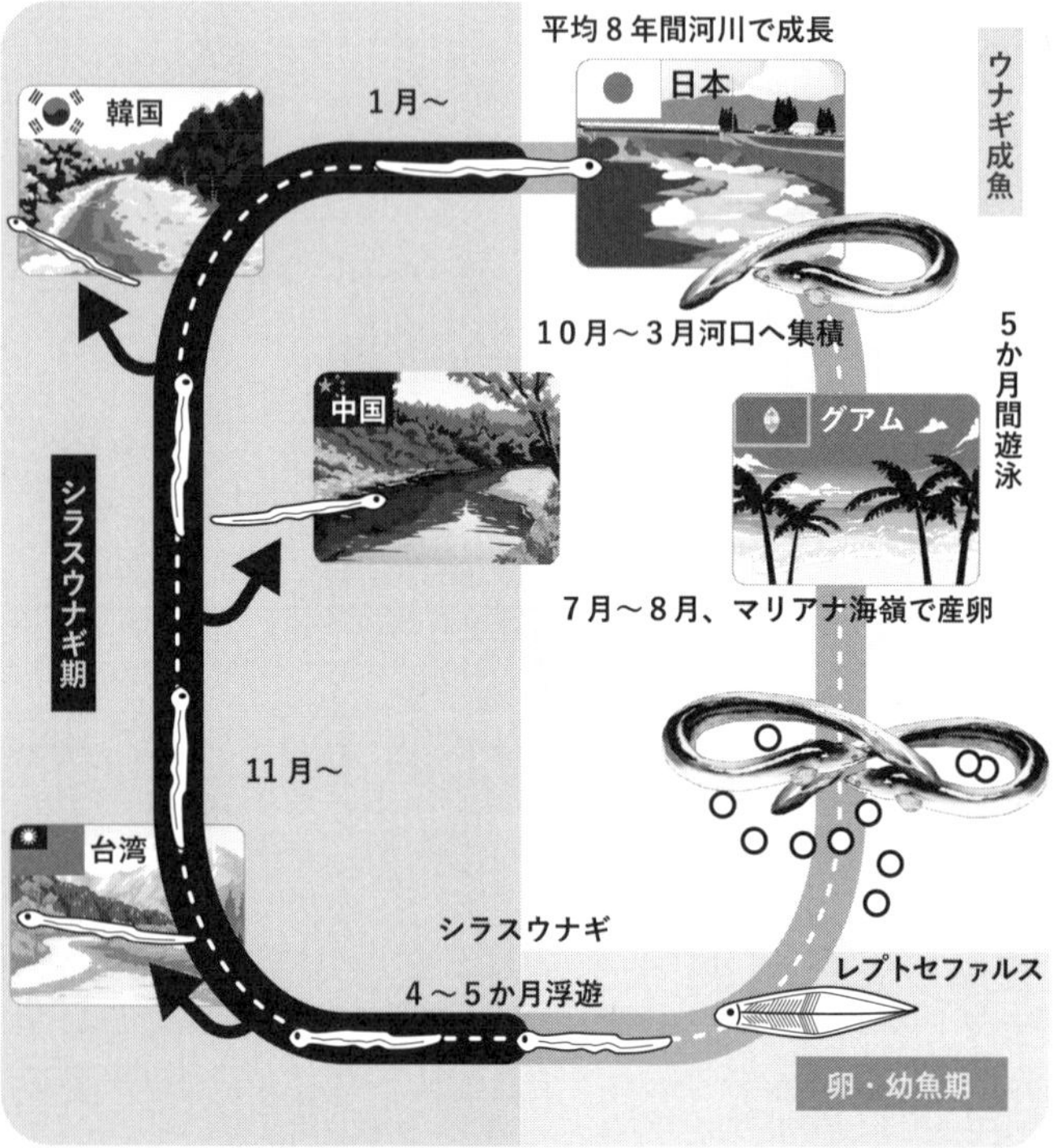

出所：水産庁（2023）、水産庁ヒヤリング（2018年４月10日）、全日本持続的養鰻機構（2023）から作成。

十分に成長したある年の秋口、繁殖するために旅立つことを決意したウナギは河口へ下りてきて、集団を形成する。そして一緒に5か月かけて生まれ故郷のマリアナ諸島沖に戻り、夏季に200万粒の卵を産んで死亡する。産まれたウナギの稚魚は変態をしながら黒潮に乗って北上する。4〜5か月かけてシラスになり、台湾、中国、韓国、日本の河口にたどり着く[3]。

産卵場所と日本への往路は塚本勝巳氏らの研究チームの長年の追跡によって明らかになったのだが、日本からの帰路はまだ解明されていない。水深の深いところを移動しているのではないかと推察されている。

ウナギの親子市場

上述の天然サイクルに、人間の経済活動が2回介入する。図9－2に示すように、単一の天然資源に対して成長段階別に親市場（天然ウナギ・銀ウナギ）と子市場（シラス）という2つの市場が別個に形成されている。2つの市場ではプレイヤーも異なるため、一方の市場には他の市場の縮小を

3　第6章で紹介したサケとは、生育場所と繁殖場所が真逆だが、何年かかけて成熟した後、産まれた場所へ戻り、生涯に一度だけ繁殖して死亡するというサイクルは似ている。

食い止めようとする力は働かない。その結果、共有地の悲劇が両市場で発生している。

市場の外で発生する損失を経済学では「外部不経済」と言う。外部不経済の典型的な事例は、煤煙をまき散らす工場のせいで近隣住民が健康被害に遭うという公害問題である。この場合、工場側が一方的に外部不経済を発生させており、近隣住民は一方的に損失を被っている。この問題への経済学による解決策は「ピグー課税」と呼ばれる。排出をする工場に対して一定額の課税をし、政府はその税収で排出抑制策を講じたり、近隣住民の健康被害を補償したりする。工場側が納税を免れたいなら、自ら費用を負担して煤煙除去装置を設置するだろう。いずれにせよ、この課税システムを導入すると公害問題が解消される。これを外部不経済の「内部化」と言う。[4]

ひるがえってウナギの親子市場では、親市場と子市場が互いに外部不経済を発生させている。図9－2を用いてもう少し詳しく説明すると、子市場には養殖場に売るためにシラスを採捕する漁業者がいる。その捕り残し分が河川を遡上していく。シラスを捕りすぎれば親市場に引き渡す分が減るので、親市場が縮小する。親市場でもまた、これからマリアナ諸島沖へ旅立とうと栄養を蓄えて川を下ってきた親ウナギ（銀ウナギという）を天然ウナギの漁業者が河口で捕獲する。川魚料理店に売るためである。銀ウナギを捕りすぎれば産卵数が減るので、日本へ戻ってくるシラスも減る。負のスパイラルが生じている。

筆者は2023年8月、利根川河口堰近くで竹筒を仕掛けに天然ウナギを捕獲する漁法を見学させてもらった。竹筒を引き上げると3回に1回位はウナギが飛び出してくる。こんな場所にも結構

図9-2　ウナギの再生産サイクルと親子市場

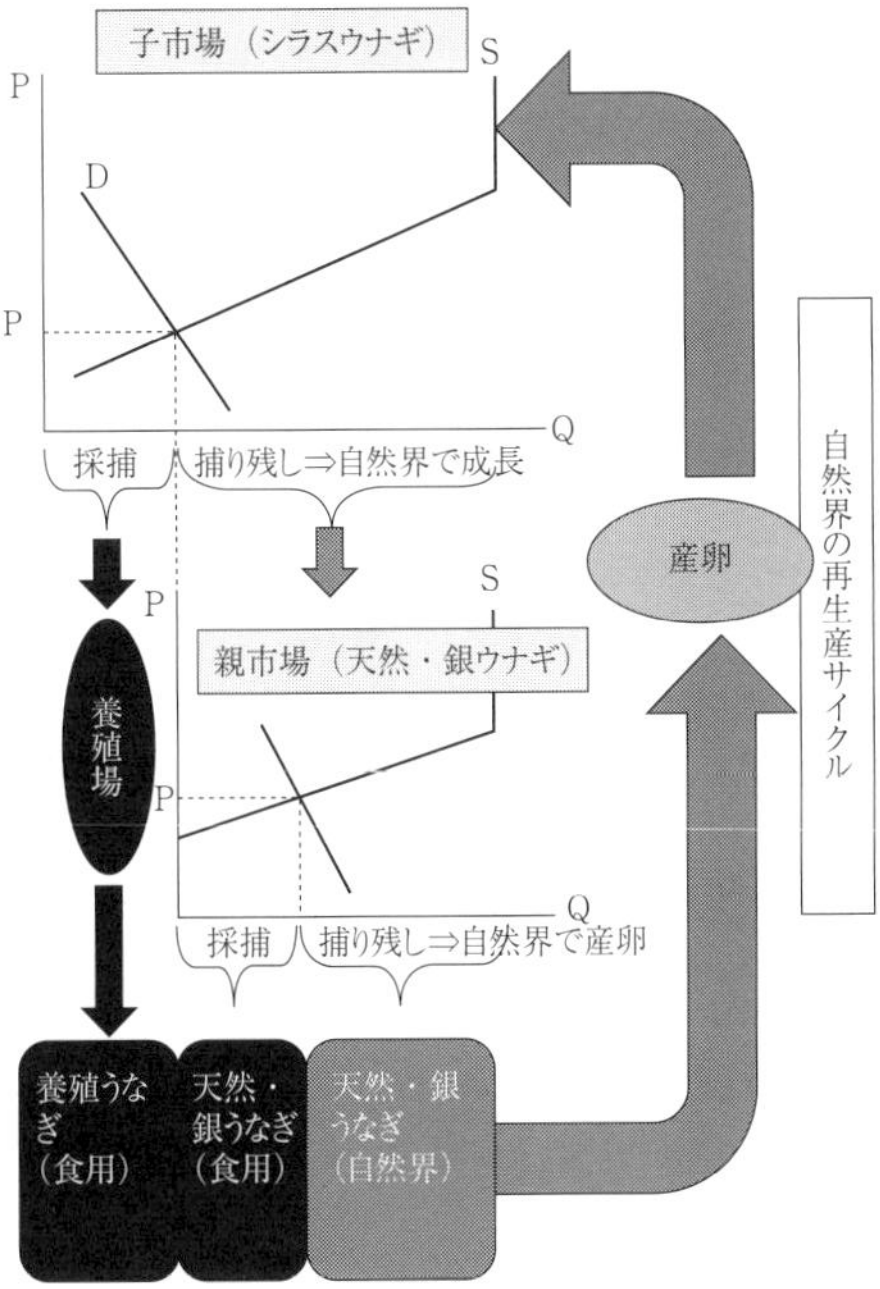

出所：筆者作成。

いるものなのだと感心させられた。まだ銀ウナギになる前の小型のウナギだったが、このあたりに生息し、竹筒を見つけると棲み家にしようと入り込んでくるそうだ。このウナギを捕らないでおいてやれば、何年か後にはその子どもがシラスとなって東アジアの河川に戻ってくるわけだが、サケとちがっていつどの川へ遡上するかは決まっていない。サケの場合は多くの個体が4年で母川に回帰するので、都会の大学に入っ

4　外部不経済については、たとえば伊藤（2018）350-360頁に詳しい。

た子どもが卒業して郷里に戻ってくるのを待つようなものである。だから「この子は私が捕り残した親から産まれたのだから私の子も同然だ」といった所有を主張でき、これがサケの母船国主義に根拠を与えている。

　ウナギではそのような親子関係は特定できない。利根川を棲み処としていた親ウナギの子孫だけをこの漁業者が捕獲しているわけではないので、親ウナギを保存することが天然ウナギ漁業者の将来の利益には結びつかない。シラス漁業者が捕りこぼしたウナギは天然ウナギとして数年間利根川流域に生息するが、そのウナギがマリアナ諸島沖で産んだシラスがまた利根川に戻ってきて、うまくこのシラス漁業者の網に入ってくれる可能性などというのは無に等しい。こうした状況下では漁業者が自律的に資源保護に取り組む意欲が生じないのは当然である。[5] 2つの市場の存在とウナギの気まぐれな生育習慣がウナギ保護を難しくし、一方の乱獲が他方の枯渇をも招くという負のスパイラルが続いてきた。

ウナギ資源の減少要因

　実はウナギ資源に悪影響を及ぼす要因は採捕以外にも存在する。ウナギが減少した要因としてどの文献にも共通して上げられているのは次の3つである。

①　乱獲

② 海の環境変化

③ 河口や河川などウナギの生息地の減少

しかし、それぞれの寄与度――減少の何パーセントを説明できるか――が不明なため、列挙の順番は任意でよい。そこで乱獲のせいにしたいかどうかが、列挙する順番に表れる。たとえばＩＵＣＮ[6]は①→②→③の順に、水産庁は②→①→③の順に、全日本持続的養鰻機構は②→③→①の順に挙げている。[7]

どれがどれほどの悪影響を及ぼしているのかわからないうえ、ウナギ資源の減少を食い止めるた

5　見学させてくださった笹川漁協の齊藤知佳氏と、われわれの間を取り持ってくれた千葉県庁職員の名誉のために弁解すると、この漁業者自身は乱獲を憂うる良識ある兼業漁業者で、代々続いてきた伝統漁業を自分の代で絶やすわけにはいかないと、本業の傍ら週末に操業している。

6　国際自然保護連合。絶滅危惧種をその深刻度に応じて区分して指定している。ヨーロッパウナギはウナギの中で最も上位の絶滅危惧ＩＡ類、ニホンウナギ、アメリカウナギはその下のＩＢ類、ビカーラ種はその２段階下の準絶滅危惧に指定。水産庁（２０２３、11頁）による。

7　ＩＵＣＮの記載はＷＷＦウェブサイト「シリーズ：ウナギをめぐって　ウナギという魚の絶滅の危機」（２０１８年８月１日付）（https://www.wwf.or.jp/activities/basicinfo/3692.html より２０２３年12月20日検索取得）。水産庁は水産庁（２０２３）、全日本持続的養鰻機構は同（２０２３）５頁。本節はこれらの資料と水産庁ヒヤリング（２０１８年４月10日）をもとに作成したが、考察や意見は筆者の個人的見解である。

めにはこれら3つの要因に総当たりするしかない。とはいえ、②は気候変動やエルニーニョなど地球規模の問題であり、ウナギ対策としては漁業者や消費者の手に負えない[8]。③はウナギの生息場所を人工構造物で埋めてしまったためである。国土保全のために行われてきたのであり、これも建設時にはウナギ漁業者や消費者が口をはさむ余地はなかった。ただ近年は魚道を作ったり川によどみを作ったりする自然回帰の河川改修が徐々にではあるが行われている。また、ウナギが棲みつくという「石倉」[9]を川底に敷く取り組みも始まっている。

ウナギ対策として最もわかりやすく、また流通業者や消費者も関与しやすいのは、①の乱獲を防止することである。自然保護派は全面禁漁を主張し、ウナギ愛好家は少し捕り控えることを受忍するだろう。保護派と利用派の主張の間の、どこかで折り合いをつけねばならない。

縮小する市場

食用にするウナギには天然ウナギと養殖ウナギがある。どちらの市場規模も、日本産に関しては1960年代に比べて何十分の1というスケールにまで縮小している。天然ウナギは1尾1万円の値がつくと言われており[10]、今や、川魚料理を食べさせる高級料亭でしか口にできない。養殖ウナギは河口で捕ったシラスを育てたもので、日本の場合、養殖池で半年から1年半育てた後出荷される[11]。養殖ウナギは輸入もしているが、これを含めても数量ベースで見た市場規模はピーク時の3分の1

図9-3　ウナギ供給量と小売価格の推移（1970-2023年）

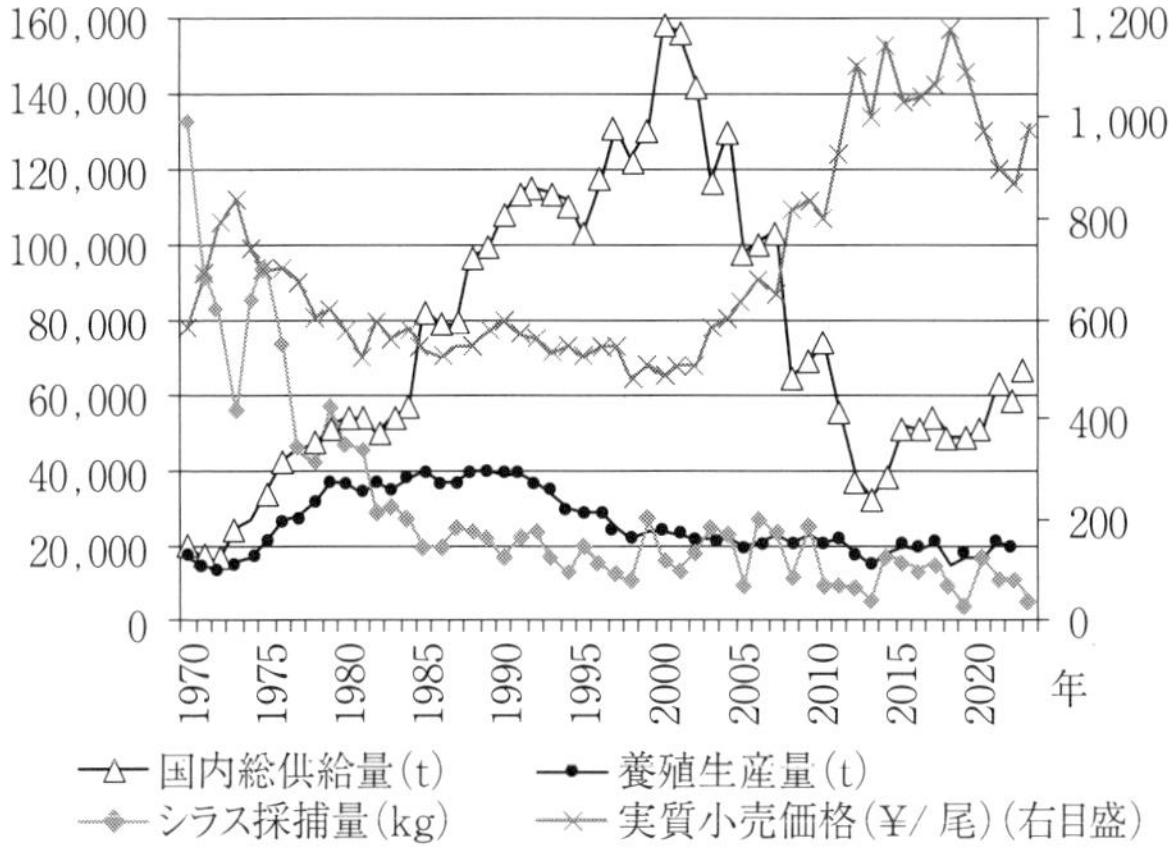

注：実質小売価格はウナギ蒲焼（長焼き）１尾入りトレーの2020年７月の筆者目視価格￥980を消費者物価指数（東京、各年７月、うなぎかば焼き）にあてはめた。国内総供給量は国内養殖生産量に天然ウナギ供給量と輸入量を加算。

出所：シラス採捕量、養殖生産量、輸入量、国内総供給量は水産庁（2023）のエクセルデータ。実質小売価格は総務省「消費者物価指数」。

以下に縮小している。

図９－３には50年間の数量ベースでの市場規模トレンドを描いている。シラス採捕量は１９８５年まで急減したのち[12]、20トン前後で推移し、２０１０年以降は10トン前後の低水準ながら激しい年変動を繰り返している。本章の冒頭でふれたように、２０１９年漁期の採捕量はわずか３・７トンで、もはやこれまでと業界も腹をくくったのに、２０２０年漁期は17トンにぶり返し、２０２３年漁期にはまた５・６トンに落ち込んでいる。

国内総供給量は常に養殖生産量を上回っている。この差には天然ウナギ（国内産）と輸入ウナギが含まれる。ただし天然ウナギは１９９３年以降１

000トンを下回り、近年は60トン程度と少ないため、ギャップのほとんどは輸入ウナギである。輸入量のピークは2000年の13・3万トンであり、直近10年は3万トン台と、こちらも激減している。外国でもウナギが捕れなくなっているのだ。捕らなくなったという意味合いもある。

たとえばヨーロッパウナギは2009年からワシントン条約付属書Ⅱに掲載され、輸出国が証明書を発行しなければ貿易できなくなっている。EU諸国は輸出証明書を発行しない方針のため、事実上の禁漁である。もちろん国内消費用に捕ることは可能なのだが、世界のウナギの70%を消費している日本に向けて高値で輸出できないのであれば苦労して捕るインセンティブはない。残り30%はローカル消費ということで、かつてはシラス自体を食べるスペイン料理もあったそうだが、シラスの不漁と価格高騰のため、このご馳走の材料はシラス風かまぼこ（≒カニカマ）に置き換わった。そこでローカル消費といえども世界に11万店あるという日本食レストランが大きな需要先だと推察される。

絶滅危惧種ビジネス

ニホンウナギもワシントン条約締約国会議において付属書に掲載されるのではないかという観測が持たれている。3年に1度の締約国会議が近づくにつれ「もうじきウナギが食べられなくなるかもしれない」、と消費者の危機感をあおる報道がなされたりもする。

付属書に掲載されると貿易制限がかかる。掲載を避けたいという思いは輸入側である日本の消費者だけでなく、輸出側である中国、台湾、韓国の生産者にも共有されるようになった。２０１６年の締約国会議を前に、２０１５年、これらの国・地域からなる「持続可能な養鰻同盟（ＡＳＥＡ）」が発足し、政府間のみならず民間ベースでも国際的な資源管理に取り組む機運が生まれている。そんな努力が奏功したのか、２０１６年以降の締約国会議ではニホンウナギは議題に上がっていない。ヨーロッパウナギについては、捕獲から輸出・輸入に至るトレーサビリティをより強化することが求められた。

後述するように、ヨーロッパウナギの代替財として東南アジアに生息するビカーラ種が輸入され、

8　海洋研究開発機構は過去20年間の海流変動がシラスの数を継続的に減らす方向で働いていたという解析結果を発表した。ＪＡＭＳＴＥＣ ＢＡＳＥ（海洋研究開発機構ウェブサイト）「海流変動で、日本や台湾に流れ着くシラスウナギが減少」（２０１８年６月４日付）（https://www.jamstec.go.jp/j/pr/topics/quest-20180412/ より２０２３年12月20日検索取得）。

9　正式には「石倉《いしくら》増殖《ぞうしょく》礁《しょう》」という。石を積み重ねてネットで囲んだ構造物で、水産庁が設置を推進している。水産庁（２０２３）23－24頁参照。

10　水産庁ヒヤリング（２０１８年４月10日）。

11　全日本持続的養鰻機構（２０２３）参照。

12　この時期までのシラス採捕量の多さの一因として、クロコというシラスより大型の稚魚も含まれているからだという説もある。水産庁（２０２３）参照。

次いでアメリカウナギが輸入されるようになっている。２０２３年末現在、中国・福建省のうなぎ養殖業者がアメリカウナギのシラスを輸入して蒲焼を作り、日本へ輸出していることが報道により確認でき[13]、Shiraishi and Kaifu（2024）は、近年の輸出急増について、ヨーロッパウナギの二の舞になるのではないかと警鐘を鳴らしている。「日本人が世界のウナギを食べつくした」と揶揄される日が近づいているのかもしれない。

さてわれわれ消費者は、こういう危機的状況を知ったとき、「ウナギを食べるのはよそう」と思うのか、それとも「食べられなくなるのなら少々高くても今のうちに食べておこう」と思うのか。絶滅危惧種指定に乗じて、かえって需要が喚起される現象は「絶滅危惧種ビジネス」と呼ばれる[14]。

陸揚げ後にウナギが国際移動

既述のようにウナギにはニホンウナギのほか数種類あり、日本への輸出形態も生きたシラス、活鰻、蒲焼の3種類ある。表９－１はこの状況を俯瞰できるよう工夫したものだが、情報を入れ込みすぎてかえってわかりにくくなっているかもしれない。表全体としては、上段が輸出国からの輸出形態、下段が日本市場での養殖・消費形態を示しており、川上（外国）から川下（日本）への流通ルートが一目瞭然にわかる、ように作ったつもりだ。

まず日本の貿易統計をもとに描いた上半分から説明すると、日本へ輸出されるウナギはアメリカ

表9-1　ウナギの種類別流通経路と流通量（2018-2022年平均、単位：kg）

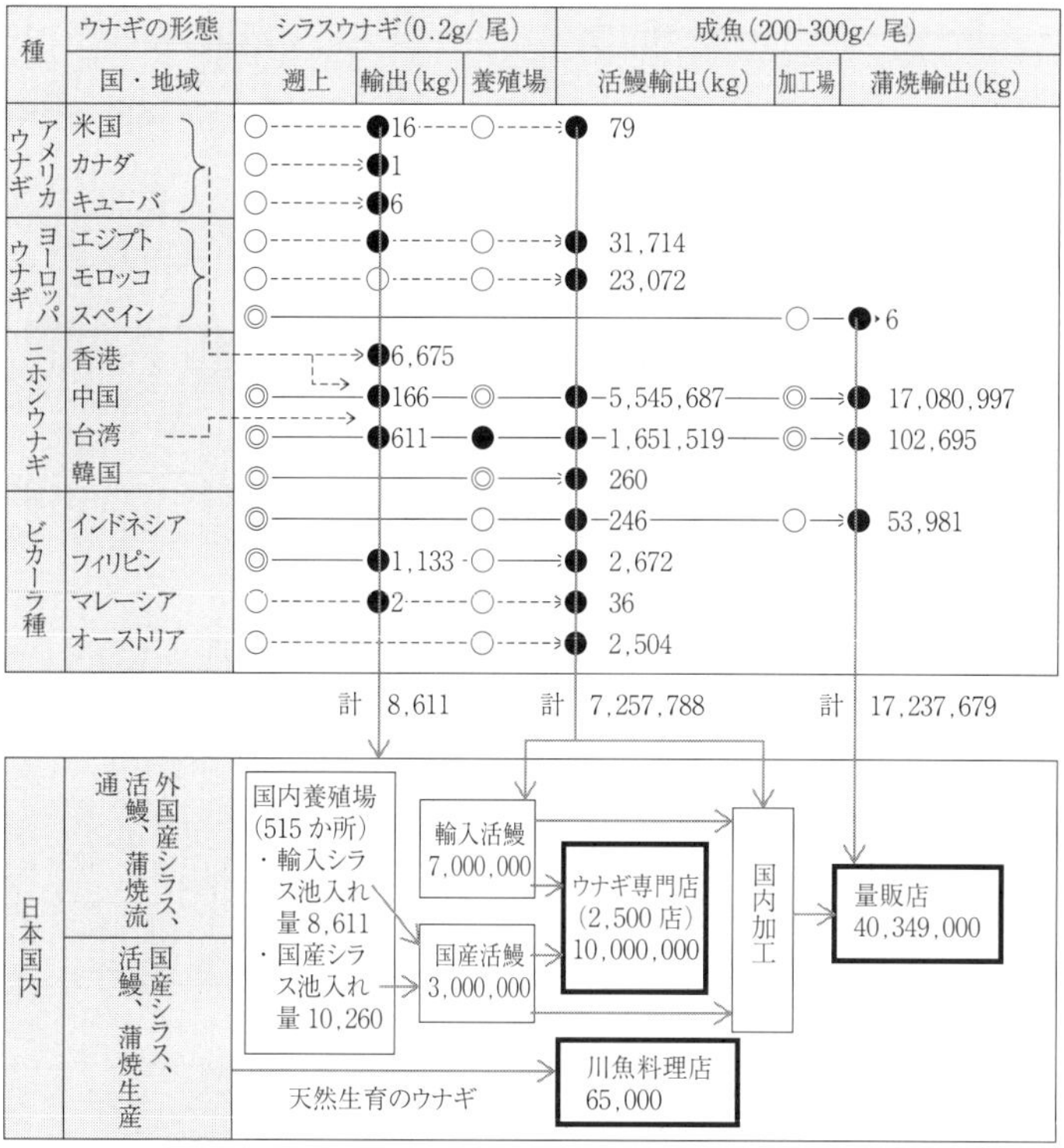

注：・表中の●印と実線は統計や資料の裏付けを出所に記載、◎印は記載していないが周知の事実、○印と破線は蓋然性が高いことを示す。
・蒲焼輸出は「ウナギ調製品」のため白焼きその他を含む。
・水産庁（2023）に示されているウナギ輸入量は35,951tで、筆者が貿易統計から引用した輸入量（24,495t=7,258+17,238）より11,456t多いが、その差が生じる原因は不明。
・日本国内（下段）のウナギ総供給量（太枠の合計）は50,414tで、水産庁（2023）に示されているウナギ総供給量53,779tとの差は3,365tと上述の差より縮小する。

出所：輸入国と輸入量は財務省「貿易統計」（関係各年）、日本国内の数値については、うなぎ専門店に供給される数量は水産庁ヒヤリング（2018年４月10日）、養殖場への池入れ量は輸入シラスは貿易統計から、その他の数値は水産庁（2023）PDFおよびエクセルデータ。

ウナギ、ヨーロッパウナギ、ニホンウナギ、ビカーラ種の4種類であり、そのいずれもシラス（すべて活魚）、成魚（活鰻）、成魚（蒲焼）という3つの輸出形態がある。[15]中国、台湾、インドネシアは3つの輸出形態すべてを提供している。ボリューム的に大きいのは蒲焼の1・7万トンで、大半を中国が占めている。中国、台湾を除く他の輸出国と輸出形態・数量は国の交代、変動が激しい。

たとえば自国のウナギ資源に目を付けたインドネシアは、2010年代ウナギ輸出に力を入れ、ビカーラ種を蒲焼にまで加工して日本へ輸出していた（JETRO 2019）。2015－2019年の日本向け蒲焼平均輸出量は776トンにも及んだが、表9－1に示したように直近5年間の輸出量は54トンに激減、代わってフィリピンが活鰻の輸出を始めている。地理的に近いので、同じビカーラ種のシラスを捕っていると推察される。このように入れ替わりが激しいので直近5年間の平均値を取ったのだが、それでもこの表に現れる輸出国リストは5年前に作ったものとは違っている。

それにしても図9－1に見たように、ニホンウナギは陸揚げ前にも自力で太平洋西部を一航海するのに、陸揚げ後もまた飛行機や冷凍コンテナ船に乗って日本への長旅をする。壮大なロードムービーさながらであるが、ドライバーは日本人独特の嗜好と経済力である。

さて、次に下半分を説明すると、日本国内にはメインストリームとしてシラス採捕→ウナギ養殖→蒲焼加工→消費という流れがある。ここへサブストリームとして外国産シラスが輸入されて来る。国産シラスと輸入シラスは特に区別されることもなくウナギ養殖場の養殖いけすに入れられる。食用サイズに育ち、生きたまま出荷される市場には、またサブストリームとして生きた輸入ウナギも入って来る。全国に２５００店あると推定されているウナギ専門店は生きたままのウナギ（活鰻《かつまん》という）を仕入れ、店でさばいて蒲焼にする。量販店は加工場で蒲焼にされた商品を仕入れて販売するが、ここにも国産蒲焼とともに蒲焼として輸入されたウナギが入って来る。

いつも食べているウナギの出自

ウナギ消費ルートを消費者が購入する最終的な窓口で分けると、表９－１の下段に示したように、主として「川魚料理店」、「ウナギ専門店」、「量販店」の３つに大別できる。出自が最も明快なのは川魚料理店で、そこで供される天然ウナギは１００％国産と言ってよいだろう。ウナギ専門店は国産活鰻と輸入活鰻のどちらも取り扱うが、どの店が何を取り扱っているのかはわからない。ウナギ専門店には「うちのは国産活鰻です」とか「松は国産活鰻で、梅は輸入活鰻です」などと表示する

13　『日刊水産経済新聞』「〝養鰻工場〟化進む福建省」２０２３年12月13日付による。
14　この言葉はアロワナという熱帯魚を巡る攻防を描いた書籍 *The Dragon Behind The Glass* の日本語版タイトルとして使われた。ボイト（２０１８）による。
15　水産庁（２０２３）10頁によると、ウナギの種類としてはこの他にモザンビークウナギ、ボルネオウナギ、セレベスウナギもあり、表９－１にヨーロッパウナギ、ビカーラ種として記載したもののなかにこれらが含まれているかもしれない。成魚（蒲焼）には白焼きも含む。

表9-2　シラス出自別ウナギ消費仕向量（2018-2022年平均）

シラス	トン	生育場所	ウナギ		トン	割合
天然シラス[1]	0.01	自然河川	天然ウナギ		65	0.12%
国産シラス	10.3	国内養殖池	国産ウナギ[2]	国産シラス起源	9,658	17.96%
輸入シラス	8.6			輸入シラス起源	8,105	15.07%
外国シラス[3]	38.0	海外養殖池	輸入ウナギ		35,951	66.85%
供給量計	56.9		供給量計		53,779	100.00%

注１：筆者推計値。天然うなぎ（銀ウナギ）のサイズは「１kgを超え、なかには２kgあるものもいる」との情報（水産庁ヒヤリング（2018年４月10日））をもとに、１kgが２/３、２kgが１/３、平均1.33kgと仮定して尾数を算出し、天然シラス１尾0.2ｇを乗じて算出した推計値。

注２：国産ウナギ生産量は元のシラスが国産か輸入かが明示されていないため、国産ウナギ養殖生産量17,763トンを国産シラス(54.4%)と輸入シラス(45.5%)の割合で按分。

注３：外国シラスの重量は、輸入シラスと輸入シラス起源の国産ウナギとの重量比を輸入ウナギ数量に当てはめた推計値。

出所：水産庁（2023）PDF およびエクセルデータ、財務省「貿易統計」（関係各年）、および水産庁ヒヤリング（2018年４月10日）による。注記部分は筆者推計値。

義務はない。この点で、むしろ量販店で売られるウナギ蒲焼のほうが出自がわかりやすい。食品表示規制に従い、国産ならば産地が、輸入ならば輸入国が表示されている。[16]とはいえ、国産ウナギ蒲焼の出自を辿ろうとしても、シラス段階でも国産だったかどうかをトレースすることはできない。

以上の説明を整理する意味で、表９－２には出自別ウナギ消費仕向量を記載した。統計が取られていないために推計値になっているところも多いが、われわれが食べるウナギ蒲焼のうち、生まれも育ちも日本なのは18％、生まれも育ちも外国なのは67％、外国生まれ日本育ちなのは15％で、外国生まれが合わせて82％と圧倒的に多いことがわかる。

良い密輸、悪い密輸

シラス輸出については香港の「密輸」を特記しておくべきだろう。香港にはシラスは遡上しない。しかし香港からは6・7トンのシラスが入ってくる。表9－1にはこの輸出元を破線で描いたが、これには筋の良い密輸と悪い密輸がある。筋の悪い密輸はヨーロッパウナギのシラスである。ヨーロッパや北アフリカで国内消費を装って採捕し、輸出証明書が発行されていないにもかかわらず香港へ密輸されるというルートがあると推察されている。それらがさらに香港から中国の養殖場に搬入・飼育され、ニホンウナギの蒲焼として日本に輸出されるものもあると推察されている。[17] 活魚ならまだ、目利きであればヨーロッパウナギとニホンウナギの見分けがつくかもしれないが、蒲焼になってしまうともう、ほとんどの人にはわからないのではないか。筆者はかつて、JETROが主催したASEAN産品の輸出促進展示会で、インドネシアで捕られたビカーラ種の蒲焼を試食した

16　JAS法、食品衛生法などの食品表示規制については山下（2012）第6章で述べている。

17　ウナギの産地偽装事件は繰り返し起こっている。たいてい中国産を日本の有名産地産と偽って売るのだが、偽装を暴けたのは消費者ではなく、職場からの内部通報であり、それほどウナギの見分けはつきにくい、ということでもある。山下（2012）参照。

ことがあるが、それまで食べたことのある蒲焼と何ら違いを感じなかった。
筋の良い密輸の1つは台湾からの輸入で、これは日台間で互いのビジネス利権を守るために意地を張り合った結果の産物である。[18]「輸出しない」と言いながらも、高値がつく良い時期に日本にシラスを輸出したい台湾の業者が、中国を経由して日本に輸出している可能性がある。また、「絶滅危惧種ビジネス」の節で紹介したように、近年ではアメリカウナギの輸出も急増しており、これが香港へ輸出され、中国で蒲焼になって日本へ輸出されている可能性がある。本書執筆時点ではアメリカウナギはワシントン条約上の絶滅危惧種には指定されていないので、こちらも良い密輸のほうに入れておくこととする。問題は、良い密輸といえども密輸なので、数量が把握できないことにある。そのために、差額としての悪い密輸の数量も把握できない。[19]
日本では、業界も政府もこぞって、ニホンウナギのワシントン条約付属書への掲載の動きを警戒しているが、ニホンウナギの付属書掲載を提案する欧州からの働きかけの真の意味合いには、ニホンウナギの資源保護よりむしろ、ヨーロッパウナギの不正流通を防止したいという目的がある。つまり、ニホンウナギの輸出証明書を発行する義務を負わせることにより、ニホンウナギの養殖数量が捕捉できるようになるため、ヨーロッパウナギの密輸がしにくくなり、ヨーロッパウナギの資源保護につながるのである。[20]

ウナギの採捕規制：シラスと天然ウナギ

資源的にも外交上も危機的な状態に直面したことを受け、日本でもようやく2015年から、シラスの養殖池への池入れ数量の総量規制と養殖場への個別割当が導入された。国産シラスと輸入シラスを合わせて年間21・7トンという上限は、それ以前の3年間の平均実績からの2割減である。2割という割合や21・7トンという採捕量は、「これで資源が回復する」という科学的根拠に基づいているわけではなく、保護派と利用派の間での妥協の産物である。ニホンウナギは他国の河川にも遡上するため、台湾（10トン）、中国（36トン）、韓国（11・1トン）を合わせて合計78・8トンが当面の上限となっている[21]。

18　名目的には自国の「養鰻業にウナギ種苗を安定的に供給するため」に輸出禁止期間を設けている。水産庁ヒヤリング（2018年4月10日）による。
19　中国の貿易統計における香港等からの輸出入記載の有無については確認していない。
20　水産庁ヒヤリング（2018年4月10日）などによる。
21　数値は水産庁（2023）8頁。他の種類のウナギにも若干の割当がある。このケースのように、持続可能採捕量を資源解析から割り出せない場合は、「順応的管理」手法が採られる。これはシラスの来遊量に応じて総採捕量を加減するというものである。

問題はこの規制が遵守されるのかである。シラスを採捕する者は日本だけで2万人を超える。彼らは上限など構わずに捕れるだけ捕ろうとするだろうが、採捕したシラスは養殖場に買い取ってもらわなければ換金できない。2015年から養殖場が許可制になり、直近では国内515か所の養殖場が許可と個別割当を受けている。そこで、これらの養殖場が割当を超えて買い取らなければ総量規制は守られるという仕組みとなっている。[22]

シラスが非常に高額であることが時折話題になる。水産庁（2023、5頁）によると、2012年～2021年漁期の1尾当たり価格は180～600円だった。また、貿易統計から割り戻した2018年～2022年の1尾当たり価格は610円だったので、国内外で大きな価格差はないようである。法外な高さではないが、季節変動・年変動が激しい。池入れ後の生残率は95％と高いので製品出荷量から逆算しやすく、割当超過は見破りやすい。

一方、天然ウナギの採捕量に今のところ規制はない。しかし繁殖のためにマリアナ諸島沖へ向かおうとするウナギ（下りウナギとか銀ウナギと呼ばれる）については、県や内水面漁連などが採捕を自粛するようにと漁業者や遊漁者に呼びかけている。鹿児島県など5県では下りウナギが出現する秋から冬を禁漁期間にしている。佐賀県など4県では再放流を呼びかけている。[23] 浜名湖の親うなぎ放流連絡会では、市場価格で買い取って再放流している。その費用を賄うために、一般市民からも一口1万円の寄付金を募っており、寄付すると「リターン品」として5000円相当のウナギ詰め合わせ、またはウナギ料理店で使える食事券が返送される。[24]

「食べて増やそう」はいかがなものか

ウナギの資源保護のために導入されている総量規制と個別割当は、経済メカニズムと紐付けたものではなく、政府からの強制であるため、これは経済外的規制である。市場メカニズムを利用して当事者が自主的に行動を変えるよう誘導するのが経済的規制であるが、これは残念ながら採用されなかった。しかし経済的規制は、違う形ですでに導入されているともいえる。

環境に配慮した食材の提供を標榜している小売業者がウナギ蒲焼き1商品当たり3円や50円の寄付金を販売代金に上乗せして代理徴収している例がある。「だからウナギを食べることがウナギを守ることにつながるのです」というのが共通のキャッチフレーズだ。[25] これは民間版ピグー課税[26]であり、その「税収」は先述した石倉設置のための寄付金などに充てられる。

22　2025年からは、シラスウナギ自体も「特定水産動植物等の国内流通の適正化等に関する法律」の特定第1種水産動植物に指定されて、取引の規制が始まる予定である。水産庁（2023）16頁による。

23　水産庁（2023）19–21頁のポスターに基づく。

24　READYFORウェブサイト「浜名湖発『ニホンウナギ資源回復プロジェクト』2022」(https://readyfor.jp/projects/unagi-houryu2022より2023年12月20日検索取得)。

民間による善意の活動にケチをつけるのは申し訳ないのだが、筆者から4つの疑問を提起したい。

1つは、この低水準の賦課金で本当に外部不経済を内部化できるのかという点だ。そもそも売る側には需要を抑えるという意図はなかろう。エシカルな消費者の支払い意思額はもっと高額だろうが、そうでもない多数の消費者から「寄付金が高いからウナギを買うのはやめた」と言われては商売にならない。

そこでエシカル消費者からもっと高額な寄付を集める取り組みもある。1つは前述した浜名湖の親うなぎ放流連絡会で、この取り組みでウナギを購入すると市価の2倍の価格を支払ったことになる。さらに高額な寄付金はふるさと納税で、原価率が30%であるから市価の3倍以上の価格を支払ったことになる。これだけ払えば外部不経済も内部化できるだろうか。

そこで2つめは、この賦課金が心あるウナギ愛好家の免罪符になってはいないかというものだ。人によって3円を負担しながら、あるいは5千円を負担しながら、後ろめたさを感じずに、「食べて増やそう」などと自分に言い聞かせて消費量を増やせば、資源保護とは逆効果になる。善意のモラルハザードと言っても良い。ただし、現在は国による総量規制があるため、増えた需要分は価格に転嫁されるだけで採捕増にはつながらない。

3つ目の疑問は、天然ウナギの「買い取り放流」というスキームについてである。買い取り放流は市場への供給を増やさないから高値が維持される。それが自粛のタガを外し、不要な採捕を誘発するというモラルハザードが起こる可能性がある。

４つ目の疑問は際限なく寄付金を集めるスキームについてである。大崎町ではすでにファンドの目標金額の11倍の寄付金を集めた。[27] 返礼品であるウナギ商品出荷量もこれに比例して上昇したわけだ。集めた莫大な寄付金を環境改善、生育改善、広報活動に使用しているとしても、それで資源が

25　たとえばコープ九州は、大隅地区養まん漁業協同組合製造商品であるうなぎ蒲焼の売上1点当たり３円を鹿児島県ウナギ資源増殖対策協議会に寄付するという事業を、少なくとも２０１７年まで実施していた。コープ九州プレスリリース２０１６年7月6日付「うなぎを食べて、資源保護に協力」(https://www.kyushu.coop/news/press/39/ より２０２３年12月20日検索取得)。翌２０１７年6月12日付「今年で3年目　うなぎを食べて、資源保護に協力」は現在非公開。寄付金はウナギ保護の研究や石倉の設置、ポスター作製に使用されている。オイシックス・ラ・大地は「ささエールウナギ基金」を設け、顧客がうなぎ商品を購入すると1点につき売上から50円分が基金として積み立てられ、石倉の設置のための寄付に宛てられている。同社ウェブサイト「ささエールうなぎ基金対象商品」２０２２年7月7日付記事 (https://farble.oisixradaichi.co.jp/posts/unagi2206より２０２３年12月20日検索取得)。

26　ピグー課税とは外部効果による資源配分の歪みを是正する目的で導入された税を指す。たとえば伊藤(２０１８) ３５５－３５７頁参照。

27　鹿児島県の「大崎町うなぎ資源循環プロジェクト～「日本一のうなぎの町」を守りたい～」は厳密にはクラウドファンディングであるが、ウェブサイトの仕様はふるさと納税に類似している。寄付者は1万円から30万円までの寄付金額を選択でき、返礼品は鹿児島県産のうなぎ加工品である。２０２１年からの10年間の寄付目標額１０００万円に対して、２０２３年12月20日現在、すでに1・14億円の寄付を集めている (https://26p.jp/crowdfunding/projects/14より２０２３年12月20日検索取得)。

11倍増えるわけではなかろう。ウナギ資源を保護できていると言えるのだろうか。

「増やして食べよう」はいかがだろうか

ウナギの親子市場をこれ以上痛めつけずに、しかしウナギを食べ続けるシナリオを考えてみたい。

その1つは完全養殖である。近大マグロのような、天然種苗に頼らない生産の循環だ。2010年に国立研究開発法人水産研究・教育機構が成功し、近畿大学も2019年から同機構のOBを迎えて完全養殖を目指し、2023年に完全養殖に成功した[28]。水産庁（2023、25頁）によると、年間数千尾の人工シラスウナギを生産できる段階にきており、その生産コストは約3千円／尾であるという。これは天然シラスの高値圏の価格である600円／尾のたった5倍であり、商用ベースに乗るのも間近ではないのか。前節で紹介したように、寄付を通じて2倍の価格を喜んで支払う消費者層がいるのだから、「天然資源に影響を与えない人工シラスから作ったウナギの蒲焼、2万円」に食指が動く人は、数千人くらいはいるだろう[29]。

2つめはウナギ代替財の開発である。すでにナマズやサンマの蒲焼きがウナギ代替財として商品化されており、日本が誇るカニ代替品、カニカマのようなウナギカマもお目見えしている。

3つめは、ウナギをもっと大きくしてから出荷するというプランである[30]。養殖ウナギの出荷サイズは200g～300g／尾だが、天然ウナギは1kg／尾以上にもなる。このサイズまで育てれば計算上は1尾のシラスから今の４～５倍のウナギ身肉が生産できる。だから、シラスの池入れ量を４分の１から５分の１に削減しても供給量は今と変わらない。これが机上の空論でない証拠として表９－２を参照されたい。これは、ウナギ消費仕向け量５・４万トンをシラス段階から遡ってその出自を示したものである。国産シラス10・３トンから生産された国産養殖ウナギは０・97万トンで、総消費仕向け量の18％を占める。０・２ｇのシラスが出荷時に９４１倍になっていることもこの表

28　近畿大学ニュースリリース「ニホンウナギの完全養殖に大学として初めて成功　養殖用種苗（稚魚）としての実用化をめざし、今後さらに研究を継続」（２０２３年10月26日付）（https://newscast.jp/news/6313733より２０２３年12月20日検索取得）。

29　数千尾のシラスから数千折以上のうな重ができると想定した。うなぎ料理店で供されるうな重が一折４０００円として、その5倍の金額を本文に記載したが、実際には稚魚原価が5倍になるだけでその後の飼育コストは天然シラスと変わらないので、小売原価はもっと低いと思われる。

30　この提案は水産庁ヒヤリング（２０１８年４月10日）からヒントを得たものだが、『産経新聞』２０１８年10月４日付「ウナギ太らせ稚魚守れ　味落とさずサイズ2倍に」によると、この取り組みを「太化《ふとか》」と言い、一例として、山本養鰻は2倍の４００ｇにまで太化して出荷していることが紹介されている。パルシステム（生協）もかなり以前から大きめに育てたウナギのかば焼きを開発している。パルシステム「食べて、守るとは――うなぎの資源回復への取り組み（社会貢献活動レポート　２０１４年６月）」（https://information.pal-system.co.jp/society/140601-csr96/ より２０２３年12月20日検索取得）。

から計算できるので、それで1尾当たりの重量を割り戻すと188gとなる。つまり約200gの国産養殖ウナギを今の5倍、1kg超の大きさにして出荷すれば、国産養殖ウナギ生産量は4・8万トンとなり、皮算用によると現行の消費仕向け量の9割を「日本生まれの日本育ち」で賄える。完全養殖とタッグを組めば自給率100％も夢ではないのである。もういつ輸出禁止されても大丈夫、ワシントン条約恐るるに足らず、である。

大型化すると骨や皮が固くなる、重箱やトレーに収まらないなどの難点があり、小売側が渋っているのだが、養殖業者には300g以上で出荷したいという意向がある。さすがに1kgにしたいという意向は聞いていないし、現物を見たこともないが。残りのステークホルダーは流通業者と消費者だが、消費者の意向など、まだ聞いてもらってもいないではないか。この二者が了解すれば、今養殖中のウナギからでも始められる。飼育期間の延長によって餌代などがかさみ、ウナギの価格はさらに上昇する可能性があるが、それがウナギ需要の減少を通じたシラス採捕量のさらなる削減にも、完全養殖技術と代替財開発の加速にもつながる。

参考文献

Shiraishi, Hiromi. and Kenzo Kaifu（2024）"Early warning of an upsurge in international trade in the American Eel," *Marine Policy*, 159, 105938.
伊藤元重（2018）『ミクロ経済学（第3版）』日本評論社。
JETRO（2019）「ウナギかば焼きに託す水産ビジネスの持続可能性（インドネシア）」『地域・分析レポー

ト』２０１９年７月25日（https://www.jetro.go.jp/biz/areareports/2019/2524eb882ddd2c2d.html より２０２３年12月20日検索取得）。

水産庁（２０２３）「ウナギをめぐる状況と対策について」（２０２３年12月）（https://www.jfa.maff.go.jp/j/saibai/attach/pdf/unagi-31.pdf より２０２３年12月20日検索取得）。

全日本持続的養鰻機構（２０２３）「うなぎと日本人――ウナギ資源を持続的に利用するために」（https://www.wwf.or.jp/activities/basicinfo/3692.html より２０２３年12月２日検索取得＊ウェブ上のパンフレットであり、日付が記載されていないため、最終検索取得年を記載した）。

ボイト、エミリー著、矢沢聖子訳（２０１８）『絶滅危惧種ビジネス――量産される高級観賞魚「アロワナ」の闇』原書房。

山下東子（２０１２）『魚の経済学（第２版）――市場メカニズムの活用で資源を護る』日本評論社。

第10章

肉と魚

消費者の魚離れ

日比谷公園で開催される日本フィッシャーマンズ・フェスティバルには大勢の魚好きが集まるのだが（東京都・千代田区にて2016年11月20日筆者撮影）

図10-1　食用魚介類の国内消費仕向量、生産量と経済成長率

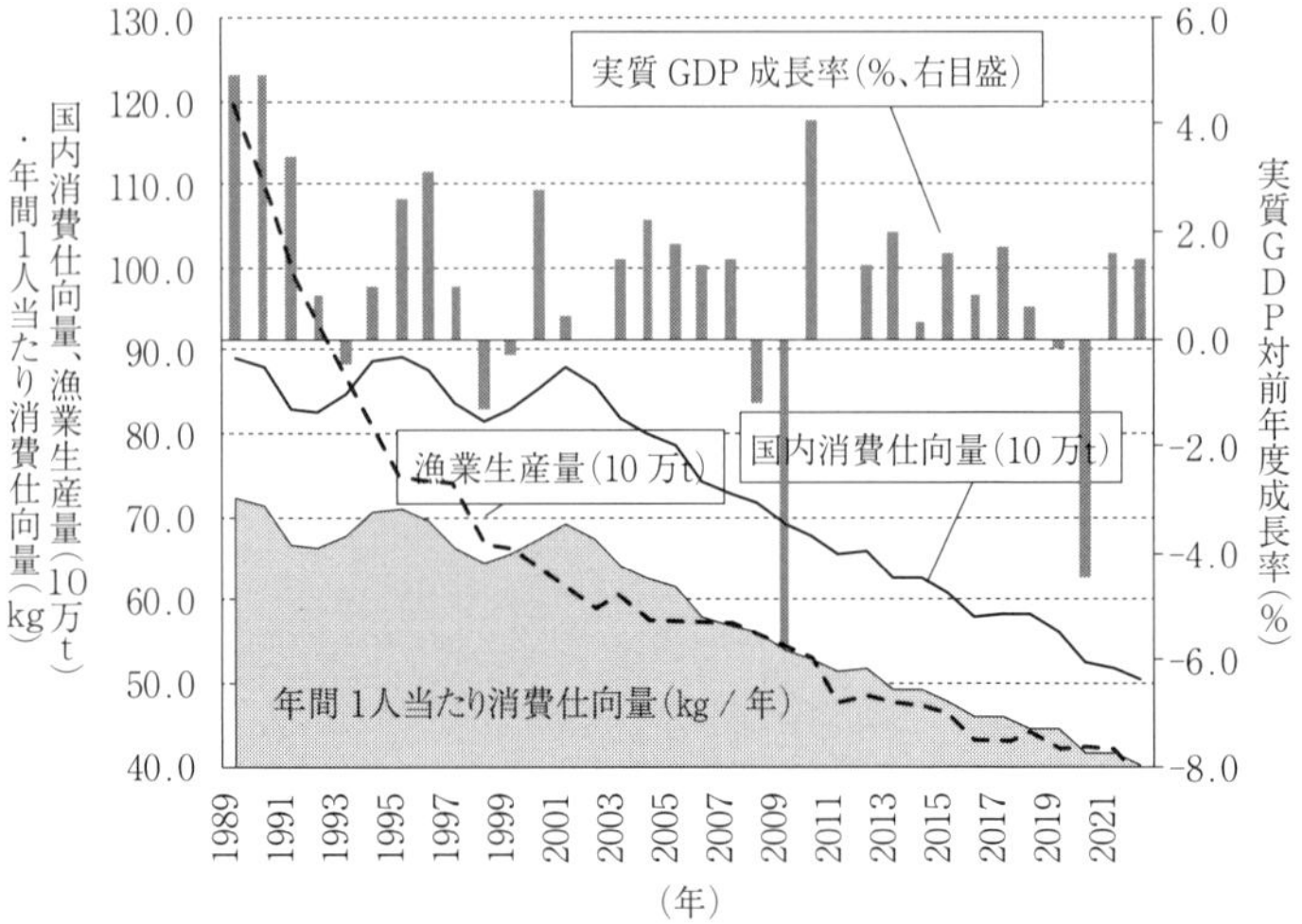

出所：魚介類消費量は農林水産省「食料需給表」、生産量は水産庁「漁業・養殖業生産統計」、GDP成長率は内閣府経済社会総合研究所「経済成長率」。

はじめに

日本の消費者の魚離れは2000年代に入って急速に進んだ。2001年に69kgだった年間1人当たり魚介類消費仕向量[1]は、以後年率マイナス2・5%のペースで下落し、2022年には40kgになっている（図10－1）。もっとも、1人当たり消費のピークはこれより前の1989年で72・3kgであったが、以後10年間は5kg前後の増減を繰り返していた。ところが2001年以降はほぼ一貫して減少の一途をたどっており、この間反転上昇したのは僅か1回、前年から100g上昇したのみである。加えて、日本の人口も減っているため、2022年の国全体の国内消費仕向量はピーク時

表10-1　魚が肉より勝る点・劣る点

魚が肉より勝る点	
項目	％
健康に良い	64.7
旬や季節を感じる	53.6
ごはんとよく合う	20.8
バラエティに富む	18.8
地域色を感じる	16.4
美味しい	12.0
お酒に合う	7.7
割安	7.4

魚が肉より劣る点		
項目	％	備考
買い置きが難しい	42.4	時間価値
生ごみ処理が大変	39.7	
肉類より割高感	33.7	価格
肉類より食べにくい	31.4	時間価値
肉類より調理しにくい	25.0	
子供が肉を好む	17.9	嗜好の変化
肉の方が美味しい	6.4	
肉の方が高栄養	3.7	価格

出所：項目と割合は水産庁『平成24年度　水産白書』図Ⅰ－２－11。原典は農林水産省消費者モニター調査（2012年）。備考は筆者による。

（１９８９年、８９１万トン）から43％減の５０５万トンとなっている。１９８９年は平成元年、ということで昭和から平成への時代の変わり目に水産物の消費トレンドも反転したということができる（章扉写真）。

なぜ減ったのか、今後どうなるのかは水産研究者にとって関心の高い課題であり、どうすれば減少を食い止め反転上昇させられるのかは水産関係者にとって関心の高い問題である。そこで本章では魚離れの原因を多角的に分析し、今後を展望する。

魚離れの原因は何かと問われれば、魚は肉より割高だからとか、調理が面倒だからなど、さまざまな理由が挙げられるだろう。その一例として、表10－1には消費者モニターによるアンケート調査結果を掲載した。消費者は、魚には肉より勝る点が多々あることを認識しているが、劣る点もあり、それが魚離れの原因になっているということだ。以下では、これら考えられる要因のうちどれが決定的なのか、データを見ながら検

図10-2　水産物の需給と価格・数量の変化

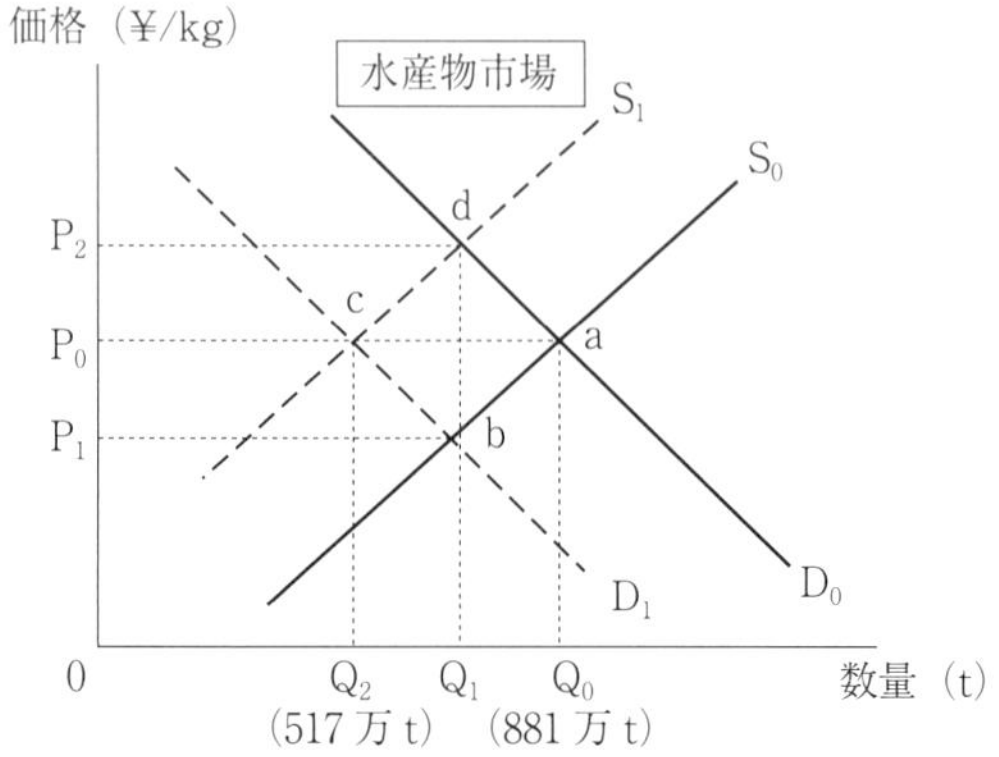

証していく。

結論から言えば、決定的な要因は見出せなかった。唯一もっともらしいのが消費者の簡便化志向で、これは調理を含むライフスタイルの変化に水産食品が追い付いていないからでもある。

需要側と供給側の要因

リストアップされた理由を経済学の流儀に従って整理し、裏付けとなるデータで検証する。まず日本の食用水産物をまとめて１つの市場と見なし、水産物に対する需要曲線と供給曲線を描く（図10－2）。近年のピークである２００１年をスタート時点と置き、スタート時点の需要曲線をD_0、供給曲線をS_0とする。２つの曲線の交点aが市場均衡点で、ここで水産物の価格P_0のもとでQ_0の水産物（８８１万トン）が市場に供給され、消費されている。それが今日の供給量Q_2（５１７万トン）に落ち込んだ要因を需要側と供給側に分けて考えてみよう。

まず、需要がD_0→D_1にシフトする要因として、経済学の一般的な教科書では①代替財の価格低下、②補完財の価格上昇、③所得低下、④嗜好の変化、が挙げられる。[2] 以下の節でこれらを水産物需要に当てはめて順に検討する。その後の節で供給側の要因を取り上げ、今後を展望する。

平成期に肉が魚を代替

水産物は動物性のたん白質であるため、代替財は肉類、乳製品、卵である。1960年からの長期トレンドでこれらの1人当たり年間消費仕向量の推移を見ると、水産物以外のたん白質はほぼ一

1　骨や殻などの非可食部分を含む粗食料ベース。総供給量（国内生産量＋輸入量－輸出量）から非食用（餌肥料、宝飾品など）を除いた数値で示される。純食料（可食部分）は粗食料に歩留まりを乗じて求める。2021年は歩留まりが56・4％であるため、純食料は23・5㎏である。実際に消費されたかどうかまでは捕捉できないため、統計上は消費「仕向」量と表記される。以後本章で「消費量」というのはこの消費仕向量と同義である。

2　これら4つの要因は、経済学の教科書に載っている一般的な事象である。たとえば伊藤（2018）第2章を参照。なお、水産物自身の価格変化は、需要曲線上を上下にスライドすることで表され、水産物自身の価格変化以外の要因による水産物の需要量の変化は需要曲線のシフトで表される。

図10-3　年間１人当たり食料品品目別消費仕向量の長期推移

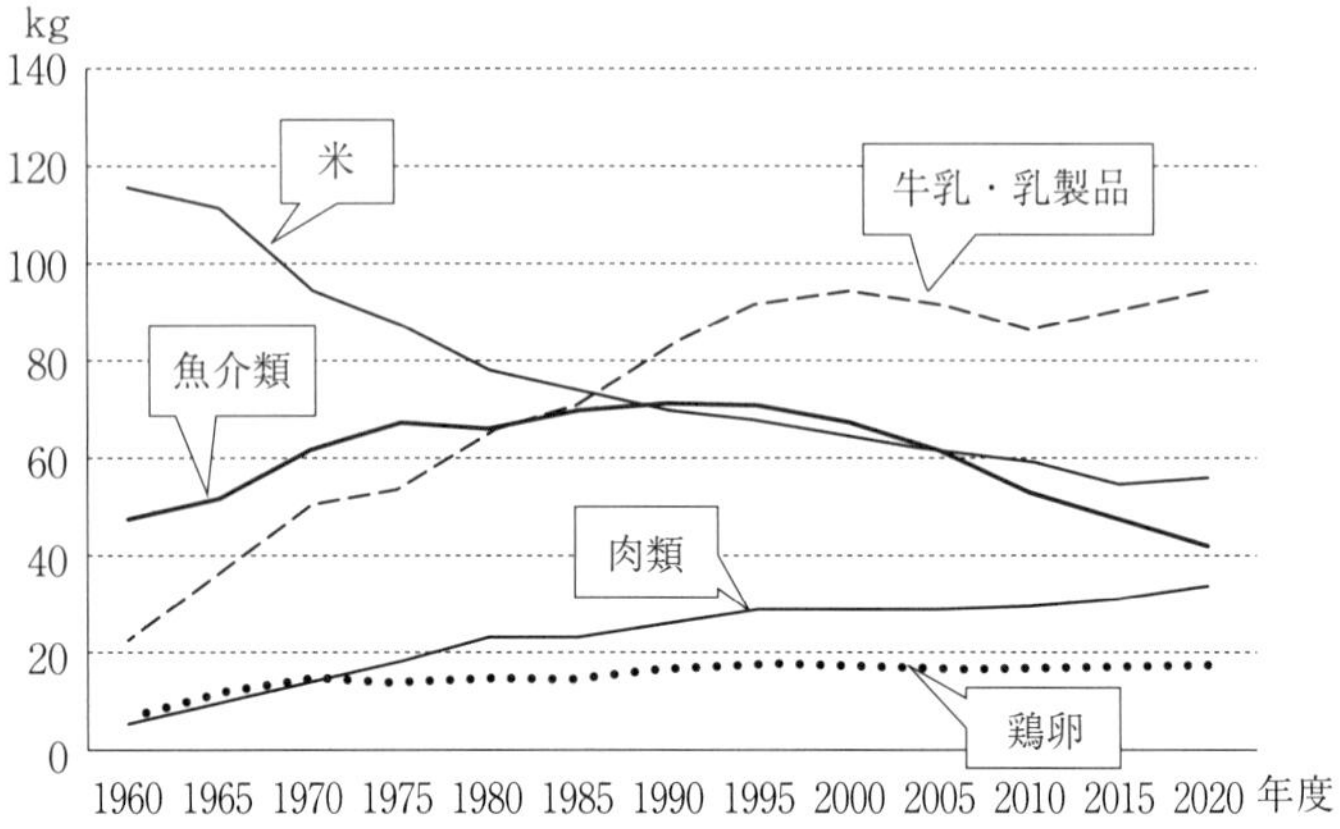

注：米、魚介類は粗食料、肉類は牛肉・豚肉・鶏肉の合計。
出所：農林水産省「食料需給表」データベースより作成。

貫して消費が増えているのに対し、水産物（魚介類）は１９７０年代に60kg台に乗せたのち、さらに増えて２００１年まで70kg前後で増減を繰り返していたが、その後はほぼ一貫して低下している（図10－３）[3]。水産物と肉類は１９９０年までともに増えていたが、１９９１年以降は肉類が増える一方、水産物は減るという逆向きのトレンド、すなわち代替関係に転じた。実際に図10－３には示していないが、純食料ベースでは、２０１１年に水産物と肉類の消費量が逆転し、おかずの主役が交代した。以後肉類が一貫して水産物の消費量を上回っている[4]。

　誰がどのように消費量を減らしたのか、その傾向を年代別に一覧するには図10－４が有用である。ただ読み取るのに少々コツがいる。この図には平成期間中の変化の方向を見るべく、１９８９（平成元）年と２０１９（令和元年）の２時点について、年代別・1人1日当たり魚介類・肉類摂取量をプロットしている。[5] 対角線（45度線）より下方にあれば、魚の摂取量の方が肉より多く、逆に対角線より上方にあれば肉の方が多い。平成30年間の変化は次の4つにまとめられる。

第1に、全年代平均値（●で表示）は魚＞肉から肉＞魚に転換した。この間、魚と肉を合わせた動物性たんぱく質総摂取量[6]は21g、割合にして15％増加した。年代別に見ても、全世代で総摂取量が増加していることがこの図から確認できる。特に10代と20代という若い世代（▲△）は平成元年からすでに肉＞魚となっていただけでなく、30年間で魚の摂取量をほとんど減らすことなく肉の摂取量を大幅に増加させた。「若い人が魚を食べない」とはよく言われることだが、このデータから、

3　食料需給表では魚介類と呼称するため、図10－3では魚介類と表記し、本文では統一的に水産物と呼称することとする。

4　なお、たんぱく源として注目すべきは牛乳・乳製品であり、この消費量が一貫して伸び続けている。鶏卵は、価格が低位安定している割には消費量が伸びない。

5　この図はもともと水産庁『平成23年度 水産白書』図Ⅱ－1－10に掲載されたもので、それに倣い、採用年を変えて筆者が作成した。2020、2021年はコロナ禍のため調査が見送られたため、2023年4月時点での直近データは2019年である。

6　本図で用いているのは肉類と魚介類であり、他の動物性たんぱく質である卵と乳製品は含まれていないが、本章では肉と魚の合計をもってたんぱく質総摂取量と呼ぶこととする。

図10-4　年代別１人１日当たり魚介類・肉類摂取（1989年→2019年）

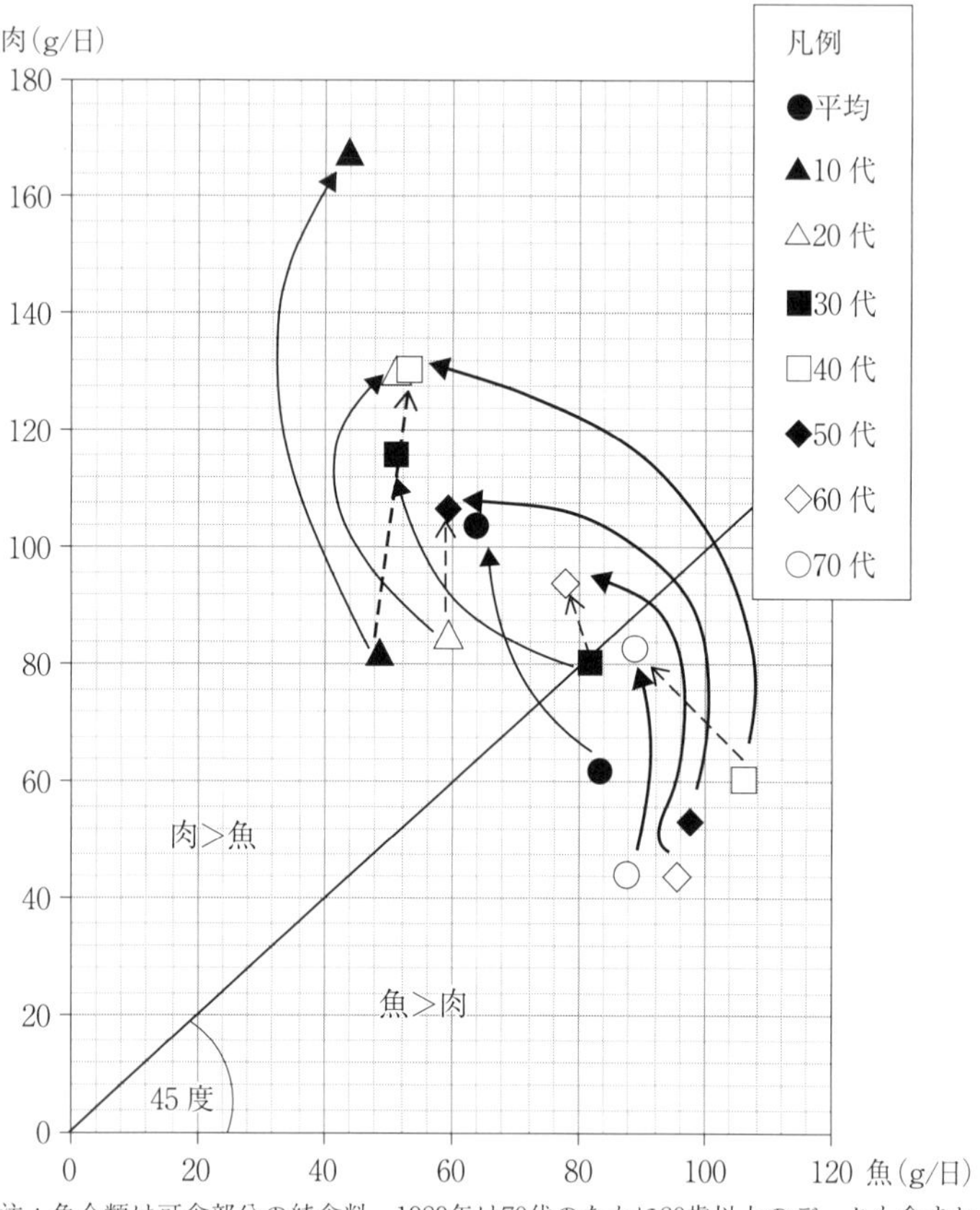

注：魚介類は可食部分の純食料。1989年は70代のなかに80歳以上のデータも含まれる。

出所：1989年は厚生労働省「国民栄養調査」、2019年は同「令和元年　国民健康・栄養調査」（ともにウェブ版）から作成。

若い人は昔からあまり食べなかっただけで、平成期に摂取量を減らしたわけではないことがわかる。つまり、魚離れを起こしているのは若年層ではなかったのである。なお、30代（■）は平成元年には対角線上におり魚＝肉、それより上の世代はすべて対角線より下、つまり魚＞肉であった。ところが30年後にまだ魚＞肉を維持し続けているのは70代（○）のみとなり、30〜60代はすべて肉＞魚となった。

30〜50代が魚離れ

第2に、魚の摂取量の減り方が大きいのが40代と50代（□◆）で、特に40代は魚の摂取量を半減（54g）させて、肉を倍以上（70g）増やしている。30代と50代の魚の摂取量減少分も30g以上と大きい。つまり、平成期に魚離れを起こしていたのは30代から50代なのである。

第3の特徴として、60代、70代（◇○）は魚の摂取量をそれほど減らさずに、肉の摂取量をほぼ倍増させている。2010年頃からメディアで「高齢者こそ肉を食べるべき」と喧伝されるようになった[7]。そうした啓蒙が奏功し、高齢者世代は健康・長寿のため意識的に肉の消費量を増やしているのかもしれない。

ここまでは平成の10代と令和の10代というように、同一世代を比べて30年間の変化を見てきた。図10－4ではこれを曲線の実線で示している。次に、同一世代の変化を「コーホート」で追いかけ

図10-5　品目別消費者物価指数の推移

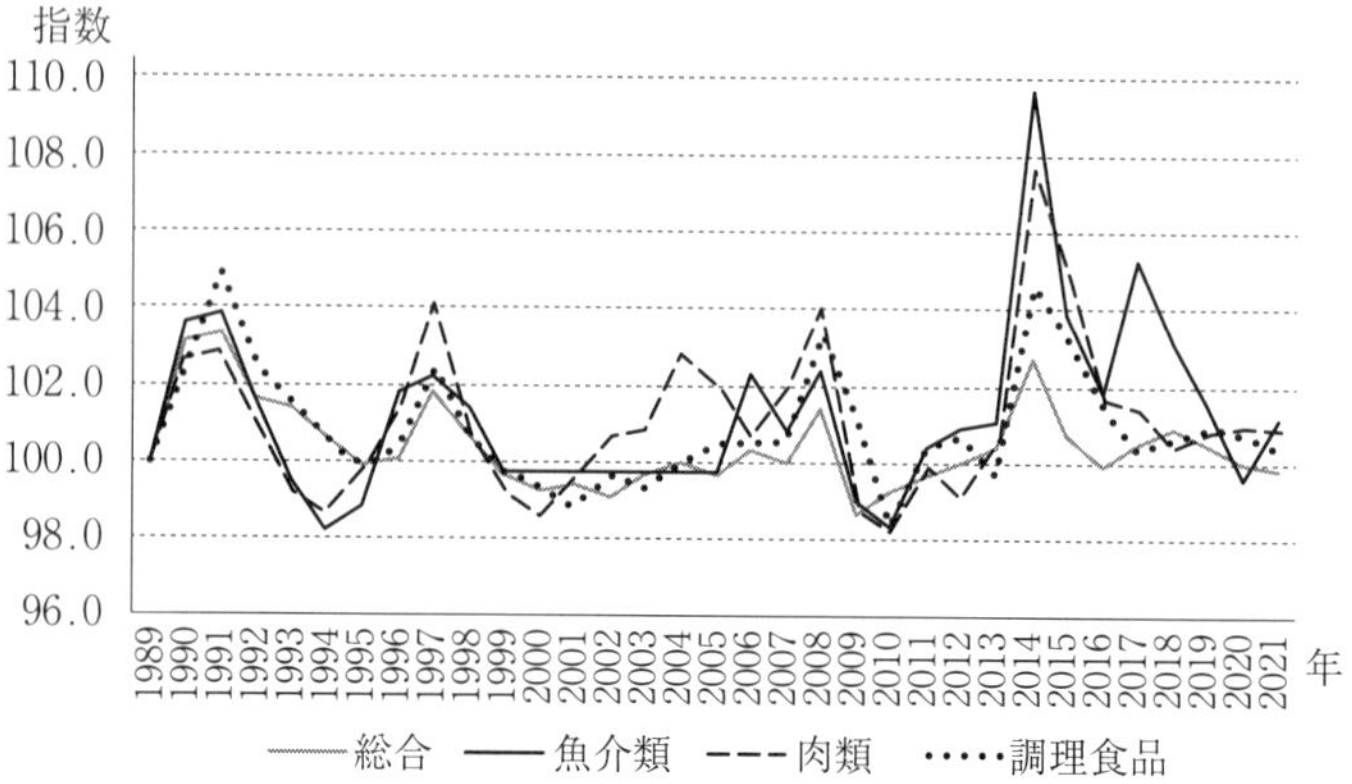

出所：総務省統計局「消費者物価指数」、2000年基準値を1989年＝100に換算して表記。

てみよう。図に直線の破線で示したように、平成元年に10代だった人々は令和元年には40代になっている。同様に20代→50代、30代→60代、40代→70代となっている。この破線の方向に第4の特徴がある。それは、平成元年に10代から30代だった人々は30年後に魚をほとんど減らさずに肉を増やしていること（破線がほぼ上を向いている）、魚と肉を「代替」したのは平成元年に40代だった人々だけであること（破線が左上を向いている）である。

なお、肉と魚を合わせた1人当たりたんぱく質総消費量の近年のピークである2001年以降の傾向を見ると、水産物の落ち込みを埋め合わせるほどには肉類の消費が増えていず、タンパク質総消費量は微減傾向にある。そのため水産物のひとり負けとも言える現象を肉類への代替だけで説明することはできず、これ以外の要因も探っていく必要がある。

平成期を通じて価格は安定

「魚介類は肉類よりも割高だから敬遠する」（表10－1）とのことだった。図10－5に示した消費者物価指数からこの真偽を確かめてみよう。平成元年（1989年）から令和元年（2019年）の間は後年経済史に刻まれるであろうデフレ期で、総合物価指数は1989年を100とすると2021年が99・8、魚介類は101・1（2020年は99・6）、肉類は100・9（2020年は101・0）とわずかに上昇しただけだった。

図10－2に戻って価格について考えてみよう。もし魚介類の価格が上がって気軽に買えなくなったから消費が減ったのなら、均衡点は需要曲線D_0の線上をaからd方向に移動し、価格上昇に伴って数量が減っていく。しかしこの30年の間に価格は1・1%ポイントしか上がっていないので、価

7　たとえば『日本経済新聞』電子版（2012年8月21日付）には「高齢者こそ肉食を　骨折・貧血予防、老化遅らせる効果も」という記事が掲載され（https://style.nikkei.com/article/DGXDZO45139610Y2A810C1MZ4001/）、NHKクローズアップ現代（2013年11月12日放送）では「高齢者こそ肉を?!～見過ごされる高齢者の〝栄養失調〟～」という番組が放送された（https://www.nhk.or.jp/gendai/articles/3429/）。ともに2023年12月20日検索取得。

格上昇は起きていないと言って差し支えないであろう。

次に肉類との相対価格に着目する。もし肉類の価格が下落し、魚介類との価格差が拡大していったのなら、「魚介類は肉類に比べて割高になった。だから肉類に代替した」と言えるのだが、図10－5に見る通り魚介類も肉類もこの30年間100の近傍を1～2％ポイント上下するだけで、それ以外の特徴的な動きが観察されない。例外的に消費税が増税された2014年には魚介類が109・7に跳ね上がり、肉類107・6や総合102・7を上回った。なぜ魚介類が突出した物価上昇を示したのかは不明だが、他の品目と同様、魚介類も翌年には下がっている。

魚介類自身の価格がほとんど上昇していないので、図10－2の需要曲線D_0上を上方にスライドしたわけでない。それなら、$D_0 \rightarrow D_1$にシフトしたことになるのだが、その要因が代替財価格の下落でないことが肉類の価格のデータから明らかになった。このため、需要曲線のシフト要因は価格の変化を伴わない形での代替財の消費量の増加であるという、経済学の教科書から見るといくぶん変則的な結論になる。

米《コメ》は補完財から代替財へ

補完財とは、同時に消費すると消費がより促進されるような財を言う。水産物は表10－1に掲げた通り米との相性が良い。そこで米は水産物の補完財と言える。ところが米の消費量は図10－3のとおり、魚介類消費が増加する２００１年までの間も、その後の減少局面でも一貫して低下している。補完財ならば魚介類の増加局面では同じように増加するはずなので、２００１年まで米が減少する一方魚介類が増加したことは、米の補完財としての性質からは説明できない。そのため、補完財である米の消費低下が水産物の消費低下を誘発したとまでは言い難い。むしろ炭水化物からタンパク質への食事の主役の移行と捉えることができ、この意味で米は魚介類の代替財の性質を持っていたとも言えるだろう。

所得の増減と水産物消費額の減少

需要曲線をシフトさせる３つ目の要因が所得の変化である。一般に、所得と消費支出の間には、所得が増えると消費が増えるという正の関係がある。家計調査から取り出した勤労者世帯の家計所得[8]は２０００年の６７５万円（９・４万円、１・４％）からリーマンショック後の２００９年に６２２万円（６・８万円、１・１％）に低下、さらに東日本大震災の２０１１年に６１２万円（６・１万円、１・０％）に低下した。その後年収は毎年数万円程度、特に２０１８年からの３年間は毎年30万円程度増加し、２０２０年には７３１万円（６・４万円、０・87％）まで上昇している。これらの年の魚介類消費支出金額を同じ家計調査から取り出し、これと実収入に占める割合とを上記括弧内（魚介類消費支出額、実収入に占める割合）に示した。所得の増減にかかわらず水産物消費支出もそれが実収入に占める割合も一貫して低下している。

家計調査からはこうした傾向が見て取れるが、念のためマクロ的な指標で照合することとする。図10－1には一時的な所得の変動をもたらす景気の指標として実質GDP対前年度成長率を棒グラフ（右目盛り）で記載した。この図で実質GDP対前年度成長率を当年および次年の国内消費仕向量の変化と見比べると、景気変動は消費の短期的増減を誘発していないことが観察される[9]。実質GDP対前年度成長率が増減したからと言って、当年あるいは翌年の消費仕向量が増減しているわけではない。このことから、所得が下落したからと言って必ずしも当年あるいは翌年に水産物購入量の低下は観察されなかったので、所得要因によって水産物需要が減少したとは言い難い。

なお、消費財には上級財・下級財という概念がある。所得が上昇したとき消費が伸びるような財は上級財、所得が上昇するとかえって消費が減る財は下級財であり、ぜいたくな食べ物は前者の動きを、空腹を満たすことを主目的とする食べ物は後者の動きをする。一口に水産物と言っても大衆魚から高級魚までバリエーションがあるので、所得上昇局面では上級財である高級魚の消費が伸びているかもしれない。そのため、後節において長期的な購入品目の遷移に着目する。そこでは刺身食材――上級財と考えられる――の購入量が近年相対的に増えていることが明らかになる。

高齢化と肉・魚消費

前節で検討したのは勤労者世帯の収入と支出であった。しかし勤労者世帯を対象とした家計調査統計から高齢者世帯は漏れ、その数が年々増加していることも勘案しなければならない。一般に年金生活に入ると所得が低下する。すると水産物消費はどうなるのかを見る手がかりとして、年齢別・品目別の摂取量を調査している厚生労働省の国民栄養・健康調査を参照する。

これについてはすでに図10－4を用いて確認したところだが、さらに高齢者に限って見てみると、

8　家計調査（e-Stat）「家計収支編　二人以上の世帯　年報　年次　1－2　時系列収入・支出　勤労者世帯（世帯数分布～繰入金）、勤労者世帯（支払～家具・家事用品）」２０１５年、２０２２年から「EXCEL 閲覧用」をダウンロードし、実収入、魚介類消費支出に12を乗じた金額（https://www.e-stat.go.jp/stat-search/files?page=1&layout=datalist&toukei=00200561&tstat=000000330001&cycle=7&year=20220&month=0&tclass1=000000330001&tclass2=000000330004&tclass3=000000330006&result_back=1&cycle_facet=tclass1%3Atclass2%3Atclass3%3Acycle&tclass4val=0 より２０２３年12月20日検索取得）。

9　ＧＤＰ統計には消費支出項目はあるが、魚介類支出まで細分化されてはいないので、消費仕向「量」との関係を見る。既述の通り、この間の価格変動が少ないので数量と金額は代替できると考えられる。

1人1日当たり魚介類摂取量は60歳代で1989年に95・3gであったところ、2019年には77・7gと摂取量を18%減少させた。一方、70歳代では88・2gから88・9gへと摂取量は微増している。別の見方として同一コーホートの加齢による摂取量の変化を見ると、2019年に60歳代の人は1989年に30歳代であったため、当時81・5g摂取していたところ77・7gとなり、減少幅は5%弱に留まり、70歳代では106・4gから88・9gへ16%減となっている。

このように、過去の高齢者と今の高齢者を比べる方法と、今の高齢者とその層が若者だった時を比べるコーホートでの比較という2つの見方をしてみたが、そのどちらによっても高齢化による消費増減についての一貫した傾向が見出されないため、高齢化すると所得が減るために水産物消費が減少する、とまで結論づけることはできない。

ところで年齢を重ねるにつれより魚を好むようになる傾向があることは「加齢効果」と呼ばれる。加齢効果は本分析においても高齢者ほど図10－4で見ると右下に位置するという傾向としては認められるが、コーホートで見ると破線の右方向への移動が全くないことから、年を取るにつれ魚の消費量を増やしていくというわけではなく、そうした意味での加齢効果は現われなかった。

なお、肉類については一貫した顕著な傾向があるので特記しておこう。それは今の高齢者は若い頃から徐々に肉類の摂取を増やしていった結果、30年前の高齢者と比べて摂取量が倍増しているという傾向である。同一コーホートで見ても類似の傾向が見られることから、所得要因では説明できない肉類の消費増加が見て取れる。そこで次節では嗜好の変化を見てみよう。

嗜好の変化と需要曲線

次に需要曲線をシフトさせる4つ目の要因である嗜好の変化について見ていくこととする。実は嗜好の変化は経済学では説明できない残余分として扱われる。「さかなの経済学」を標榜する本書としては誠に不本意ながら、ここまで消費者の魚離れの要因について経済学的な裏付けができなかったので、その要因を経済学外に求めなければならない状況になった。しかし後述するように、そこには経済学にとって少しばかりの光明――マクロ的社会変動要因を原因とする魚離れ――も見出している。

さて、需要曲線を動かすほどの嗜好の変化とはどういうものだろうか。これについてはまずBSEと回転寿司ブームの2つの出来事を挙げておきたい。2001年に発生したBSE問題により、以後数年間は消費者の間で牛肉の消費を避ける傾向が続いた。2000年度に年間12kgだった1人当たり牛肉消費仕向量は、2020年に至るまでこの数量が過去最大のピークであり、翌2001年には10kg、2005年には8・8kgまで低下した。この間、肉類全体としての消費量がそれほど減らなかったのは豚肉と鶏肉の消費が堅調だったからである。

また2000年代の始めには「おさかな天国」[10]という歌のヒットと回転寿司ブーム[11]が起こった。冒頭で述べた通り、近年のピークは2001年の69kgで、前後の2年も67kg台を維持しているが、これが子どもたちの歌声に促されて回転すしを食べに行くようになった時期に呼応している。BSEの発生と相まって、水産物消費への相乗効果が生じたと考えられる。こうした状況が起きると、図10－2の需要曲線はD_0からD_2（描図は省略）へと右側にシフトアウトし、水産物消費が増加する。結果的に、これらの出来事がピークを数年延伸させ、その間は魚離れを食い止めたと言えるかもしれない。

さて、BSE禍と回転寿司ブームのほとぼりが冷めたあと、元の水準に戻るどころか一貫した消費量の減少を引き起こしてしまった「嗜好の変化」とは何なのか。これについては、家事の時短・簡便化へ向かう社会構造の継続的な変化が背景にあるのではないか。この現象を、①魚料理の敬遠、②家事時間、③調理済み食品、の3面から見ていこう。

時短志向と魚料理の敬遠

なぜ魚料理を敬遠するのかをつきつめると消費者の時短志向が見えてくる。表10－1に紹介した消費者モニター調査の結果から、これらの項目の本質を分類すると、備考に示した時間価値、価格、嗜好の変化の3つに集約されるのではないか。もしそうなら、つまるところ、純粋な意味での「嗜好の変化」（＝経済学の枠外）とは、肉のほうが好き、肉のほうがおいしいという主観的な好みを表す2項目のみに留まり、価格面よりも多くの得票を集めているのが時短や家事の簡便化志向につながるものである。そこで、それほど買い物（当用買い）、調理（調理と生ごみ処理）、食事（食べにくい）にかける時間が惜しいのか、という疑問に答えるデータとして、２つの統計調査から家事時間と妻の有業率の変化を確認していこう。

家事時間の短縮

ＮＨＫが5年おきに実施している「国民生活時間調査」によると、家事時間は年を追うごとに短縮化している。時短傾向の著しい30代女性の平日の家事分数は１９９５年の１８６分から２０２０年の１１２分へと25年で74分短縮した。減少幅の小さい50代女性でも、同じ時期に9分短縮している。過去の調査結果から[12]、炊事時間は全体の60％を占めることが推定されるため、これを当てはめ

10　「さかなを食べると頭が良くなる」という歌詞の歌。ウィキペディア「おさかな天国」によると、同曲は１９９１年にリリースされ、販促用に配布されていたが、２００２年3月にシングルＣＤが市販されたとある。筆者も、２０００年頃にスーパーの店内に常時流れるようになったと記憶している。

11　回転寿司ブームが起きた時期は客観的に特定できていない。家計調査「外食費」は２０００年をはさんだ数年間、1万２０００円台で安定的に推移しており（２０１９年は1万４７２２円で過去最高額）、特に回転寿司に頻繁に行くようになって外食費が増えたという傾向は見出せない。

12　三矢・吉田（１９９７）に示されていた家事別分数の比率を２０２０年の家事時間に適用。

ると２０２０年の40代、50代女性の炊事時間は95分、30代女性は67分、20代女性に至っては僅か25分となる。朝食や弁当作りの時間をここから差し引くと、夕食のために割く時間は40〜60分となる。なるべく短時間で調理でき、さっさと食べられて、後片付けも楽なメニューが優先されるようになり、結果として下準備が必要な調理食材が敬遠されているのであろう。

もう１つのデータは妻の有業率の変化であり、ここでは「所得の増減と水産物消費額の減少」の節で用いたのと同じ時期の家計調査を援用する。２人以上の勤労者世帯において、妻の有業率と収入がともに増加する傾向がある[13]。２０００年には39・１％だった有業率が、以後増減を繰り返しながらも上昇し、２０２１年には54・２％と半数を超えている。これに呼応して同時期に妻の収入が家計の実収入に占める割合も10％から14％へと上昇している。

仕事に行くとその分家事に割ける時間は短くなる。その日の食材をその日に買うという、かつて日本人の買い物の特徴であった「当用買い」はできなくなるので、刺身のように調理が簡便であっても日持ちのしない食材を多用することはできない。しかし自分の収入を合算すれば家計費に余裕ができるので、家事時間を短縮する代わりに割高になる食材に手を伸ばすことはあり得るだろう。その対象が調理済み食品である。

調理済み食品へのシフト

食料品に占める調理済み食品の割合は年々高まっている。「所得の増減と水産物消費額の減少」の節において実収入に占める魚介類支出の割合が収入の増減にかかわらず一貫して減少していると述べた。同じ家計調査統計から「調理食品」の支出動向を見てみると、1989年に14・7％（9・9万円）だったところ、2020年には18・2％（13・3万円）と実収入に占める割合も支出金額もほぼ一貫して増加している。ここでも水産物購入との代替が生じているのであろう。

なお、調理食品のなかにも水産物を使用したものはあるのだが、含有量は家計調査からは捕捉できない。一方、食料需給表では水産物を原料とした加工食品である塩干品・燻製品・練り製品などの数量・金額は捕捉できるが、エビ餃子のような調理食品の数量・金額は捕捉できない。そこで家計調査で調理食品の購入が増えていることをふまえたうえで、今度は水産加工食品の面からも、加工度の高い食材へと嗜好が変化していることを確認しておこう。

表10－2には、筆者が今回遡れる限りの過去である1963年を皮切りに、コロナ直前である2

13　家計調査項目中の「世帯主の配偶者の収入」と「うち女の収入」がほぼ同額であること、「世帯主の配偶者のうち女の有業率」という項目があることから、本稿では「妻」と言い切っている。

表10-2　購入数量ベストテンの長期推移（数値はg／年）

順位	1963年（12.2万円）		1985年（18.2万円）		2000年（14.2万円）		2019年（7.4万円）	
1	塩干魚介	10,258	塩干魚介	14,518	塩干魚介	11,184	塩干魚介	6,719
2	いか*	9,249	貝類	5,908	貝類	5,219	魚介の漬物	2,839
3	あじ*	8,096	いか*	5,336	いか*	4,072	さけ*	2,520
4	さば*	7,118	魚介の漬物	4,380	魚介の漬物	3,769	魚肉揚げ	2,189
5	さつま揚げ	4,857	塩さけ	3,823	まぐろ*	3,413	貝類	2,137
6	貝類	4,476	ちくわ	3,542	さけ*	3,156	まぐろ*	1,930
7	魚肉ソーセージ	3,580	さつま揚げ	3,514	魚肉揚げ	2,883	さしみ盛合わせ	1,561
8	かれい*	3,493	まぐろ*	3,044	えび*	2,388	ぶり*	1,536
9	さんま*	3,176	さんま*	2,768	さしみ盛合わせ	2,292	えび*	1,343
10	まぐろ*	2,551	いわし*	2,589	あじ*	2,254	いか*	1,103

注：年の横の括弧内の数値は2019年水準に実質化した年間魚介類購入金額。1963年は消費者物価指数（総合）を、他は同（魚介類）を使用して割り戻し。＊付きは鮮魚。塩干魚介の内訳は塩さけ、たらこ、しらす干し、干しアジ、干しいわし、するめ、煮干し、その他。魚介の漬物の内訳はしめさば、酢だこ、松前漬のほか魚介のみそ漬、しょう油漬、マリネ。

出所：総務省「家計調査」。魚介類に分類され、購入数量が表示されている品目のみを掲示。

2019年までの4時点における年間1人当たり水産物購入量上位10品目を掲げた。過去の価格を現在の物価水準に換算して実質化した購入金額の推移を見ると、消費者がいかに水産物購入に充てる支出を減らしてきたかが見て取れる。また、品目としては塩干魚介《えんかんぎょかい》が4時点のいずれにおいてもトップを占めるが購入数量は3割以上減り、2位以下の順位と内容は年を追って遷移してきている。

その傾向を挙げると、1963年には家庭内での解体や加熱処理が必要な、いか、あじ、さば、かれいなど小型の丸魚が多用されていたが、1985年には魚介の漬物やちくわなどの半製品・加工食品が10位以内に登場し、2

000年には生食用サーモンを含むであろうさけが6位に登場、2019年には3位に浮上した。さらに2019年に調理が必要と考えられる品目は貝類、ぶり、えび、いかの4品目となり、その他の6品目はそのまま生食するものか、漬けや塩干で日持ちし、調味もされていて、家庭では加熱するだけという品目で占められている。ここからも、調理食品へのシフトが読み取れる。ただし、魚介類に占める半製品・加工食品の購入順位が上がっただけで、消費量自体は減少していることに注意しておく必要がある。

妻の有業率の上昇に伴う妻の所得の増加と炊事時間の短縮が、嗜好の変化として水産物の需要曲線をシフトインさせ、代わりに保存性と簡便性に優れる調理済み食品へと向かわせる要因になっていると考えられる。この点において、消費者の魚離れは間接的にではあるがライフスタイルの変化に伴うマクロ的な経済要因によって生じているということができる。

供給曲線のシフト

ここまでは、図10－2の需要曲線がシフトインする諸要因について検討してきた。その結果新しい均衡点bのもとでは$Q_1<Q_0$となり、価格は$P_0 \rightarrow P_1$へ下落する、はずである。しかし既述の通り、水産物の物価指数はほとんど変化していない。この一つの要因として供給要因が反作用して価格低下を押しとどめているからだと考えられる。そこで以下ではその内容について考察していこう。

供給曲線がS_0→S_1へシフトインする一般的な理由として、生産に必要な原材料や労賃の値上げがある。原材料等の価格が上がると、以前と同じ量の生産をするために投入する原材料にかかるコストが増えるので、曲線が上方へシフトする。対して、以前と同じだけしかコストをかけなければ、以前に比べて生産量が減るので、曲線が左側にシフトする。どちらの方法を採用しても、供給曲線はS_0→S_1へシフトインする。[14]

水産業は、どちらかと言えば後者の動きに近く、生産をするために必要な労働力が減少したためと考えられる。２０２１年の漁業就業者数は13万人で、２０００年の26万人から半減した。[15]しかも高齢化が進んでいることから、人数の減少以上に生産能力は低下している。労働力は漁具・漁船とともに生産に必要な要素――生産要素――であるため、これが以前の状態（S_0）より減少すれば、供給曲線はS_1へシフトインする。

もう1つの要因は原材料である水産資源の減少である。過去の乱獲に加えて地球温暖化による海水温の上昇や水質の酸性化により、水中の資源が減少している。これまでと同じ漁獲量を上げるためにはこれまでより高性能の漁具・漁船を装備し、これまでより長時間を漁獲活動に充てる必要が出てくる。それがコストの上昇につながり、供給曲線をS_0→S_1へとシフトインさせる。

ここで、もし需要側に変化がなければ新しい均衡点ｄへと市場を導くことになり、価格はP_0→P_2へと上昇する。しかし同時に需要も減少していることから、新しい均衡点はｃへ移動し、水産物価格は上昇圧力と下降圧力を受けてあまり変化しない一方で数量はQ_0→Q_2へと大幅に低下する。

この30年間を通じた供給量（生産量）の著しい減少は図10－1に示した通りである。価格が変化することなく消費仕向量が減少してきたのは、需要側の諸要因と供給側の諸要因が多発的に、しかも継続的に発生してきたためである、というのがさしあたりの結論である。

魚離れは下げ止まるのか

水産物がオメガ脂肪酸など肉類にはない優れた栄養特性と機能性を持ち、美容と健康に効果があることは、多くの人が知っている。また魚介類のバラエティは豊富で、その数たるや牛のブランド数や部位数の比ではなく、さまざまな好みを持つ人の季節ごとのニーズを満たしてくれることもわかっている。そして価格面においても日々の食卓に並べられないほど高価になってはいない。だからもっと食べたいという意欲はあるのだが、時間のなさ、メニューの地味さや調理の煩わしさが立

14　筆者の授業の受講生が、魚離れの原因は町の魚屋さんがなくなったためだと述べた。これも確かに供給曲線をシフトインさせる要因ではある。しかし、鮮魚店が廃業したのは顧客が来なくなったという需要側に端を発する帰結でもあるので、ここでは取り上げない。

15　2000年は農林水産省「平成29年漁業就業動向調査報告書」(https://www.e-stat.go.jp/dbview?sid=0003272739 より2023年12月20日検索取得）より。2021年は水産庁『令和4年度水産白書』より。

ちはだかって、ますます購入行動を遠ざける食材となってしまったことが、本章を通じて浮き彫りになった。

水産物の生産・販売を担う産業の人々や水産行政を担う人々は、この減少傾向をどうすれば食い止めることができるかと日々模索している。本章の分析から得られる知見として、魚離れを止めるために水産業界が取りかかるべき課題は次のようになる。調理食品に匹敵する保存性の良さ、調理の簡便さ、見た目の華やかさを備えた水産物を安価に提供すること、そのための製品開発を行うことである。また、魚離れを食い止められるかは、水産業界だけでなく、調理を補助したり保存性を良くしたりするための冷凍技術、包装素材、ロジスティクス、調理器具やレシピの開発、さらなる薬効の発見など、関連産業群による技術革新にもかかっている[16]。

そうした製品開発・技術開発の結果として、消費者にとって水産物が気軽にチョイスできる食材として再登場することが、魚離れへの歯止めとなるだろう。

参考文献

伊藤元重（2018）『ミクロ経済学（第3版）』日本評論社。
三矢惠子・吉田理恵（1997）「生活時間の時系列変化――1970年～1995年の国民生活時間調査の時系列分析」『NHK放送文化研究所 年報1997』第42集、155‐193頁。

16　余談だが、筆者が自宅のガスレンジを買い替えたところ、グリルに「姿焼・切り身・干物」という選択ボタンがついており、ボタンに任せておけば焦げも消し忘れもなくなった。これだと炒めものより手間がかからない。また、こびりつかないアルミホイルがお目見えし、グリル皿にあらかじめ敷いておけば、調理後グリルを洗う必要も、何なら皿を洗う必要もなくなった。慣れてくると、「この肉なら『干物』ボタンだ」といった応用力がつき、料理の腕前アップと簡便さ（と火の用心）を同時に獲得できている。

第11章

魚あら

ゴミを宝に

（株）金虎の生カツオ入りペットフード製造ラインには多くの機器と計器が並ぶ（静岡県・焼津市にて2024年2月5日筆者撮影）

はじめに

われわれは水産物＝食料と思い込みがちだ。しかしよく考えてみると、真珠、チョーク、観賞用魚……と食用以外の用途もある。実際に、真珠は日本の農林水産物輸出の第8位（金額ベース、2022年、財務省「貿易統計」、以下同じ）を占め、第1位のアルコール飲料に次ぐ第2位はホタテ貝である。可食部分を輸出した後に残る貝殻＝魚あらがチョークになる。観賞用魚（錦鯉）は水産物輸出の10位につけ、飼料用の魚粉は水産物輸入の13位につけている。非食用の水産物はこうして貿易の対象として上位にのぼるほど、水産物として重要な位置を占めている。そこで本書も終盤に近付いた本章では、非食用の水産物に焦点を当てる。

なお、ここでは魚粉を「非食用」の代表例と位置付けたが、「魚粉」をネット検索して、「魚粉ラーメン」なるものが流行していると知った。ラーメンの上に魚粉をふりかけるらしい。そういえばわが家でも、ティーバッグ状の袋の中に粉状の魚（＝魚粉）が入った「だしパック」を使っている。食用にならないから魚粉にされたはずなのに、回り回って食卓にのぼる時代がやってきた。ゴミを宝にするのは夢ではないかもしれない。

非食用水産物の市場規模

まず、水産資源の用途をおさらいしておこう。用途分類として確立された体系はないが、筆者らの暫定的な分類でも14種類に分けることができる（図11－1）。ブルーカーボンや遺伝子資源としての利用、自然界での存在自体に価値を見出すという用途は目新しいものだが、それ以外は日本のみならず世界中に古くからある。

非食用の水産物は漁業生産のどの程度を占めるのか。まずFAO（2022）から世界の状況を概観すると、２０２０年の世界の漁業・養殖業生産量1億７７８０万トンのうち、89％が人間による直接消費で、残り11％（２０４０万トン）が魚粉・魚油・生餌になったり装飾用・化学用に供されたりしている（図11－2）。

ＦＡＯは2年に1度発表する報告書「世界の漁業・養殖業の現況」のなかで、食用消費に向けられず無駄になった水産物について継続的に問題視し、改善策を提案している。無駄はまず陸揚げ後のロス（post-harvest loss）として発生する。狙っていない魚を洋上投棄したり、陸揚げ後の扱いが悪かったために腐敗したり、砂などが混入したりして食用にならなくなる無駄を指している。FAO（2018a）は、漁獲統計には載らない漁獲物――漁獲後のロス――が、報告されている生産量とは別に１４００万トン（生産量の８％相当）程度存在すると推計した。幸いにも、年を追って漁

図11-1　水産資源の用途例

水産資源

用途	対象資源	具体例
食用	魚介類、海藻類	刺身、ちくわ、鰹節
餌飼肥料	イワシ、ニシン、サバ、魚あら	養殖魚の餌、家畜の餌、肥料
養殖資材、漁労用具	カキ殻、ホタテ貝殻、アワビ、アカニシ	ノリ養殖、カキ養殖、ルアー、タコツボ
医療・美容用	貝殻、魚あら、カニ甲羅	カルシウム、DHA、コラーゲン、キトサン、グルコサミン
工業用	海藻、貝殻、サンゴ、魚あら	糊、建築材料、顔料、鯨油・魚油
宝飾・工芸品	貝、サンゴ、カメ、鯨骨	真珠、螺鈿、サンゴ、べっ甲、スクリームショー
服飾材料	サケの皮、貝殻、海産哺乳動物	靴・上着、ボタン、毛皮
貨幣	タカラガイ	中国の貝貨
楽器	ホラガイ、シャンクガイ	法具、ラッパ
玩具	キサゴ、ハマグリ、バイ	おはじき、貝合わせ、コマ
観賞用	熱帯魚、錦鯉、サンゴ	水族館、水槽、リゾート
ブルーカーボン（CO_2の吸収・固定）	海草、海藻、干潟、マングローブ林	アマモ、スガモ、コンブ、ワカメ、ヨシ
遺伝子・生物多様性	プランクトン、深海生物、サケ白子	将来の商用利用、海洋生態系の維持
自然界での存在価値	海産哺乳動物	イルカ、クジラ、ラッコ

出所：各種資料を参考に山下東子・玉置泰司作成。

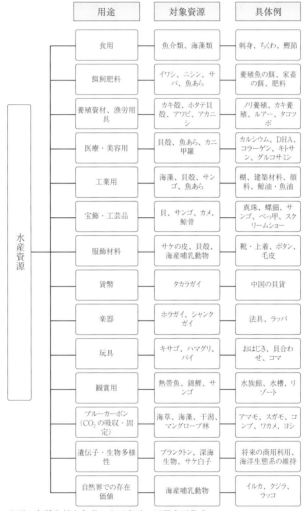

図11-2　用途別に見た世界の水産物（単位：万トン、%、2020年）

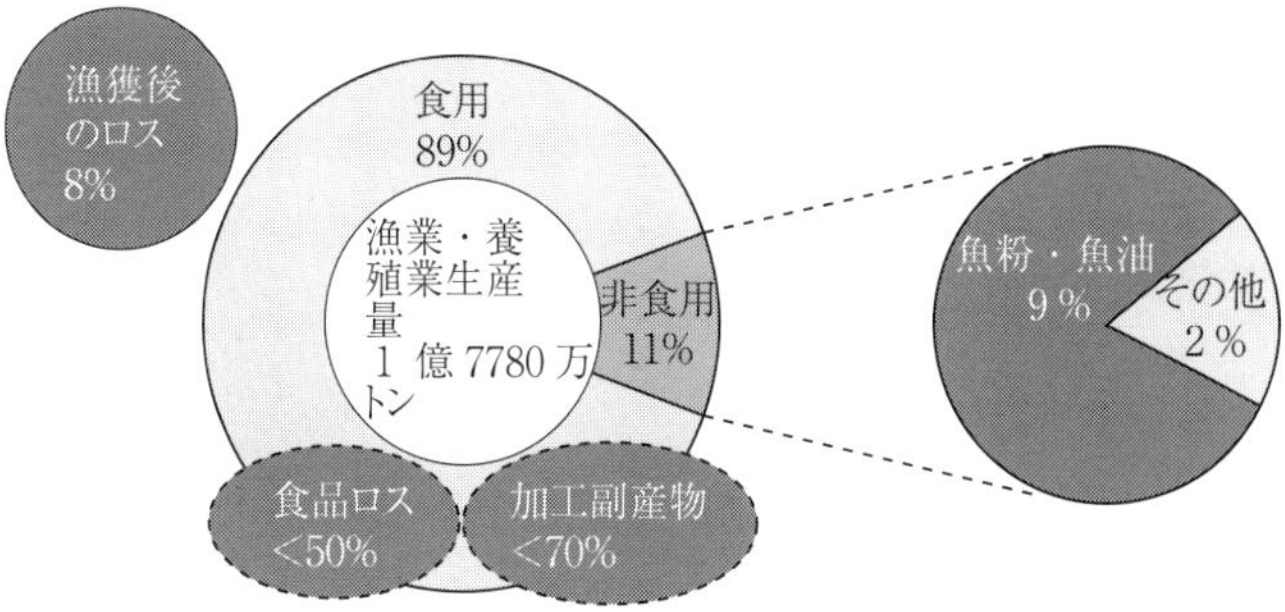

注：その他の内訳は装飾品、養殖用稚魚、餌（直接、養殖魚向け、家畜向け）、
化学製品、ペットフード。加工用副産物は食用の内数。
出所：FAO（2022）p.73から作成、ただし漁獲後のロスはFAO（2018a）。

獲後のロスの発生率は低下してきたので、近年では先進国の食品ロス（北米・オセアニアでは食用の半分を廃棄）や途上国での水産加工残滓《ざんし》（最大で食用の7割）の発生に着目するようになってきた。

日本における非食用水産物市場の規模は、ＦＡＯと統計の組み方が違うので横並びで比較はできないが、図11－3に対応する統計数値を図示した。農林水産省「食料需給表」によると、２０２２年度の国内消費仕向量（国内生産量＋純輸入）６５４万トンのうち、79％が食用で、残り21％（１３８万トン）が飼料用である。また食用のうち非可食部分、すなわち魚あらは国内消費仕向量の35％（食用に限れば45％、２３０万トン）となる。[1] これは食用に供された魚介類の身肉を取った後の骨や皮、貝殻や甲羅などである。[2] この数値は「食料需給表」から取っているため、真珠などそもそも食用を目的としない生産物は含まれていない。それらのプラスアルファを合わせると非食用水産物の合計は餌料用と魚あらの合計３６７万

図11-3　用途別に見た日本の水産物（単位：万トン、％、2022年）

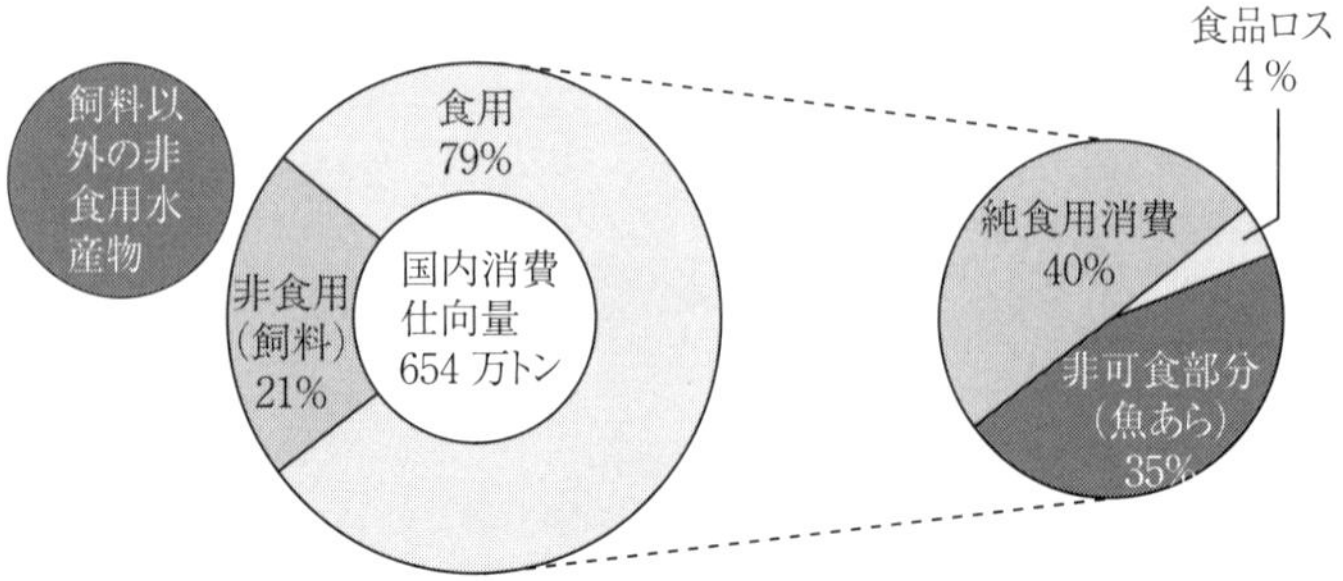

注：食品ロスの割合は推計値。飼料以外の非食用水産物重量は捕捉できず。
出所：農林水産省（2023）「食料需給表」、同 web サイト（日付なし）「食品ロスとは」（https://www.maff.go.jp/j/shokusan/recycle/syoku_loss/161227_4.html より2023年12月20日検索取得）から作成。

トンを若干超える。同年度の国内漁業・養殖業生産量は３８６万トンであるため、国内生産量にほぼ匹敵する量の非食用水産物が存在することになり、その市場の規模の大きさが改めて認識できるというものだ。

魚あらと食品ロス

３６７万トン超の非食用水産物は、繰り返しになるが、

①　非食用の用途として利用することを目的に採捕・養殖されたもの（１３８万トン＋α）
②　食用水産物の非可食部分（２３０万トン）
③　食用水産物の採捕時の混獲（数量不明）
④　食品ロス（26～47万トンと推計[3]）

に大別することができる。

①の例としては、イワシ、サバなどが挙げられ、古くはニシンもそうだった。これらは食用にも供されるが、大部分は非食用になる。たとえばマイワシの漁獲量がピ

ークを打った１９８８年は食用が年間31万トンで、残り４１７万トン、実に漁獲量の93％が非食用に向けられた。[4]

②は魚介類の歩留りという技術的な理由であり、小魚なら頭から骨まで１００％食べられるが、通常の魚は皮、ヒレ、内臓などの非可食部分が魚体重量の45・5％を占める。[5] 国土交通省（２００

1　農林水産省（２０２３）「令和4年度 食料需給表」による。国内消費仕向量は魚介類と海藻類の合計。非可食部分の計算式は次のとおり。
・非可食部分（魚あら）２２９・８万トン＝国内消費仕向量（食用）５１６・３万トン－純食料２８６・５万トン。
・国内消費仕向量（食用）５１６・３万トン＝魚介類国内消費仕向量６４２・５万トン－飼料用１３７・５万トン＋海藻類11・３万トン。
・純食料２８６・５万トン＝魚介類国内消費仕向量（食用）５０５・０万トン×食用魚介類の歩留まり率54・５％＋海藻類11・３万トン。

2　ＦＡＯ統計の食料摂取は粗食料で、非可食部分である魚あらは「加工副産物」としてここに含まれているが、数値や正確な比率は公表されていない。

3　食用農水産物仕向量（5億７８１８万トン）に占める食品ロスの割合は9・０％であり、この割合を食用水産物純食料（食べる部分だけ：２８７万トン）に適用すると26万トン、食用水産物粗食料（非可食部分も含む：５１６万トン）に適用すると47万トンとなる。

4　漁獲量は農林水産省「漁業・養殖業生産統計」、非食用比率93％は社団法人いわし食用化協会（２０１３年より一般社団法人いわし普及協会）の推計（２００８年時点）による。

4）によると、貝類ではホタテ貝の場合、貝殻の重量が5割、カキでは8割を占める。これが魚あらで、回収・利用の仕方次第でゴミにも宝にもなる。

③は、未利用魚・低利用魚と呼ばれているもので、数的把握は難しい。というのは、漁獲直後の船上での仕分け作業中に洋上投棄されるものもあり[6]、陸揚げされても産地市場に上場せずにご近所で分け合ったり、捨ててしまったりするものもあるからだ。しかし、未利用魚・低利用魚もまた、実は宝の山であるかもしれない。著名なテニス選手が「好物だ」と言ったことで、それまで無名だったノドグロは一躍人気の魚になった。ネット通販が普及した今日では、産地仲買が相手にしないような少量の魚を自家加工して販売することも不可能ではなくなっている。

④の食品ロスとは可食部分のうち捨てられた量で、②は含まない。コンビニが節分の恵方巻きを大量に廃棄しているというニュースをきっかけに世間の注目を集めるようになった。農林水産省ウェブサイト「食品ロスとは」[7]によると、2021年の食品ロスの推計量は523万トン、うち53％が事業系（規格外品、返品、売れ残り、食べ残し）、残りが家庭系（一般家庭での食べ残し、過剰除去、直接廃棄）から発生している。水産物に特定した数値は明示されていないが、食品に占める水産物の比率から割り出すと、前述の通りその量は26～47万トンと推計される。

「非食用水産物の市場規模」の節で、ＦＡＯは陸揚げ後に発生する水産物のロスに頭を痛めていると紹介した。漁船設備、港、電力、道路、通信網といったインフラや情報ネットワークが不十分なことも大きな原因である。しかし、日本が悩むのは消費直前の食品ロスだ。賞味期限・消費期限に敏感、かつ品切れを受容しない消費者の顔色をうかがいすぎるのが原因である。ＦＡＯのアポリアは経済発展という強力なエンジンの後押しなしには解決しそうにないが、日本のアポリアは柔軟な価格設定とＩＴを活用した数量管理によって減量できるのではないか。

魚粉双六《すごろく》

図11－1に掲げた水産資源の用途は互いに無関係ではなく、各市場は連動して動くこともある。図11－4は、食用市場（白抜きの領域）と餌用市場（網掛けの領域）との相互依存関係を模式的に描いている。では図を双六に見立てて①から⑫の順に駒を進めていこう。

ふりだしは左上の食用浮魚《うきうお》市場である。たとえば前述したようにマイワシは１９９０年代半ばまでの10年余り、食用の需要を満たしてもなお有り余るほど大漁が続いていた（S_1）。食用市場ではもはや値がつかない（①）。これは需要曲線（D_1）と供給曲線（S_1）の交点が正の価格帯（０より

5　農林水産省（２０２３）に示された食用魚介類の歩留まり。数値は年により若干変動する。

6　図11－2に示したようにＦＡＯはこれが漁獲量の８％にも相当すると推計している。

7　農林水産省ウェブサイト（日付なし）「食品ロスとは」（https://www.maff.go.jp/j/shokusan/recycle/syoku_loss/161227_4.html より２０２３年12月20日検索取得）。

図11-4　魚粉双六

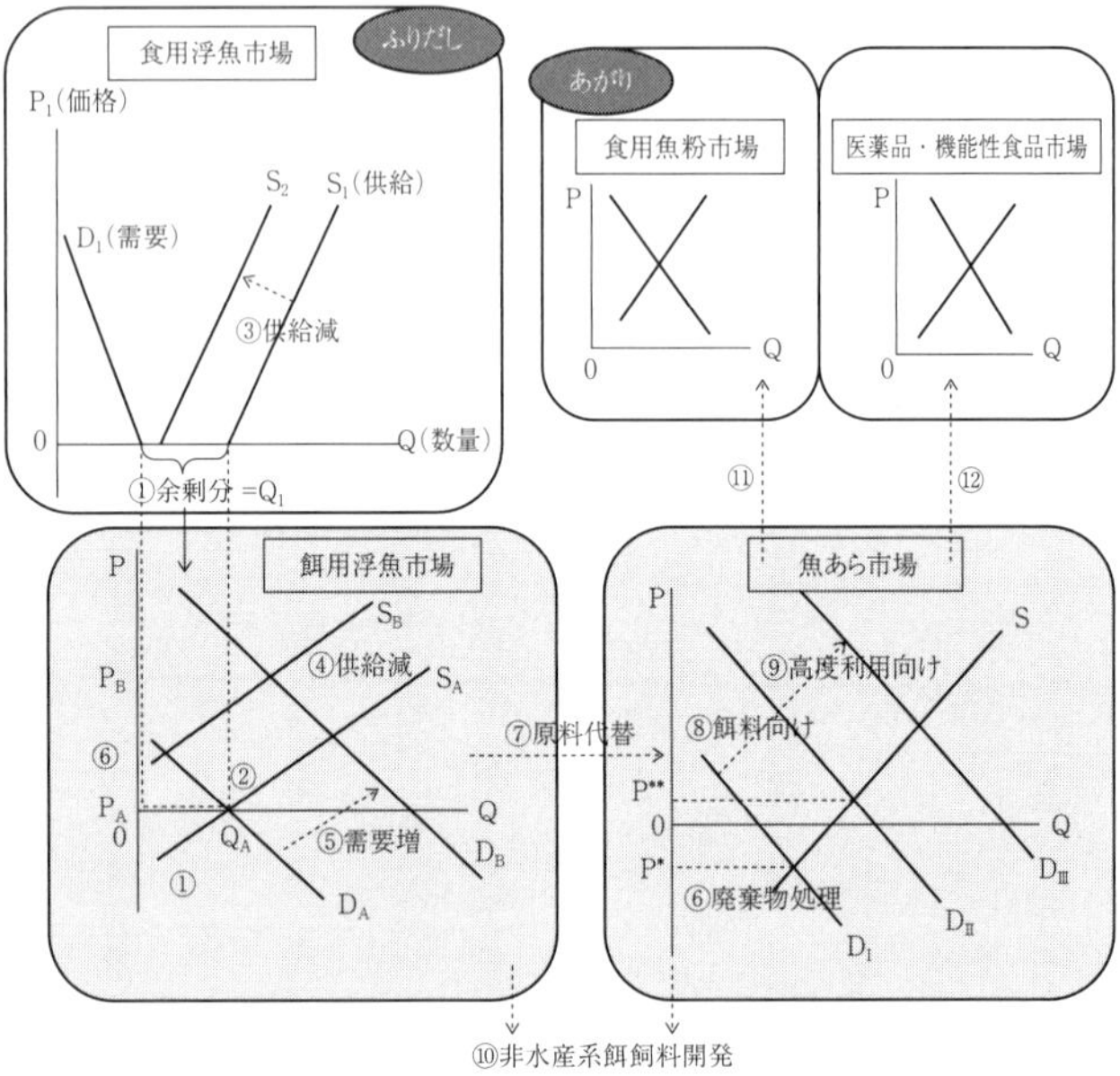

出所：各種資料を参考に筆者作成。

上）に存在しないこととして表される。負の価格（0より下）のどこかに交点はあるのだが、それは「お金を払って引き取ってもらう（＝逆有償）」ことを意味するので、あえてそうする者はいない。そこで食用として売ることはあきらめ、余剰分（＝Q_1）を餌用浮魚市場へ持って行く。ちなみに、浮魚の用途としては表11－1に挙げたように、食用のほか魚の餌、家畜の飼料、農業用肥料があり、この順で価格・品質共に高い。以下では餌用市場を例に挙げるが、ここには飼料、肥料も含んでいる。

図11－4左下の餌用浮魚市場では、漁家からの供給S_Aと農家による

表11-1　魚あら等の発生源と用途

原料	原料用途	魚種／排出源	加工用途	加工用途内訳	
鮮魚（138万トン）	非食用魚介類	イワシ、ニシン	ラウンド魚	魚類養殖用餌料	
			魚粉（フィッシュミール）	魚類養殖用飼料	↑
				養鶏飼料	
				養豚飼料	高級
魚あら（水産加工残滓）（232万トン）	食用魚介類	水産加工場から出る魚あら		農業用肥料	
			フィッシュ・サイレージ	土壌改良剤	
			食用	そのまま調理	
				スナック菓子	
			加工しない	魚類養殖餌料	
		都市小売店・飲食店から出る魚あら	魚油	医療、健康食品、化粧品、飼料への添加、燃料	
			その他	医療、健康食品、化粧品（コラーゲン、カルシウム）、ペプチド、キチン（キトサン）、色素、アミノ酸、産業廃棄物	
		水産加工場から出る貝殻	カルシウム、土壌改良剤		
		家庭から出る魚あら	一般廃棄物、コンポスト		

出所：各種資料を参考に筆者作成。

需要D_Aの交点②という非常に低い価格P_Aと数量$Q_A＝Q_1＞0$が決定する。これによって食用浮魚市場における①余剰分（＝Q_1）が餌用浮魚市場で消化される。おせち料理のメニューに「田作り」という小魚の煮物があるが、これはイワシを農業用肥料として田んぼの土に混ぜたことの名残りである。

高橋（2004）から歴史的な経過を確認しておくと、1930年の日本の総漁獲量は180万トンで、うち、魚粕になったニシンとイワシは80万トンと、漁獲量に対する非食用比率（44％）は今日より高い。しかしその頃、安価な大豆粕が肥料として普及し始めていたので、比較的高価な魚粕の売れ行きが鈍った。そこで砕いて魚粉にし、ドイツなどへ輸出した。当時ドイツでは養豚用の飼料として、米国では養鶏用の飼料として魚粉が利用されていた。その後ニシンの漁獲量は急減したが、代わって1970年代にサバ、そして1980年代にマイワシが大量発生し、食用需要を満たした余剰分で魚粉の生産は続いた（②の状態）。外国ではノルウェーがサバなどを原料とした魚粉を、ペルーとチリがアンチョビを原料とした魚粉を生産している。

魚粉ひっ迫で魚あらが代替

1990年代後半に入るとマイワシ資源が減少局面に入り（③S_1⇓S_2）、餌用浮魚市場に振り向けられる供給量が減少する（④S_A⇓S_B）。続いて、中国の経済発展に伴う淡水魚養殖の増加やノルウェーでのサーモン養殖の増加により養殖用魚粉需要が増加し、その影響は日本の魚粉市場にも波及した（⑤D_A⇓D_B）。魚の供給が減少するなか需要が高まったため、2006年以降、浮魚を原料とした魚粉価格は高騰し（⑥P_A⇓P_B）、利幅の小さい日本の養殖業者には浮魚魚粉は手が届かなくなっていった。

　これより前、日本の魚あら市場（図の右下）では、1991年に水産庁から貝殻の処理を排出者である漁業者自身が行うべきものとする旨の通知が出され[8]、２０００年には食品リサイクル法[9]が制定されて業種別の数値目標が定められた。そうなると、水産加工場から排出する魚あらを自力で有効利用できない水産加工業者は、産廃業者に逆有償で引き取ってもらわねばならなくなり（⑥P*）、引き取った業者にもまた、再資源化が求められた。

再資源化の義務を負った魚あらはまず、すでに製造技術が確立している魚粉生産に向けられた。それと同時に、魚あらを高度利用・有効利用するための研究開発も進んできた。その頃魚粉相場が上昇したため、日本の養殖漁業者は魚粉の調達先を餌用浮魚市場から魚あら市場へ移し（⑦原料代替）、魚あら魚粉を受け入れた（⑧$D_I \Rightarrow D_{II}$）。魚あらの価格は逆有償（P*）から有償（P**）に転換する。このように、魚あらの価格は浮魚の魚粉相場の動きにも連動するので、有償にも逆有償にもなる。古林（２０１１、32頁）はこのことを指して、「魚あらはグッズとバッズの境界線上にある財である」と表現している。

8　農林水産省（１９９１）において、漁業系廃棄物対策の対象として廃船や廃魚網と並んで貝殻が取り上げられている。

9　正式名称は、食品循環資源の再生利用等の促進に関する法律。

ふりだしに戻る

ただ同然の価格で手に入る魚あらを原料として有用物を創り出すことができれば、生産過程で多少コストがかかっても利益になる。とりわけ鰹節工場、マグロ解体場、ふかひれ製造産地、サケ加工場など水産加工の初期段階で排出される魚あらは、種類が単一で鮮度が良く、排出部位・排出量も一定している。こうした加工場の集積地で魚あらを大量に集めることができれば、そこから高品質の副産物が生産できる。官民の研究機関はときに連携しながら、医療・機能性食品の分野でさまざまな高付加価値製品を開発し、魚あらは新たな需要を生み出している（⑨$D_{Ⅱ}$⇒$D_{Ⅲ}$）。

このため魚粉相場は魚あら魚粉の登場によっても緩まず、価格は高止まりすることになり（P_B）、養殖魚の餌には魚粉を減らして大豆油粕などの非水産系の材料を代用するようになってきた（⑩）。魚の餌という用途から魚が外されていき、かつて肥料市場で魚粕を押しのけて入ってきた大豆粕が、再び飼料市場で魚粉を代替している。高価・高品質な魚粉は食用としてラーメンのトッピングに使用され（⑪）、マグロなどの頭から取り出したＤＨＡ・ＥＰＡやエビ・カニの殻から製造したキトサンは飽食の果てのダイエットサプリとして利用されている（⑫）。食用の余剰品として出発した材料が食用・機能性食品へと付加価値をつけて、再び食用市場へ戻ってきたのである。

魚あら利用のドライバー

魚あらの高度利用を促すドライバーは何だろうか。民間による利潤追求のインセンティブか、政府が課すゴミの適正処理義務か。どちらにも軍配が上がる事例があるので紹介したい。

日本では廃棄物処理や食品リサイクル法によって処理義務が課されたことがきっかけではあるが、それよりずっと以前から、魚あらを捨てずに活用するビジネスが存在していた。この点についてはー東南アジア全般に当てはまるかどうかは別として、少なくともーフィリピンには共通する商習慣がある。２０００年代に筆者が何度か参加した「フィリピン・ツナ・フェスティバル」には、ツナあらを活用した魚醤や皮のチップの試作品が展示されていたし、ゼネラル・サントスの港内では、日本に輸出する生マグロから取り出した内臓が、地元住民の食用に売られていた。日本とフィリピンには、副産物にも自然発生的に市場が形成される商習慣があると言えるだろう。

10　大手飼料メーカーであるフィードワン株式会社では魚あらを飼料原料に用いてきたが（例：ホタテ貝のウロのエキスをクロマグロ用飼料に配合）、２００７年から魚粉削減と代替原料（例：大豆油粕、大豆たんぱく等）の採用を始めている。同社ウェブサイト（https://www.feed-one.co.jp/business/fishery/）より２０２３年12月20日検索取得。

欧州の動向について言及するならば、Coppola et al.（2021, p.3）によると、EU-CFP（Common Fisheries Policy：ＥＵ共通漁業政策）の近年の目標は廃棄の劇的な削減と魚あらの高度利用である。従来のミール産業がやってきたようなミールや肥料の生産は利益率が低すぎるから、魚あら業界はバイオマスをフル活用して高い商業価値の実現と環境問題の克服を同時に達成すべきである、との方針を打ち出している。最も市場価値の高いのが不飽和脂肪酸で、コラーゲン、ペプチド、キチンがそれに続くという。自慢するわけではないが、これらは日本では商業ベースで開発・利用されており、次節で紹介する平金《ひらきん》産業も、自社のビジネス戦略として製品をラインアップしている。

一方、魚あらを埋め立ててしまったり、ましてや野外に放置したりしているところもあるようだ。そこでFAO（2018b）は途上国の小規模漁業者に対して、「フィッシュサイレージ」を作るよう推奨している。日本語にすれば「魚のサイロ」となるこの装置は、魚あらを新鮮なうちにミンチ状に砕いて容器に入れ、少量の有機酸を入れて攪拌するというものである。早ければ数日で溶け始め、魚粉と組成や栄養価が似た液体ができるので、餌に混ぜたり肥料として撒いたりして使うことができる。魚粉工場のような機械設備が不要で手間もそれほどかからないことから、「捨てるよりマシ、環境にも良い」という精神で導入を推奨している。

ＦＡＯの推すフィッシュサイレージはＥＵの推す高度利用の対極にある技術だが、いずれもトップダウン政策であるところが共通している。そして、自発的に副産物市場が形成される日本やフィリピンと対局をなしている。[11] やはり自慢になってしまったか。

魚あらがお宝に変わるまで

マグロとカツオを例に、魚あらの処理工程と製品群の事例を２つ紹介したい。１つは、静岡県清水市に本社・工場を置く平金産業株式会社で、餌料、肥料、魚油、コラーゲンを生産している。[12] 原材料となるマグロ魚あらは、清水・焼津地域に集積する20社ほどの刺身・切身加工場から、日々有償で引き取っている。この地域は船上で超低温凍結された冷凍マグロの水揚げ・保管場所となっているので、排出される加工残滓は解凍後間もない新鮮なものである。

製造工程としては、蒸煮したあと圧搾して液体と固形部分に分離する。固形部分は乾燥して魚粉にする。液体は水分と油分に分離する。水分を凝縮させたものがソリュブルで、たんぱく質含有量が多いため魚粉に添加したり、酵素分解して肥料のエキスとしたりする。魚油のうち透明度の高いものは食用として内外の業者に販売し、低いものは魚粉に添加する。底に残った黒い魚油は自社工場のボイラー燃料として使うため、何も廃棄するものはないとのことであった。

11　この節の記述は、山下（２０２３）に基づいている。
12　平金産業株式会社のウェブサイト（http://hirakinsangyou.jp/ より２０２３年12月20日検索取得）および２０１７年９月５日に実施した同社見学に基づく内容を、同社の許可を得て掲載。

製品の高度化・細分化と市場の縮小

平金産業の餌料は同社で生産した魚粉、ソリュブル、魚油に外部から調達した大豆粕、トウモロコシ粕などを混ぜて作る。養殖用のほうが畜産用より魚粉の含有量が多い。肥料用にも販売している。肥料に魚由来の材料を添加すると作物の根が太くなる、収量が上がる、イチゴが甘くなるなどの効果があるのだが、なかなか使ってもらえないので、自社農場を持って実証を始めたとのことであった。

同社は１９３７年創業の老舗であるが、１９９３年から有機発酵肥料を、２００３年からコラーゲンを生産するなど、製品の多様化・高度化をはかっている。コラーゲンは刺身工場で分別出荷されたマグロの皮から抽出しており、製品としては鍋物に入れて使うゼリー状の生コラーゲン、そのフリーズドライ粉末、コラーゲンサプリ、化粧品原料などである。

かつては原魚の5割を同社で引き取っていたところ、今日では3割に減ってしまった。というのも、頭は頬肉を削ぐ業者が、血合い肉はペットフード業者が、尾は魚肉ソーセージ業者が引き取るようになったからである。さらに、魚あら供給量自体が減少している。そのため１９９０年時点では20社あった同業者が２０１７年には5社にまで減り、廃業した会社の取引先を譲り受けてきたが、これ以上は原料を増やせる見込みがない。

こうしたことから、魚粉から出発した製品ラインアップは細分化・高度化されているものの、原料供給がおぼつかない状況が観察される。その原因として、部位別に専門業者が現れたことに加え、消費者の魚離れによるマグロ消費量の減少、および刺身加工場の海外移転により国内で魚あらが出にくくなっていることが挙げられる。平金産業の例からも魚粉双六は確実に高付加価値化・高度化の方向へ駒を進めていることが確認できるが、そのことが自身の市場を細分化し、規模を縮小させているというジレンマが見て取れる。

鰹節屋の「練節《ねりぶし》」

もう1つの事例も同じく静岡県の会社だが、こちらは焼津市で鰹節の生産を本業とする株式会社金虎《かねとら》である。[13] 焼津は遠洋カツオの集積地であり、そこに作られた水産加工団地には鰹節工場のほか、刺身やたたきにするためにカツオの頭や骨、皮をはぐロイン加工場が集積している。加工はマイナス60度という超低温状態のまま行われるので、身を取り出したあとのカツオあらも廃棄される時点でまだ凍ったままである。

13　2024年2月5日に実施した同社見学と寺尾仁秀専務取締役へのヒヤリングに基づく内容を、同社の許可を得て掲載。

廃棄といってもミール業者が引き取りに来て、フィッシュミールに加工・販売され、有効利用されている。しかし金虎は、同じ水産加工団地内で日々何10トンと排出される新鮮なカツオあらをもっと高度活用できないかと考えた。ペースト状になるまで砕いたのち、ソーセージ状に成型する。そのあとは鰹節を作るのと同じ設備を使って同じ工程をたどり、石のように硬いソーセージが出来上がる。これが練節である。

練節の用途に驚かされた。何と鰹節と同じなのである。近頃は家庭で鰹節を削らなくなり、削り節の需要さえも減り、代わりに顆粒状になった調味料を料理の味付けとして使うようになっている。そのため調味料メーカーは同社などから鰹節を調達して顆粒にする。「練節作ってみましたけど、どうですか」と試作品を提供したところ、「なかなか良い」との評価を得た。特にカツオ価格が上昇している近年では、比較的安価な練節の需要が高まっている。そこで工場を拡大して生産を増やそうと計画中だという。魚あらが食品に戻るという魚粉双六の実例がここでも観察される。

鰹節と同様、練節も油分を嫌う。そのため油分の多いカツオあらが搬入されると練節にできなくなるのだが、他の用途はないかと探していたところ、ペットフードに行き当たった。ペースト状にするまでの工程や使用する機械は練節と同じで、そのあとは豆状のドライペットフードやスティック状の半生おやつに成型される。近頃は食物アレルギーを持つ犬猫がいるそうだ。鰹節工場ではそもそも小麦粉などのアレルゲンが使われていないため、アレルギーフリーのペットフードが生産でき、その売れ行きは好調だという（章扉参照）。

同社では今も、カツオあらのより高度な利用方法はないか、また、加工団地から同様に排出されているマグロあらの用途はないかと模索している。金虎のような研究開発型企業が魚あらの「良いとこ取り」をすると、平金産業のような総取り型ミール企業の取り分が減るということで、すでに魚あらの取り合い競争が始まっているのかもしれない。魚あらはもう、お宝に変わっているのだ。

魚あら処理の担い手「経済性」

魚あら処理の担い手は東日本と西日本、生産地と消費地で違いがある（三木ほか　２００２）。東日本から北日本の太平洋岸は（少なくとも震災前は）水産加工業者が集積していたため、民間のミール業者が存在している。西日本は水産加工組合や漁協等がミール工場を自営しているケースがある。

一方、消費地で排出される残滓は水揚げ産地や加工場から出る残滓に比べて鮮度や不純物混入などの点で劣るため、高度利用は難しい。そのため小売店、業務関係、消費地市場などがひしめき合っている東京や大阪などの大都市でなければ、回収とリサイクルの採算性を維持するのが困難であるという。首都圏においては三幾飼料工業がいち早くブロイラーの餌用のフィッシュミール製造機を導入し、業界が縮小・再編する中で首都圏最大手に発展していった（古林　２０１１）。

これらの知見から考えられるのは、魚あら処理には、「〇〇の経済性」が働いているという仮説である。まず、魚あら処理工場は設備集約型産業であり、ひとたび設備を稼働し始めると原材料が多いほど生産単価が下がるため「規模の経済性」が働く。次に、排出元が近接していたほうが鮮度を下げずに短時間で集荷でき、魚あらの品質維持と集荷費用の削減ができるため、「密度の経済性」が働く。さらに短時間で集荷し新鮮なうちに処理を開始することで高品質な製品が作れることは「スピードの経済性」にもあたるだろう。そして、ひとつの工程から質と機能の異なる複数の製品が派生的に生産されるという意味で、「範囲の経済性」も働いている。

　上述した平金産業、金虎、三幾飼料工業はこうした条件をかなり満たしている。しかし管見によると、タイやフィリピンのツナ缶パッカーはこの条件にもっと当てはまる。一社の生産規模が日本の比にならないほど大きいので、魚あらは社内で処理されている。海外からの受注に応じて製品を作るＯＥＭ生産[14]が中心のため、輸出品質に達しない身肉は国内消費向け缶詰として加工している。血合い肉からはペットフードも作られる。筆者はこの地域を対象とする調査研究を２００５年に終えたが、その時点ですでにツナ缶工場の担当者は「水分以外何も捨てていない」と語っていた[15]。以後も研究開発の成果を取り入れ、彼の地のツナあらはさらなる付加価値を生み出していることだろう。

〝やっ貝〟なことは先送り

魚あらのなかで処理が最も〝やっ貝〟なのは貝殻である。縄文時代の貝塚が残っていることは、貝殻が劣化消失しにくいことの証左でもある。

貝は生育過程で水質を浄化し、獲れば身肉は食用になり、貝殻は装飾品やボタンにもなる優れた資源である。しかし日本では排出量が多いホタテとカキ殻が厄介者扱いだ。粉末にしてチョークやカルシウム・サプリメントに使い、粉砕して建築材料にもする。ホタテの貝殻にはカキの種苗を着生させて、カキ養殖にも使っている。カキの貝殻は水質浄化と稚魚育成効果があるとのことで、まとめて海中に投入したりもしている。それでも毎年の排出量は処理量に追いついていない。「産地では処理できないので、これからはむき身ではなく、殻つきのまま消費地まで出荷するシステムを考えよう」と提案する研究者もいるのだが[16]、われわれがスーパーで買ってきた殻付き貝の貝殻は、

14　Original Equipment Manufacturingの略で、委託者のブランドで製品を生産すること。ＪＥＴＲＯウェブサイト「貿易・投資相談Ｑ＆Ａ　ＯＥＭ生産とＯＤＭ生産の違い」（https://www.jetro.go.jp/world/qa/04A-011247.htmlより２０２３年12月20日検索取得）より。

15　Sea Trade社の品質管理責任者の言。当時の調査結果は山下（２００８）にまとめている。

100％ゴミ箱行きと言ってよいだろう。そのためこの提案は厄介な処分を消費地に先送りしているにすぎない。

一方、オホーツク海に面したホタテ産地である常呂町《ところ》（町村合併により現在は北見市）に貝殻処理の好例がある（天野・山尾　2022）。漁業者が排出するホタテ貝殻を処理するため、1979年、漁協・JA・町役場が共同して常呂町産業振興公社を設立した。公社はホタテ貝殻を買い取って貝殻石灰を製造し、製品はJAところが町内の農家やホームセンターなどへ販売している。原料ベースで年間7千トンが採算ラインであり、今日でも赤字を出すことなく運営できている。町内で発生する漁業廃棄物を農業で使うので「地域資源循環システム」と呼ばれている。

この方式なら他の地域でも真似ができそうなものだが、実は絶妙な三条件の上に成り立っている。まず町内の農家が大規模で大量の土壌改良剤を必要とするため、需給が均衡していること（とはいえ排出される貝殻の3〜4割しか使用できてはいない）、次に市販の鉱物石灰は搬入コストが高くつくので地元産貝殻石灰のほうが結果的に安価になっていること、そして農業・漁業ともに安定生産が継続していることである。これらのどれか1つが欠けても好循環システムが回らなくなる。

第8章でも紹介した太平洋島嶼国の1つ、パラオ共和国では水産技術協力の一環として、公益財団法人海外漁業協力財団から派遣された専門家がシャコガイの養殖振興を指導してきた（曽根　2018）。シャコガイは2年海中に置いておけば手のひらほどの大きさに育つ。その貝柱は食用になり、純白の貝殻は食器にも小物入れにもなる。またシャコガイには爪状のフリルが幾重にも並んだ繊細なヒレシャコガイという品種もあり、これは装飾品になる。つまり身肉は観光客への名物料理になり、殻は土産品として販売できる一石二鳥の代物である。だからこそ乱獲されてしまい、今は持ち出しを禁止してひたすら増えるのを待っている。しかし、実はもう少し遠くの、観光開発されていない島国には、まだ天然のシャコガイが生息している。筆者は浅瀬で小さなヒレシャコガイを目視した。

太平洋に点在する小さな島国のなかにはごみの最終処分場がなく、廃屋も廃車も廃船も、第二次世界大戦中日本軍が設置した砲台までも、放置されたままになっているところが多い。生ごみやプラスチックごみを処分場のある島まで船で運搬するのは現実的ではないし、処分場が国内にない場合はゴミ輸出という別のハードルに直面する。そんな島々へフリルつきのシャコガイというお宝を探しに観光客が押し寄せたら、一時は国民の暮らしも潤うだろうが長続きはしまい。ではどうすれば良いのか、このまま世界の経済発展から取り残されて良いのか。答えは出ない――ということは、島嶼国にとっての持続可能な開発とごみ処理問題もまた、アポリアなのである。[17]

16　２０１９年8月5日、国際漁業学会大会における一般報告。
17　本章は科学研究費補助金（19K06213）「水産加工残滓のゼロエミッション化――日本型フードシステムの経済性・先進性の検証」（研究代表者：山下東子）による研究成果の一部である。

参考文献

Coppola, Daniela, Chiara Lauritano, Fortunato Palma Esposito, Gennaro Riccio, Carmen Rizzo and Donatella de Pascale（2021）“Fish Waste: From Problem to Valuable Resources,” *Marine Drugs*, 19（2), 116.

FAO（2018a）*The State of World Fisheries and Aquaculture 2018*（*SOFIA*）.

FAO（2018b）*Production and utilization of fish silage: A manual on how to turn fish waste into profit and a valuable feed ingredient or fertilizer.*

FAO（2022）*The State of World Fisheries and Aquaculture 2022.*

天野通子・山尾政博（２０２２）「ホタテ貝殻を利用した地域資源循環システム――常呂式循環型一次産業を事例に」２０２２年度地域漁業学会第64回大会報告資料。

国土交通省（２００４）「港湾・空港等整備におけるリサイクル技術指針のとりまとめ」（Ⅵ．港湾・空港等リサイクル技術指針（本編）２・９その他の副産物）、国土交通省ウェブサイト（http://www.mlit.go.jp/kowan/recycle/）より２０２３年12月20日検索取得。

曽根重昭（２０１８）「パラオ共和国シャコガイ養殖振興プロジェクト報告」『海外漁業協力』№84、４－７頁。（http://www.ofcf.or.jp/magazine/pdf/no_84.pdf）

高橋周（２００４）「両大戦間期における魚粉貿易の逆転――在来魚肥の輸出品化と欧米市場」『社会経済史学』第70巻２号、１７７－１９８頁。

農林水産省（１９９１）「漁業系廃棄物対策の進め方について」（平成３年５月10日）、農林水産省ウェブサイト（http://www.maff.go.jp/j/kokuji_tuti/tuti/t0000499.html）より２０２３年12月23日検索取得。

農林水産省（２０１９）「食品リサイクル法の基本方針改正案等について３水研第２８８号（資料１－３）」２０１９年４月12日、農林水産省食料産業局。食料・農業・農村政策審議会　食料産業部会（平成31年４月12日　配布資料）、農林水産省ウェブサイト（http://www.maff.go.jp/j/council/seisaku/syokusan/bukai_28/attach/pdf/index-14.pdf）より２０２３年12月20日検索取得。

農林水産省（２０２３）「令和４年度　食料需給表」（https://www.maff.go.jp/j/zyukyu/fbs/ より２０２３年12月20

日検索取得）。

古林英一（２０１１）「水産物の静脈流通――資源と廃棄物の狭間で」『水産振興』第45巻10号（第５２６号）、１－68頁。

三木克弘・樽井義和・田坂行男（２００２）「漁業情報　水産系残滓処理の実態について」『海洋水産エンジニアリング』第２巻15号（２００２年11月号）、７－12頁。

山下東子（２００８）『東南アジアのマグロ関連産業――資源の持続と環境保護』鳳書房。

山下東子（２０２３）「海外魚あら事情――日本は先進的なのか？（ベーシック経済学と水産マーケット　第26回）」『全水卸』２０２３年11月号（Vol. 400）、14－19頁。

第12章

成長産業化

スマート漁業への期待

（株）深川水産のマダイ・シマアジ養殖用給餌タンクに自動給餌機と監視カメラが後付けされ、陸上からの遠隔操作が可能になった（熊本県・天草にて2024年2月27日筆者撮影）

はじめに

伝統産業である漁業にだって、時々の流行り廃りはある。水産庁が掲げるスローガンが注目を集めることもあれば（全部が注目されるわけではない）、漁業やその関連産業、国際動向が漁業のキーワードになっていくこともある。たとえば本書執筆時の2023年は「海業《うみぎょう》」が水産業界の流行語大賞だったと言ってよかろう。元々は1985年に当時の神奈川県三浦市長が掲げた言葉だったが、2022年の水産基本計画で国として初めて「海業」を掲げて以来、海業振興策についての講演会が次々と開催され、実践例を紹介する記事が多く出された。

海業と少し字面が似た言葉に「里海」がある。こちらはのどかな農村地帯を表す「里山」のアナロジーとして柳哲雄九州大学教授（当時）が発案し、賛同者がそのコンセプトを拡張してきた（日高 2016）。目新しいのはブルーカーボンで、これは海藻・海草を新規のCO_2吸収源として利活用しようという欧州発の温暖化対策用語である。[1]

この点、本章のタイトルである成長産業化は政府発のスローガンで、2017年に策定された水産基本計画に滑り込みで入ってきた。水産基本計画は5年ごとに策定されるので、次の2022年の基本計画にはがっぷりと組み込まれたが、今度は海業が2022年に滑り込んできた。成長産業化の方法として、漁船漁業はスマート水産技術の実装を、養殖業はICTの活用を行うとしている。[2]

「スマート漁業」という言葉は2017年の基本計画には記載されていなかった。翌年の水産白書ではスマートという言葉こそ使われなかったが、水産業ICT化の特集が組まれた（水産庁 2018）。黒萩慎吾漁業情報サービスセンター専務（当時）によると、「スマート水産業」という言葉が初めて使用されたのは2018年3月、水産庁から内閣官房への説明資料の中である。[3] 水産政策の半分くらいがそうであるように、「スマート農業」に追随したことは想像に難くない。

スマート技術はこれからの漁業に欠かせないものとなり、あちこちで実用化や実証実験が進んでいる。事例を挙げると枚挙に暇がないので、以下では本章の文脈に添う事例の紹介にとどめ、代わりに事例を収納するための整理箱を試作してお示しすることにした。

1　日本では目新しいが、国連環境計画（UNEP）が2009年に出した報告書で定義されていた（環境省ウェブサイト「ブルーカーボンに関する取組み」（https://www.env.go.jp/earth/ondanka/blue-carbon-jp.html より2023年12月20日検索取得）。近年、欧州で藻場作りがビジネスとして注目されるようになり、日本でも日刊水産経済新聞が2022年に「ブルーカーボンで浜を元気に」の長期連載を組み、用語が浸透していった。

2　水産庁（2017、2022）参照。

3　2023年2月28日に開催されたシンポジウム「若者が担う水産未来2023〜ITと漁業・流通現場〜」における同氏の基調講演における発言。CNET Japan ウェブサイト（https://japan.cnet.com/article/35201103/）より2023年12月20日検索取得。

ルーブリックを用いたICT化の進行経路

整理箱の名前をルーブリックと言う。[4] ＩＣＴが水産業にもたらす影響を描くうえでその切り口はさまざまあるが、ルーブリックを用いると大きなうねりの中のどこにわれわれがいるのかを確認しやすい。そこでこの整理箱を使って水産業のＩＣＴ化の進行経路をたどり、将来を予想していこう。

ＩＣＴは「課題解決」から「情報蓄積」を経て「イノベーション」へと徐々に移動していくだろう、というのが筆者の考えである。具体的には、まず人手不足など現場が直面する課題を解決するためのデジタル技術（「課題」と略称）が導入され（章扉写真）、やがてその技術を利用した記録がデジタル情報として自動的に蓄積されていく（「蓄積」と略称）。蓄積データを解析したり、他分野のプレイヤーが介入・利用することでイノベーションが生じ（「革新」と略称）、水産業の構造変化が促されたり、新しい産業が創出されたりする。

これを横串とすると、ＩＣＴ化の推進力となるツールが縦串であり、縦串にも次の3点を掲げる。すなわち、技術（technology,「ＴＥＣ」と略称）、通信（communication,「ＣＯＭ」と略称）、応用（application,「ＡＰＰ」と略称）である。これは筆者の勝手な考えなどではなく、ＩＣＴを階層（レイヤー）別に分解したもので、ＩＣＴが漁業に浸透していくにつれて技術は単体の技術からそれを相互利用するコミュニケーション、誰にでも使えるアプリケーションへと移行していくことを意味する。

表12－1にはこれらをルーブリック形式で描いた。以下では左上の課題×ＴＥＣからスタートして右下の革新×ＡＰＰというゴールに行き着く様子を説明する。本章では筆者の選んだ事例を援用するが、水産庁（２０１８）や三輪（編著）（２０２２）などにはこのほかにも多くの事例が紹介されている。

漁船漁業はすでに技術集約型

水産業のなかでも特に漁船漁業はすでに技術集約型産業である。目標物のない大海原で見えない獲物を追う仕事であることから、ソナー、ＧＰＳ（かつてはロラン）、自動漁具などが導入されており、この点でスタート地点である課題×ＴＥＣに立っている。技術的サポートをする企業群も存在

4　ルーブリックとは「米国で開発された学術評価の基準の作成方法であり、評価水準である『尺度』と、尺度を満たした場合の『特徴の記述』で構成される」（文部科学省 ２０２１）。大学教育を改善するためのツールとして推奨されているので、筆者も勤務先大学の上層部から指示されてマトリックスを作成した。4年間の学年進行を列に、知識の蓄積・思考力の醸成・社会への還元を行に置いた12の箱を作り、そこに授業科目を当てはめた。1年／知識から4年／社会へと学修を進めていくことを目標としている。本章ではこれをスマート漁業の発展経路に応用してみる。

表12-1　水産業の ICT 化の進行経路：ルーブリック分析

		ICT 化の進行経路		
		課題解決型 （課題）	情報集積型 （蓄積）	イノベーション型 （革新）
ICT推進力	技術 （technology, TEC）	●漁獲効率の向上 ●人手不足の解消 ●人件費の削減 ●セリの迅速化	〈情報のストック化〉 ●漁獲データの蓄積 ○市場決済データの蓄積 ○ビッグデータ化	○蓄積データの第三者利用による新規ビジネス ○オークション理論の進展 ○ビッグデータの市場化
	通信 （communication, COM）	●市場入荷情報の事前提供 ●ドローン調査	〈情報ストックのフロー化〉 ●漁船が獲得した情報の研究機関への提供 ●研究機関から漁船へのフィードバック ●水中の養殖魚の可視化 ○資源評価精度の向上 ●市場から漁業者への市況情報提供	●海洋情報提供のマネタイズ化 ○可視化された水中の観察・鑑賞 ○全球的水圏システムの解明 ○IT 企業への課題還元
	応用 （application, APP）	●BtoC のネット通販サイト ●BtoB の産地と料理店仲介	●漁海況アプリ ●市場入札アプリ ○船舶からの情報送信の低コスト化、簡易化 ○ニッチマーケットの創出（未利用魚）	●海洋情報収集・解析・販売ビジネス ○水中の可視化アプリ ○複数の情報の結合から生まれる新たな発見や新規ビジネス ○他産業での技術の応用

注：ルーブリック内に記載した事例のうち、実現済みのものは●、実現が確認されていないものは○を付けて記載。

出所：筆者作成。

している[5]。

宮本（2019）は、ソナーとGPSを組み合わせて過去の航跡と魚探の画像を照合することによって得られる情報は、10年分の漁業経験に匹敵するという。ところがここで得られた情報や知見が経営体ごとに完結していた。魚群の位置や好漁場、好ましい潮流や気象条件などの情報を公開し共有すれば大きな社会的便益が得られることは明白であるが、それは個々の漁業者の利益と真っ向から対立するため、出せなかったのである。そのため、通信媒体に載せて情報を共有する課題×TECから課題×COMへの縦の経路は開かれていなかった。

経路の途絶は情報フローの問題である。これに加えて、情報の蓄積も不十分であった。これは課題×TECから蓄積×TECへの横の経路の途絶である。日々の漁船の航跡、漁獲情報、魚探装置が獲得した魚影などの情報は、季節単位・年単位で蓄積されていくと、効率的な漁業活動を行うためのノウハウになる。漁業者はこれまで、それを「経験値」「暗黙知」として頭の中にストックしていた。これをデジタル情報としてストックし、さらに研究機関に提供すれば、資源変動の予見可能性が高まったり、資源評価の精度が上がったりする。それは蓄積×TECから蓄積×COMへの

5　斎藤（2018）は、「漁業大国日本では、民間企業が昔から効率的な漁業のための技術開発を推進してきた」と述べている。

縦移動、ストックのフロー化ということもできる。水産庁（2018）は、これによってTAC（漁獲可能量）をこれまでの年1回ではなく、時期ごとにより高精度に算出できるようになると述べている。漁業者の経験値も盛り込んで資源評価が行われるならば、漁業者の研究機関に対する信頼性が増し、漁獲規制はより遵守されやすくなるだろう。そのことが漁船漁業者と研究機関の双方を裨益し、さらには的確な資源管理と効率的な漁業を通じて消費者をも利するであろう。

情報の蓄積と流通で双方が利益を享受

この一例として、国立研究開発法人 水産研究・教育機構（FRA）はFRA-ROMSという海況予測システムを開発している。そのカギとなるデータは漁船からリアルタイムに提供される。そしてそのデータを資源解析に取り入れることで、資源量予測や漁場予測の精度を上げることを狙っている。得られた情報は漁業者にも一般にも公開する[6]。

公的研究機関が収集・解析した水温、気象、過去の漁獲実績などの情報をICTの専門知識のない漁業者がそのまま使うことは難しい。そこで、漁業者が簡単にアクセスできるようなソフトが開発・提供されている。これは蓄積×COMから蓄積×APPへの縦移動である。この一例として（一社）漁業情報サービスセンターが提供する「エビスくん」がある。海況に関するさまざまな情報を漁業者がスマートフォンで見られる形で提供した結果、漁場探査時間の短縮と漁獲量の増大効果が認められた。さらにサービスセンター側でも、漁業者がよく見る情報が水温、潮流、集魚灯位置であることを把握でき、双方向にメリットがもたらされた（斎藤 2018）。

県単位で情報提供をマネタイズできている取り組みもある。青森県水試は陸奥湾を中心に「海ナビ＠あおもり」という漁海況情報を公開しており、情報源となるブイの設置・管理は漁業団体に委ねている（高坂 2020）。注目すべき点は、湾内のホタテ漁業者が情報提供料の一部を自ら負担するシステムになっていることである。蓄積された情報を有償で流通させることができるなら、情報は無料ではないと評価されたことになり、情報提供ビジネスとしての継続性が担保でき、業としての成立も夢ではなくなる。

これに関して米国では、漁業者の協力は得ず、単体で海洋環境を調査する無人調査船が民間運用されている。セイルドローン社が運用する同名の小型船は太陽光と風力を動力として1日100kmの距離を航行し、水中音響技術によって海面下の環境調査を行い、逐次そのデータを本社へ送っている。観測結果は漁業ではベーリング海のスケトウダラ資源調査などに利用されている（宮本 20

6　国立研究開発法人 水産研究・教育機構ウェブサイト（2022）「日本周辺の海況を一体的に予測する新たなシステムの運用開始――水産資源の変動要因などの研究に活用」（2022年6月日付プレスリリース）（https://www.fra.affrc.go.jp/pressrelease/pr2022/20220608/index.html より2023年12月20日検索取得）。

19)。これがビジネスベースで運用できているのなら、海洋情報収集・解析・販売ビジネスの勃興であり、もはや終点にある革新×APPに到達しているといえる。

夢が膨らむ流通改革

流通部門のICT化の課題として、せり・入札の電子化がしばしば登場する。しかし相対取引が太宗を占めるようになった消費地卸売市場では、電子化すべき取引情報がもはや多くはない[7]。導入するとすれば産地市場であろう。

大船渡市魚市場の徹底したICT化がこれであり、落札情報がデジタル化されているために転記の事務作業が省略でき、人件費削減効果があったという(日野 2020)。これは典型的な課題解決型(課題×TEC)のメリットである。同市場ではせり電子化の副次的効果としてせりが迅速化したこと、市場入荷情報を仲買人に事前に通知するようになったことも報告されている。

筆者はこれに加えて、落札金額のみならずすべてのせり・入札記録を蓄積できることにメリットがあると考える(蓄積×TEC)。こうした情報は従来せり人の頭の中に、無意識に蓄えられていただけで、それを利用することから新たなイノベーションが生まれるなどという考えはなかっただろう。それどころか落札できなかった仲買は値付けに失敗したわけであり、それは市場の一職員であるせり人だけが知り得る秘密であり、決して口外してはならないと固く口を閉ざしていたことだろう。しかし全国の産地から集積した膨大なせり・入札情報はビッグデータそのものであり、しかも日々せり・入札をするこの道のプロによる真剣勝負の駆け引きを伴う取引記録であり、そのようなデータは他産業ではあまり得られないと思われるので、研究上も実用上も価値があるのではないかと考える。[8]

たとえば漁業者がこの情報にアクセスできるのであれば、日々、自身の漁獲物に札を出したさまざまな買手の評価額を知ることができるし、その日の売り上げも瞬時に計算できる。実際に、自動入札システムを導入し、それを公開したことにより、漁業者が自分の漁獲物の落札価格と平均落札価格を見比べるようになり、その結果、落札価格の低い漁業者が魚の取り扱い方法を改善し、価格が上昇したことが報告されている。[9] 意外な副次的効果があるものである。

また第三者が入札情報にアクセスできるなら、その結果に基づいて売買アプリが生み出されるかもしれない。これは流通部門における蓄積×COMから蓄積×APPへの縦移動である。本書第5

7　この状況については本章第5章で述べている。

8　第5章において、オークション理論の専門家である筆者の同僚が、まだせりの現場を見たことがないと言うので、小田原市魚市場に見学に行った話を紹介している。水産関係者にとっては当たり前の日々のせり・入札は、他産業ではあまり例がないのかもしれない。

9　江幡ほか（2023）、および江幡氏の「漁村総研　第17回調査研究成果発表会」（2023年12月19日）における報告による。

章で、その日に車海老を必ず確保しなければならない仲卸業者と、安かったら買っても良いかな、位の気持ちで参加している仲卸業者の対比を仮想的に描いたが、当事者から本心を聞かせてもらえる訳ではない。通常の入札ではせり人といえども金額と数量しか把握できないが、もっと細かい購入意向を表現できるアプリが導入されれば、ＡＩが誰も損しない最適な値付けと数量配分を瞬時にはじき出してくれそうだ。そしてビッグデータから何らかの法則性が見出せれば、それに基づく新しい商取引スタイルが始まり、フェーズは蓄積×ＴＥＣから革新×ＴＥＣへ横移動する。

このような発見が水産業から掘り出せたなら、その知見を起源とした新産業の創出につながるかもしれない、と夢が膨らむ。

ロジスティクスの最適化

ＩＣＴ化のニーズは物流にもあるだろう。特に鮮魚流通の場合、水揚げ後数10時間内に消費を完結させなければならないから時間を無駄遣いできない。船が港に入る前に水揚げ量と魚種が確定していれば、入港前に全国規模のロジスティクスを組むこともできる。産地・消費地卸売市場の集荷状況を組み込んでいけば、ＡＩを用いて物流ルートの最適化が図られるだろう。

山口県で沖合底引き網漁業を営む（有）昭和水産では漁獲情報の入力端末を導入し、１航海２０００箱にもおよぶ水揚げデータを入港前に陸側に届けられるようになった。これにより、乗組員は水揚げ予想金額の可視化で労働意欲を上げ、産地市場では受け入れ体制がスムーズになり、仲買人は需要先の市況を船に知らせてくれるようにもなり、さらに魚箱屋さんの働き方改革にもつながったと述べている。[10]自社の課題を解決するために始まった日報のデジタル化という課題×TECが自律的に課題×COM、課題×APPへと縦移動している。

場外流通におけるICT導入事例はいくつかある。たとえばJFグループは最終消費者向けに「JFおさかなマルシェ　ギョギョいち」というネット通販サイトを開設しているし、[11]フーディソン（株）は漁獲~流通まで水産物の履歴を知ることができる実証実験を行って消費者からの信頼につなげようとしている。[12]これらは魚価安という課題を解決するためのアプリケーションであるから、課題×APPに位置付けられる。

未利用魚などと呼ばれる魚もなくなるのではないか。産地市場に運び込んでも相手にされないような低利用魚・未利用魚が水揚げされた場合、ネット通販に乗せるほどの数量も希少性もなければ、漁業者はわざわざ売り先を探す手間をかけず、漁船内に放置しておいて、家のおかずか猫の餌にでもするのだろう。これが未利用魚の行く末だった。

10　出所は注3と同じ。
11　同グループウェブサイト（https://jf-gyogyo.jp/より2023年12月20日検索取得）より。
12　『日刊水産経済新聞』「魚に履歴パスポート」2021年9月28日付による。

しかし、もし帰港までの空き時間にスマートフォンに数量と価格を入力しておけば、パソコンが購入履歴のある近場の上客から順に自動的に声がけをしていってくれる、というようなシステムがあれば、産地市場への運び込みを終えて船に戻ってくる頃には船に残してあった未利用魚の売り先が決まっており、あとはプリントアウトされたラベルを張って箱詰めするだけになっている、という売り方はできないだろうか。どんな魚が水揚げされてもたいてい売り切れるのであれば、漁業の張り合いも、収入も上がるだろう。おまけに資源の無駄もなくなる。このような蓄積×ＣＯＭから蓄積×ＡＰＰへの縦移動は想像の世界だが、実現不可能とまでは言えない。

養殖業とICT

養殖部門へのＩＣＴの適用は漁船漁業に先行しており、多くの事例がある。「ＩＴ企業」と総称される通信会社、通信機器会社は、２０１０年代中盤から養殖業者と組んで、各種センサーによる養殖いけすのモニタリングなどを行ってきた。養殖業は農業と類似性があるため、農業のＩＣＴ化実証実験でノウハウを蓄積したＩＴ企業がその経験を養殖業に応用しようとしている。

その一例が農業でのハウス栽培のノウハウを蓄えたＮＥＣによる漁業進出である。同社の子会社であるＮＥＣネッツエスアイは林養魚場などとともにニジマスの陸上養殖の実証実験を開始し、そこで得たノウハウでもって国内外でフランチャイズ化することを目指している。[13] また別の例として、近畿大学とＮＴＴドコモは水中ドローンを活用したいけす内の状態監視の実証実験を行い、水産現場におけるソリューションの創出を目指している。[14] これも農場のドローン観察の応用である。

これらの事例は、農業者・漁業者の労働をＩＣＴ機器に置き換えるものであり、課題解決と収集した情報の解析、すなわち課題×ＴＥＣから課題×ＣＯＭへの縦移動にあたる。ただし、観測機材が水中に設置されることで新たなフェーズを迎えていることに着目したい。もともと目視では観察できなかった水中の養殖魚の生育状況やえさの摂取状況を可視化できるようになることにより、新しい知見や情報が得られ、これを蓄積・分析することを通じて養殖技術や養殖効率の向上が見込めるからである。水産庁（２０１８）によると、いけすの中の魚の数を正確に把握していないことで

13　ＮＥＣ（日本電気（株））の農業進出については同社ウェブサイト「農業ＩＣＴソリューション」(https://jpn.nec.com/solution/agri/index.html?)、陸上養殖についてはＮＥＣネッツエスアイ（株）のウェブサイト「プレスリリース　ＮＥＣネッツエスアイ、林養魚場とパートナーシップを結びＩＣＴ／デジタル技術を活用した陸上養殖事業に参入～ＩＣＴ領域の壁を越え、新たなビジネスモデルの挑戦～」（２０１９年９月19日付）(https://www.nesic.co.jp/news/2019/20190919-1.html) を参照した。ともに２０２３年12月20日検索取得。

14　近畿大学、（株）ＮＴＴドコモ「トピックス　5Ｇを活用し水中ドローンによる完全養殖クロマグロの状態監視の実証実験を実施」（２０２２年３月30日付）(https://www.ntt.com/content/dam/nttcom/hq/jp/business/lp/5g/pdf/topics_220330_00.pdf より２０２３年12月20日検索取得）。

大きな損失が生まれている。たとえば、実際の尾数が予測値から1％ずれると5％の収益減に、3％ずれると14％の収益減になるという。養殖生産を正確かつ効率的に運営するイノベーションにつながれば、課題×ＣＯＭから蓄積×ＣＯＭへの横移動となり、そこから新しい養殖方法が確立していけば、革新×ＣＯＭへの横移動となる。

養殖と同様に網の場所が固定している定置網漁業での海中の可視化の取り組み事例として、ＫＤＤＩ・ＫＤＤＩ総合研究所の実証実験がある。同社は東日本大震災後の地域支援の一環として、他のＩＴ企業やＮＰＯ、大学と組んで宮城県東松島市の定置網内の可視化、データ解析などを目指した実証実験を行ってきた[15]。この過程で、同社の持つ技術が養殖業・定置網漁業と親和性があることが見出され、福井県など他の地域でのスマート漁業支援へと事業を拡大している。

水産ＩＣＴの波及効果

ここまで、水産業がＩＣＴから享受する恩恵を描いてきた。一方、水産業の知見が他分野の研究開発やビジネスに波及効果をもたらす側面もある。

研究面では、たとえば漁船が漁労活動を通じて収集した各種データは、海洋、気象分析に取り込まれることによって、全球的な水圏システムの解明を促すことが期待されている（蓄積×ＣＯＭから革新×ＣＯＭ）。漁船の船底に観測機をつけ、そこから航路上の海洋データが自動的に九州大学に送信される仕組みも報告されている。[16] 実用面では、水産業のＩＣＴ化のために多くのＩＴ企業がこの分野で実証実験や機材の試作を試みている途上だが、その成果はＩＴ企業自体のイノベーションにもつながり得るものである（革新×ＴＥＣと革新×ＣＯＭ）。

先述したＫＤＤＩ総合研究所の定置網モニタリングからは、陸上で使用していた機材の限界が判明した。水中カメラの解像度が漁海況や天候に左右され、荒天が機材に悪影響を与えることも経験した。船間や船陸間でリアルタイムデータ交換をする過程で、洋上での通信が高額であることもわかってきた（ＫＤＤＩ総合研究所 ２０１６）。宮本（２０１９）は農業との比較において、海中では振動や温度変化が電子機器に与える影響が大きいこと、陸から離れることによって通信インフラが制限されること、海上では電源確保が難しいこと、そして商用ベースに乗せるには、漁業者の経営規模から見て機器導入コスト・維持管理費用が過大になりすぎることを挙げている。これらの課題を克服し、頑健性がありかつ低コストなシステムが開発できれば、ＩＴ企業は日本の海洋産業のみ

15　ＫＤＤＩ総合研究所（２０１６）を参照。また、ＫＤＤＩ（株）ウェブサイト「ＫＤＤＩトビラ」（https://tobira.kddi.com/pickup/smartfisheries/ より２０２３年12月20日検索取得）。

16　福岡県ウェブサイト「宗像漁協鐘崎あまはえ縄船団が内閣総理大臣賞を受賞しました」（２０２３年11月17日記者発表資料）（https://www.pref.fukuoka.lg.jp/press-release/amahaenawa.html より２０２３年12月20日検索取得）。

ならず、インフラが脆弱な開発途上国でのビジネス展開にもつなげていけるだろう（革新×ＴＥＣと革新×ＣＯＭ）。

ＩＣＴでアポリアが消える？

インターネット技術は１９６０年代末、米国国防省によりＡＲＰＡＮＥＴというコンピュータの接続デバイスとして開発された[17]。所期の目的を達成した後この技術を民間開放したところ、さまざまなアプリケーションが作られ、試され、そこからわれわれの生活を一変させる革命的なイノベーションが起こった。

筆者の拙い経験に引き寄せると、２０２０年4月時点で大学は授業のＩＣＴに手を付けていなかったが、突然のコロナ禍で教員さえ登校できなくなり、自宅からのリモート授業を余儀なくされた。最初の2、３回は失敗して学生から苦情が出たが、その後は自宅の小さなスペースから４００人を相手に授業をするという芸当をやってのけるようになった。これは筆者のスキルのおかげなどではなく、知らない間に世の中にＩＣＴインフラとアプリケーションが整っていたおかげである。2年間のリモート授業のデータは自動的に保存・蓄積されていたので、日常を取り戻した後、筆者はそれを使って、オンデマンド授業の教育効果に関する専門外の論文まで書くことができてしまった（山下２０２４）。

水産業界もまた、教育業界と同様にいまＩＴ革命の渦に呑み込まれており、まずはより便利になる（課題解決型）ところから始まって、知らない間に情報が蓄積され、やがてそこから産業の変革（イノベーション）がもたらされることを経験するだろう。本書で綿々と綴ってきた漁業のアポリアも、産業のありようが変わったらあっさり消滅してしまうのかもしれない。

インターネット哲学

元東京大学総長の小宮山宏氏は、「政府省庁が保有する日本の海洋情報をどの程度民間開放すべきか」という議論の場において、「明らかな国防上の機密情報以外はすべてオープンにすればよい。その情報が国民に役立つか否かを、政府があらかじめ判断する必要はない。アクセスできたバラバラの情報を集め、組み合わせ、解析し、そこから新しいアプリケーションを生み出す人が出てくるものだから」という卓見を述べた[18]。これはインターネットの発展経路からインスパイアされる現代の哲学である。水産分野の情報をこの哲学に委ねることには恐ろしさもあるのではないか。

17　日本レジストリサービスのウェブサイト（https://jprs.jp/glossary/index.php?ID=0010）より２０２３年12月20日検索取得。

海上保安庁が開設している「海しる」は、いつ起こるともしれない大型タンカー起因の油流出被害を最小限に抑えるための情報サイトであるが、ここに漁業筋からはなかなか入手できなかった全国の漁業権マップが「流出」してしまっている。長年付き合いのあった県庁でさえ筆者に提供してくれなかった地図が[19]、今や日本全国どこのものでも簡単に手に入るのである。水産庁や県庁はむやみに公開してもらいたくなかったかもしれないが、海上保安庁はまさか一般公開をためらう理由があるとは知らず、漁業被害を最小化するため常時掲示が必要だと判断したのだろう。公開したらどんな使われ方をするのかと思いきや、今のところ遊漁者や、洋上風力発電所の適地を探している事業者が、どの場所を避けるべきかを知る手掛かりとして役立てているようだ[20]。案ずるより産むが易し、意外に善良な使われ方をしている。

Google は漁船同士の衝突を避けるための情報交換サイトとして Global Fishing Watch を開設している（斎藤 2018）。一般人もネットで閲覧でき、「船が動いているのを見ると癒されるから、BGM的に眺めている」という牧歌的な使い方をする人々もいるのだが、そういう人々が地球の裏側で勃発する異変をいち早く見つけることもある。

消費者には、これまで量販店の棚に並ぶ死んだ魚しか見えていなかったのだが、将来は可視化アプリによって、その個体の生きていた頃の様子を見ることができるようになるかもしれない。漁業者もまた、水揚げ後の自分の漁獲物の行方を知るすべはなかったのだが、トレーサビリティやブロックチェーンのアプリによって、テレビのグルメ番組で有名人が舌鼓を打っているのは自分が獲った魚だ！と知ることができるようになるかもしれない。

筆者にはこの程度のことしか思いつかないが、インターネット哲学の力が水産分野にも働くなら、多くの人が蓄積データにアクセスすることによってこれまで考えつかなかったようなアプリケーションが生み出され、それが水産業にも、水産業とは全く縁のなかった産業にも、イノベーションをもたらすだろう。それがルーブリックの終点、革新×ＡＰＰの姿である。

参考文献

江幡恵吾、藤枝繁、鳥居享司、菊永太志、江野彰、浦添孫三郎、上別縄守（２０２３）「産地魚類市場における水揚げ物情報および競りのデジタル化」『調査研究論文集』№33、81－84頁。

ＫＤＤＩ総合研究所（２０１６）「海洋ビッグデータを活用したスマート漁業モデル事業」（スマート漁業推進コンソーシアム）、２０１６年2月22日、ＫＤＤＩ総研説明資料。

斎藤克弥（２０１８）「水産海洋分野の衛星リモートセンシングとＩＣＴ」『水産振興』第52巻第9号（第６０９号）、

18　２０１２年7月30日、第8回総合海洋政策本部参与会議における発言。発言の概要は首相官邸ウェブサイト「政策会議　総合海洋政策本部　開催状況」（https://www.kantei.go.jp/jp/singi/kaiyou/kaisai.html#sanyo より２０２３年12月20日検索取得）の議事概要に掲載されているが発言者名は特定されていない。

19　この経緯については、第3章（漁業権）で述べている。

20　２０２３年4月18日、菅原美穂（一社）全日本釣り団体協議会常務理事との談話による。

1－59頁。

水産庁（2017）「水産基本計画　平成29年3月」。

水産庁（2018）「水産業に関する技術の発展とその利用――科学と現場をつなぐ（第1章　特集）」『平成29年度水産白書』。

水産庁（2022）「水産基本計画　令和4年3月」。

高坂祐樹（2020）「海ナビ@あおもりについて」『漁港漁場』第62巻1号（通号213）、11－14頁。

日高健（2016）『里海と沿岸域管理――里海をマネジメントする』農林統計協会
日野雅貴（2020）「大船渡漁港における魚市場の取組（大船渡市魚市場のICT導入）」『漁港漁場』第62巻1号（通号213）、15－18頁。

文部科学省（2021）「令和元年度の大学における教育内容等の改革状況について（概要）」2021年10月4日付け、文部科学省高等教育局大学振興課大学改革推進室発出（https://www.mext.go.jp/content/20211104-mxt_daigakuc03-000018152_1.pdf より2023年12月20日検索取得）。

宮本佳則（2019）「漁業におけるICTの可能性」『水産振興』第53巻4号（通号第616号）、1－23頁。

三輪泰史（編著）（2022）『図解　よくわかるスマート水産業――デジタル技術が切り拓く水産ビジネス』日刊工業新聞社。

山下東子（2024）「オンデマンド授業により開示された学生の講義理解と相互理解――一般教養としての「入門経済学」授業結果を事例として」『大東文化大学紀要』第62号、133－148頁。

あとがき

経済学を学んだ者として水産業を研究するうち、筆者にはこの産業の特殊性がことさらに目に付くようになってきた。○○だから○○できない。○○を助けてやらねば○○を続けられない。そんな産業従事者と政策担当者の論理がときに合流しときに離反しながら、産業としての自立性という本来あるべき資質をどんどん削いでいるように見えた。いったい、水産業は他産業と同じような自立した産業として成立しえないのか、何がそれを阻んでいるのか、あらさがしの作業が筆者にとって漁業研究のエンジンとなった。

立ちはだかるのは漁業の難問《アポリア》、その厚い壁と深い闇である。本書の前半では厚い壁を、後半では深い闇を取り上げた。コレさえあれば全部解決、という処方箋は提示できなかったけれど、ここには壁があります、こちらは底なし沼です、という道標くらいはお示しできたのではないかと思う。

本書は『経済セミナー』2018年6・7月号から2019年12・1月号まで「新・魚の経済学——目指せ漁業の成長産業化」と題して連載した10回の原稿をベースとしている。連載終了直後に筆者から単行本化を提案し、2020年4月には会社として出版をお認めいただいた。ところが空白の3年間……。コロナのせいだ、と言ってしまえば簡単なのだが、コロナ禍でも通常営業している産業は数多くあったのだから、これ以上の言い訳はすまい。

連載執筆中から単行本化まで、多くの方々にお世話になった。ここにすべての方のお名前を挙げることはできないが、まずは連載の初期に「おもしろく読みました」との感想を寄せてくださった森口親司先生に感謝申し上げる。ご高名を存じ上げこそすれ、いまだ面識を得ていない大先生から励ましの便りをいただいたことは筆者のこの上ない喜びと執筆の励みになった。単行本化にあたっては、玉置泰司氏に全編を通読して、コメントと必要な修正をしていただいた。玉置博士については学会誌の編集委員会でご一緒した際に、博識に加えて細かい間違いを見つける目の鋭さと仕事の速さを合わせ持たれていることに敬服し、「自分が本を出すときは原稿を見てもらおう」と密かに心に決めていた。願いが叶って嬉しい。カバーの魚のイラストと本文中の図3点はイラストレーターの小林由香里氏に描いていただいた。大日本水産会が配布されているエコバッグのデザインを見て、「本書の表紙の絵はこの方に頼みたい」と思い、その願いが叶った。章扉の写真のうち個人が特定できるもの、構内・私船内で撮影したものは、掲載許諾をいただいた。関係者の方々に感謝申し上げる。出版事情の厳しい中、出版計画を撤回することなく原稿提出を待ってくださった日本評論社の小西ふき子氏には感謝してもしきれない。

本文は各章とも連載原稿に大幅加筆し、図表などで使用したデータは、2023年12月末時点で最新のものに更新している。なお序章と第12章は『全水卸』誌の連載原稿（それぞれ2020年5月号、2020年7月号）、第10章は『生活協同研究』誌2022年6月号をもとにしている。転載を許可いただいた両誌に感謝申しあげる。もとより、ありうべき誤りは筆者の責に帰する。
本書が、経済学を学んだ人にとっては漁業を理解するための海図《チャート》になり、漁業を良く知る人にとってはアポリアから抜け出すための羅針盤《コンパス》のひとつになれば幸いである。

2024年4月　埼玉県東松山市街を望む窓辺にて

山下東子

【ま　行】

【や　行】

【ら　行】

【わ　行】

【な　行】

【は　行】

【さ　行】

【た　行】

【か　行】

索　引

【A to Z】

【あ　行】

著者紹介

山下東子（やました　はるこ）

1957年大阪生まれ。1980年同志社大学経済学部卒業。1984年シカゴ大学大学院経済学研究科修士取得。1992年早稲田大学大学院経済学研究科博士後期課程単位修得退学。博士（学術）広島大学。明海大学経済学部教授、大東文化大学経済学部教授等を経て、現在、大東文化大学経済学部特任教授。この間、水産政策審議会会長、総合海洋政策本部参与、千葉海区漁業調整委員会委員等を務め、現在、国土審議会離島振興対策分科会特別委員等を務める。2019年度水産功績者表彰。

主著：『東南アジアのマグロ関連産業』（鳳書房、2008年）、『魚の経済学——市場メカニズムの活用で資源を護る』（日本評論社、2009年）、『魚の経済学 第2版——市場メカニズムの活用で資源を護る』（同、2012年）、『漁業者高齢化と十年後の漁村』（編著、北斗書房、2015年）ほか。

新《しん》さかなの経済学《けいざいがく》——漁業《ぎょぎょう》のアポリア

2024年5月30日　第1版第1刷発行

著　者——山下東子

発行所——株式会社日本評論社

〒170-8474　東京都豊島区南大塚3-12-4

電話　03-3987-8621（販売）　03-3987-8595（編集）

https://www.nippyo.co.jp/　　振替　00100-3-16

印刷所——精文堂印刷株式会社

製本所——株式会社難波製本

装　幀——淵上恵美子

検印省略

Printed in Japan　　ISBN978-4-535-55978-3